熱力學

吳志勇、李約亨、趙怡欽　編著

全華圖書股份有限公司

國家圖書館出版品預行編目資料

熱力學 / 吳志勇、李約亨、趙怡欽編著. -- 二版. -- 新北市：全華圖書股份有限公司.2024.05
面 ； 公分
ISBN 978-626-328-924-6(平裝)
1.CST: 熱力學
335.6 113005268

熱力學

編著者 / 吳志勇、李約亨、趙怡欽
發行人 / 陳本源
執行編輯 / 蔣德亮
出版者 / 全華圖書股份有限公司
郵政帳號 / 0100836-1 號
圖書編號 / 0636001
二版一刷 / 2024 年 05 月
定價 / 新台幣 360 元
ISBN / 978-626-328-924-6(平裝)
ISBN / 978-626-328-919-2(PDF)
全華圖書 / www.chwa.com.tw
全華網路書店 Open Tech / www.opentech.com.tw
若您對本書有任何問題，歡迎來信指導 book@chwa.com.tw

臺北總公司(北區營業處)
地址：23671 新北市土城區忠義路 21 號
電話：(02) 2262-5666
傳真：(02) 6637-3695、6637-3696

中區營業處
地址：40256 臺中市南區樹義一巷 26 號
電話：(04) 2261-8485
傳真：(04) 3600-9806(高中職)
(04) 3601-8600(大專)

南區營業處
地址：80769 高雄市三民區應安街 12 號
電話：(07) 381-1377
傳真：(07) 862-5562

作者群簡介

國立成功大學
航空太空工程學系教授

吳志勇

國立成功大學
航空太空工程學系教授

李約亨

國立成功大學
航空太空工程學系講座教授

趙怡欽

作者序

熱力學是一門研究各種與熱有關的物質相變化以及能量轉換的科學，在理工類科系中屬於一門基本學科，熱力學的分析與討論著重於研究熱力系統的平衡狀態以及與準平衡態的物理與化學變化的過程。本書所談乃是古典熱力學中許多巨觀物理量，例如：溫度、內能、熵、與壓力等參數，並且描述各主物理量之間的關係。

在教學內容中，本書將從最基本的觀念導引、純物質的定義、熱力學定律，以及熵與可用能等理論建立讀者的基本學理觀念，配合實務應用的蒸氣動力循環分析、氣體動力循環以及冷凍與熱泵等實務分析，讓讀者可以認知各種常見熱力循環系統的分析方法。

本書的編寫，以減少艱澀拗口的論述並且使用口語敘述讓讀者更親近本書所要闡述的學理，各種範例的介紹也務實詳盡，其使用方法也兼備清晰明瞭。有鑑於學生的學習需求與難易度調整，教學時可以先灌輸學生可逆過程隻概念後即教導學生先從第七至第九章學習熱機部份。第四至第六章爲學生未來考慮升學口試時經常被詢問的範圍，建議有意願升學研究所的同學可以多加研讀第 4-6 章。因此，本書的內容適用於大學、科技大學與技術學院之『熱力學』課程用書，也適合進階課程與原文書閱讀的參考用書。

編輯部序

「系統編輯」是我們的編輯方針，我們所提供給您的，絕不只是一本書，而是關於這門學問的所有知識，它們由淺入深，循序漸進。

身為理工類基本學科，熱力學無疑扮演著舉足輕重的角色。讀者可透過完整的熱力循環系統分析，了解這門物質相變化以及能量轉換的科學，進而在後續的各領域應用上，獲得莫大的裨益。本著對科學持續耕耘的赤誠，熱力學的知識依舊是我們這世代必須認真學習，且付出努力的目標。

同時，為了使您能有系統且循序漸進研習相關方面的叢書，我們以流程圖方式，列出各有關圖書的閱讀順序，以減少您研習此門學問的摸索時間，並能對這門學問有完整的知識。若您在這方面有任何問題，歡迎來函連繫，我們將竭誠為您服務。

相關叢書介紹

書號：02540
書名：進入汽電共生的世界
編著：涂寬

書號：05543
書名：內燃機
編著：薛天山

書號：06134
書名：流體力學(公制版)
(附部分內容光碟)
英譯：Fox、王民玫、劉澄芳
徐力行

書號：06331
書名：綠色能源科技原理與應用
編著：曾彥魁、霍國慶

書號：06285
書名：內燃機
編著：吳志勇、陳坤禾、許天秋、
張學斌、陳志源、趙怡欽

書號：02889
書名：熱力學
編著：陳呈芳

書號：06531
書名：材料力學
編著：許佩佩

流程圖

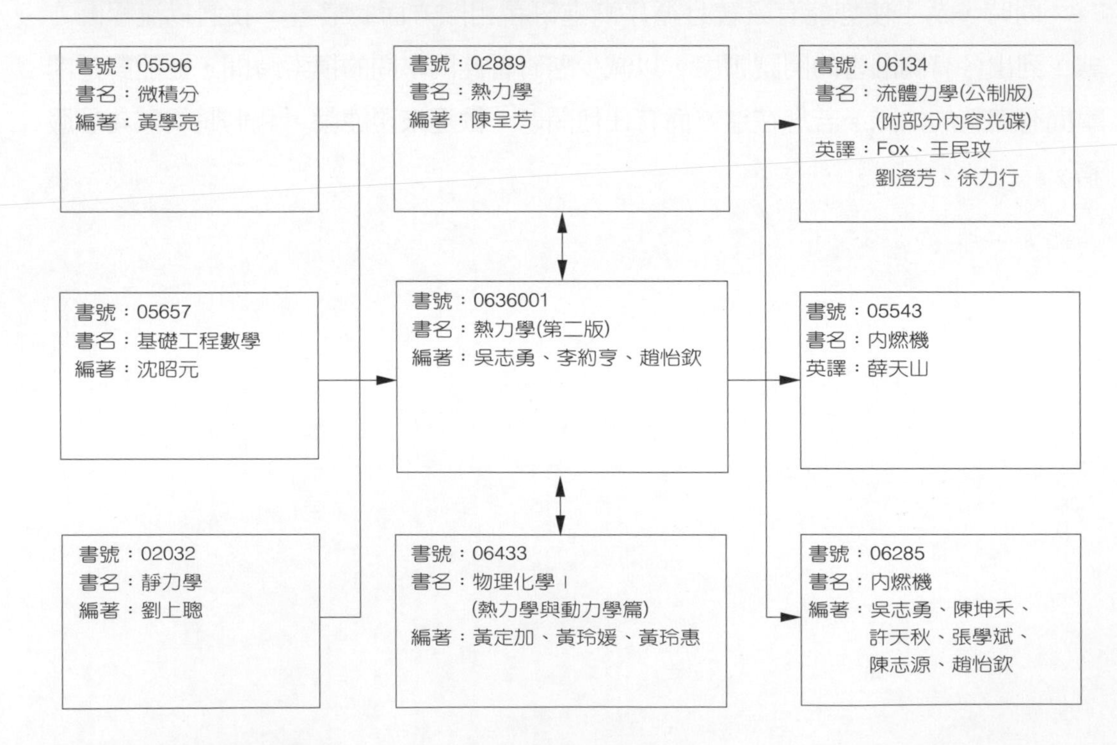

書號：05596
書名：微積分
編著：黃學亮
書號：02889
書名：熱力學
編著：陳呈芳
書號：06134
書名：流體力學(公制版)
(附部分內容光碟)
英譯：Fox、王民玫
劉澄芳、徐力行
書號：05657
書名：基礎工程數學
編著：沈昭元
書號：0636001
書名：熱力學(第二版)
編著：吳志勇、李約亨、趙怡欽
書號：05543
書名：內燃機
英譯：薛天山
書號：02032
書名：靜力學
編著：劉上聰
書號：06433
書名：物理化學 I
(熱力學與動力學篇)
編著：黃定加、黃玲媛、黃玲惠
書號：06285
書名：內燃機
編著：吳志勇、陳坤禾、
許天秋、張學斌、
陳志源、趙怡欽

CONTENTS

1 觀念導引

2 純物質

3 熱力學第一定律

4 熱力學第二定律

8 氣體動力循環

9 冷凍與熱泵系統

CHAPTER 01

觀念導引

1-0 導讀與學習目標

15 到 19 世紀之間，人類有規模的將熱轉變成驅動機械的功，過程之中累積許多經驗與學理使得熱力學漸漸成形。學習熱力學，首重觀念的建立，在本章中將針對學習熱力學所需要的基礎觀念進行釐清，尤其是熱力系統、物質性質、狀態、過程、平衡、壓力與溫度等定義。

學習重點

1. 認知熱力學的來源與應用
2. 熟悉基本熱力學相關的名詞與其意義
3. 釐清重要的熱力學基礎概念以作爲後續學習各種熱力學理論與系統分析

1-1 熱力學簡介

熱力學 (thermodynamics) 的發展相當久遠，其字源來自希臘文的 therme(熱) 與 dynamis(力)，它是一種探討熱 (heat)、溫度 (temperature) 與能量 (energy) 以及功 (work) 之間關係的學說，而這些關係都必須依循著四個熱力學定律 (laws of thermodynamics)。如圖 1-1 所示爲熱力學發展的簡要歷程，一般熱力學相關學問的起源可以追溯到奧圖 · 馮 · 格列克 (Otto von Guericke) 在西元 1650 年所發明的眞空泵以及他在擔任馬德堡市長期間所執行的馬德堡半球實驗。1656 年著名物理學家波以耳 (Robert Boyle) 提出一套敘述壓力、溫度與體積的關係，並且發展出波以耳定律 (Boyle′s Law)。1679 年帕平 (Denis Papin) 製造了一個高壓蒸煮器，類似目前的壓力鍋，其中的設計更激發了後來在 1697 年以及 1712 年賽佛瑞 (Thomas Savery) 與紐康門 (Thomas Newcomen) 的蒸汽機發明與製造，以及後來瓦特 (James Watt) 的蒸汽機效率提升。1824 年卡諾 (Nicolas Le′onard Sadi Carnot) 出版了一本名爲『火的動力思考』(Reflections on the Motive Power of Fire)，其中便闡述了有名的卡諾循環 (Carnot Cycle)。1859 年朗肯 (William Rankine) 寫了人類第一本熱力學的專書，在此同時，熱力學中的第一與第二定律也開始成熟；而馬克斯威爾 (James Clerk Maxwell)、波茲曼 (Ludwig Boltzmann)、普朗克 (Max Planck)、克勞修士 (Rudolf Clausius)、與吉布斯 (Josiah Willard Gibbs) 都在統計熱力學的成就上開始發光，其中吉布斯的理論更是導引了化學熱力學的開始。

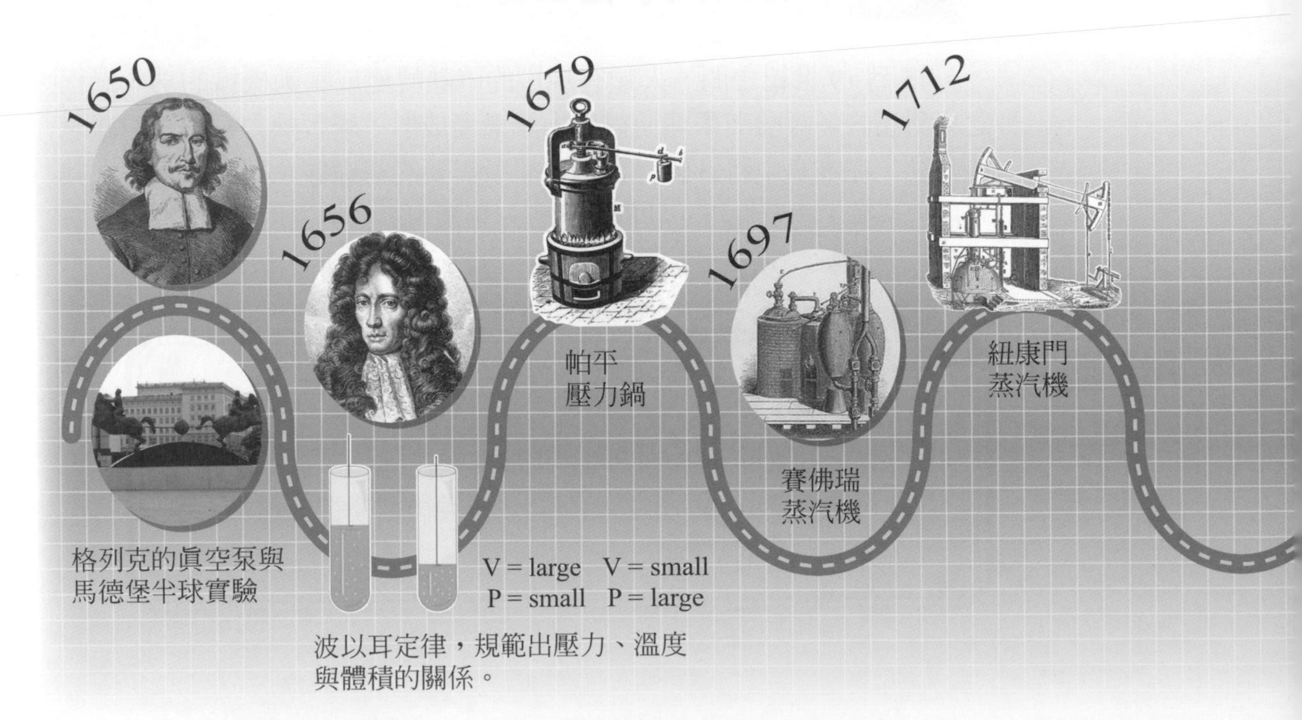

圖 1-1 熱力學發展簡史示意圖

熱力學發展至今產生許多的相關的旁支理論，既有古典熱力學 (Classical thermodynamics)、統計熱力學 (Statistical thermodynamics)、化學熱力學 (Chemical thermodynamics)，與化學平衡 (Equilibrium) 等；不僅如此，熱力學的相關學理更已經涵蓋各種我們生活周遭所需要的科學基礎，當工程師試著要提升各種動力系統的效能時，便得仰賴熱力學的相關知識，甚至其中所需要的化學以及物理現象都脫離不了熱力學的範疇，也就是說它的涵蓋範圍相當廣，如表 1-1 所列僅為相當著重熱力學的應用領域。

表 1-1　常見應用熱力學的工程領域

常見應用熱力學的工程領域
車輛動力或定置式內燃機
飛機用氣渦輪機或發電用氣渦輪機
火力或是核能蒸汽機與發電廠
燃燒推進
空調、冷凍、熱泵與除溼
化學反應與平衡 (燃燒、燃料電池、各種化學反應)
再生能源 (太陽能、地熱能、潮汐與風力)

1-2 系統、性質、狀態、過程平衡與溫度

1-2-1 系統的定義

所謂熱力學系統 (thermodynamic system) 係指在一個有限尺度的巨觀區域，使用熱力學的理論進行各種研究與分析，處在此系統之外的空間則稱之爲系統環境 (surroundings)，而系統與環境之間的介面稱爲系統邊界 (boundary)。熱力學系統又可以區分成封閉系統 (closed systems)、開放系統 (open systems) 以及孤立系統 (isolated systems)。在封閉系統中，系統透過邊界可以與外界傳遞功與熱，由於物質無法穿透所以又可稱之爲控制質量 (control mass) 系統；在開放系統中，不只可以透過邊界傳遞功與熱也可以傳遞物質，進行分析時會使用控制體積 (control volume) 來進行，而控制體積的表面則稱之爲控制表面 (control surface)，邊界可以是實際存在或者是虛擬爲了方便分析而設定；至於孤立系統則不允許有任何物質、功與熱的傳遞。以圖 1-2 所示來區分封閉系統與開放系統較容易使讀者了解其中的差別，圖 1-2(a) 所示爲一封閉系統，假設邊界設定在活塞內部空間 (虛線)，當此內部空間受熱而內部空氣膨脹時則會推動活塞而作功，但是氣缸內的氣體則不會離開系統；另外一方面，圖 1-2(b) 所示爲一開放系統，假設系統邊界包含一整個內燃引擎，在邊界上有燃料與空氣進氣輸入而且有廢氣排出邊界，不僅如此，軸亦有功輸出。

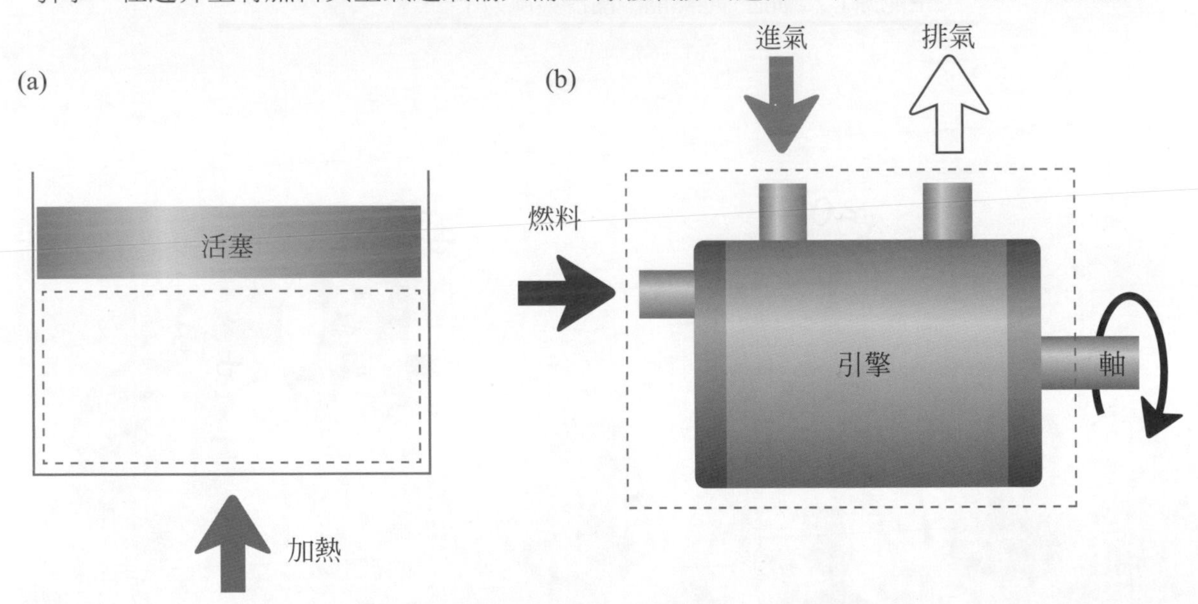

圖 1-2 (a) 封閉系統與；(b) 開放系統示意圖

1-2-2 性質

爲了描述系統或者是預測系統的狀態與行爲，我們必須了解系統中的性質 (properties)，熱力學的性質相當多也會在後續章節進行介紹，目前僅在表 1-2 中列出較常見的性質，其中要注意的是外延性質 (extensive property) 與內延性質 (intensive property) 的差別，外延性質是系統中該性質之量的總和，它會與系統的大小有關係，例如總體積、

總質量、或是內能量等性質；相對的，內延性質並不會因爲系統的大小而改變但是會隨著系統的變化而改變，例如：溫度、壓力。至於任何外延性質對系統內莫耳數或是質量的比值則又屬於內延性質，例如：莫耳內能 (molar internal energy) 或是比內能 (specific internal energy)。爲了讓讀者可以更清楚了解，我們可以從中看到內延性質與外延性質的差別，假設有一個孤立系統容器總體積爲 V，其中充填有壓力爲 p、溫度爲 T 的氣體、質量爲 m，有一個隔板將容器隔開成 A 與 B 兩個空間，它們的體積比例爲 1：2，隔開後的外延性質會隨著隔間的大小而改變，而內延性質不會；也就是說 $V = V_a + V_b$；$m = m_a + m_b$；$p = p_a = p_b$；$T = T_a = T_b$。

表 1-2　常見熱力學性質

性質	單位	符號	外延 / 內延性質
體積	m^3	V	外延
質量	kg	m	外延
定容比熱	J/kg · K	c_v	內延
定壓比熱	J/kg · K	c_p	內延
密度	kg/m^3	ρ	內延
壓力	Pa	p	內延
溫度	K	T	內延
比容	m^3/kg	v	內延
內能	J	U	外延
莫耳內能	J/mole	$\bar{u}$	內延
比內能	J/kg	u	內延

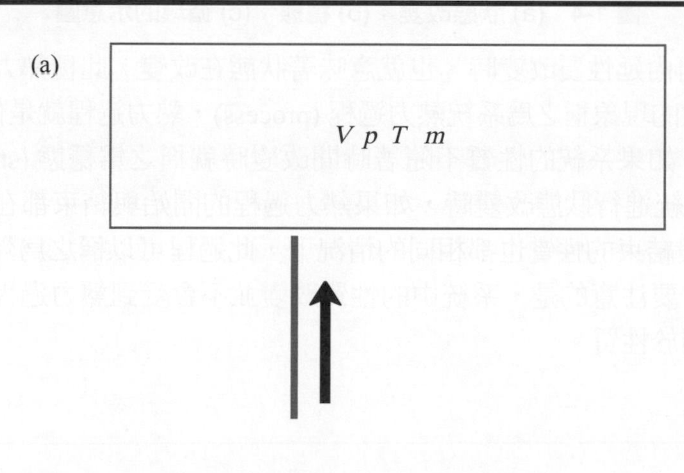

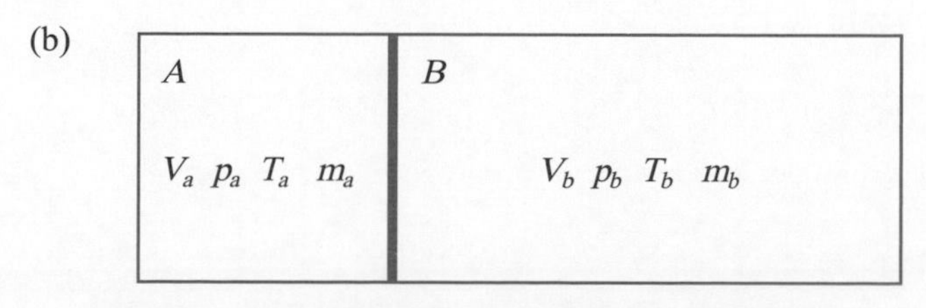

圖 1-3　系統分割對於內延與外延性質的改變

1-2-3 熱力狀態與過程

在熱力學系統中使用性質 (properties) 來描述其熱力狀態 (state)，性質是巨觀的特徵，其中包含：質量、體積、能量、壓力與溫度等，在某個狀態下，系統的內延性質是固定的，也可以被量測或是計算求得，這些內延性質都屬於純量 (scalar)。描述熱力學系統的狀態必須說明所謂的狀態假說 (state postulate)：一個簡單的可壓縮系統可以用兩個獨立的內延性質加以定義，所謂的簡單可壓縮系統意指一個靜止，不考慮重力場、電磁力或者是表面張力的系統，至於獨立的內延性質代表，互不影響的兩個性質，例如：溫度與比容。

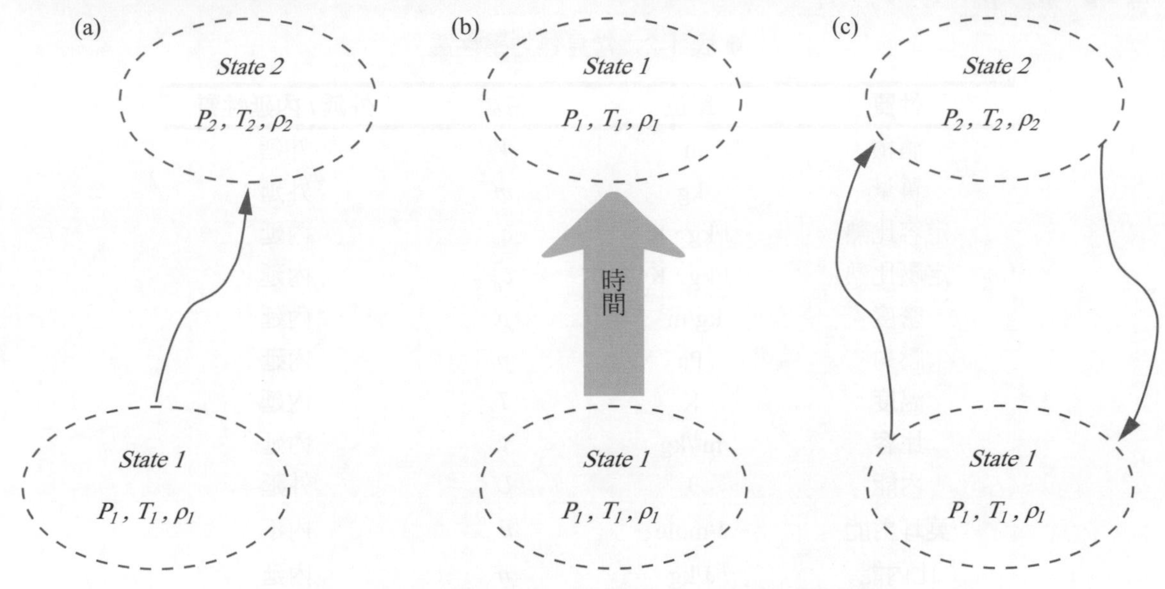

圖 1-4 (a) 狀態改變；(b) 穩態；(c) 循環的示意圖

當系統中任何內延性質改變時，也就意味著狀態在改變，此種熱力系統由一個狀態改變到另一個狀態的現象稱之為系統熱力過程 (process)，熱力過程就是代表狀態的轉換，如圖 1-4(a) 所示；如果系統的性質不隨著時間改變時就稱之為穩態 (steady state)，如圖 1-4(b) 所示。當系統進行狀態改變時，如果熱力過程的開始與結束都在同一個狀態時，當然開始的性質與結束的性質也都相同的情況下，此過程可以稱之為熱力循環 (cycle)，如圖 1-4(c) 所示。要注意的是，系統中的性質改變並不會受到熱力過程的影響，如果會受到影響的則不屬於性質。

範例 1-1

如圖 1-5 所示為一個衝壓引擎示意圖，圖 1-5(a) 所示的系統是不考慮飛行體的部分，而圖 1-5(b) 則考慮到飛行體，說明這兩個系統的差異性。

解 (a) 是一個開放系統，空氣、燃料透過邊界進入系統中，燃燒反應完成後，所有的廢氣都經過邊界離開系統，並且作功；此一系統並不會有質量的累積，因此屬於穩態。

(b) 也是一個開放系統，空氣透過邊界進入系統中，燃料隨著飛行而減少，燃燒反應完成後，所有的廢氣都經過邊界離開系統，並且作功；此一系統質量隨時間增加而減少，因此不屬於穩態。這個系統邊界的範例說明係以衝壓引擎驅動的飛行體來進行舉例；我國的雄風三型超音速反艦飛彈 (圖 1-6) 就是以衝壓引擎作為主要的動力。

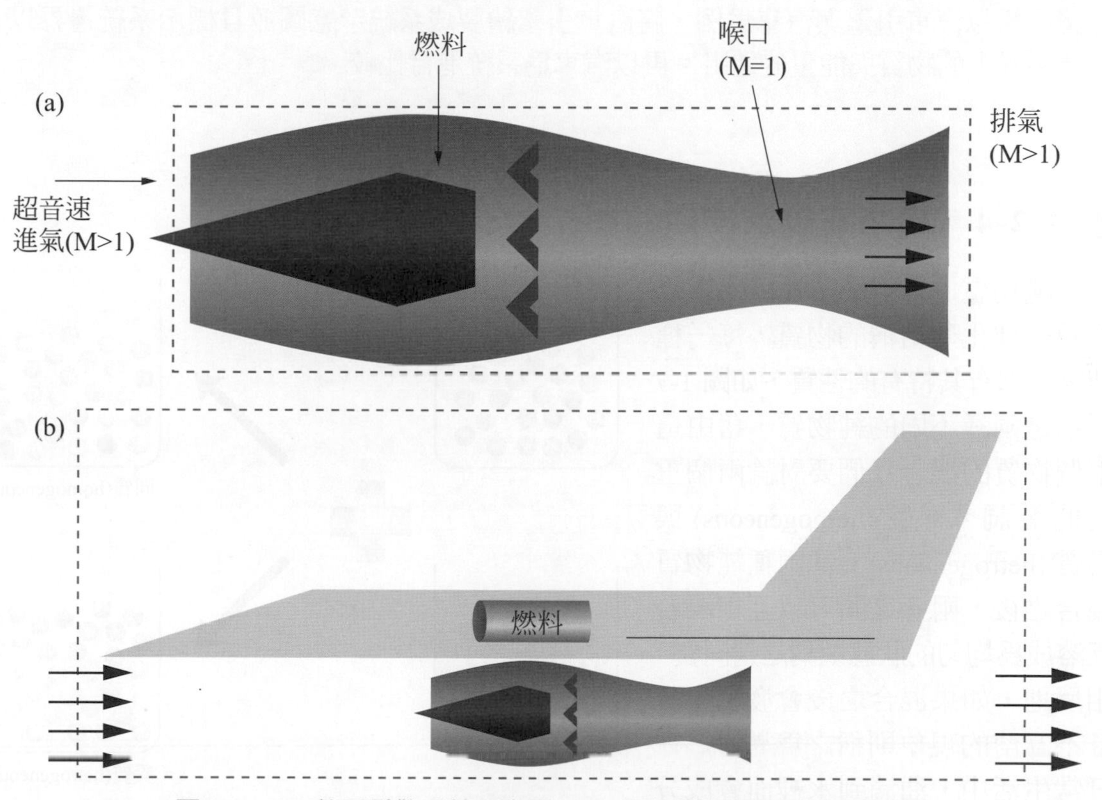

圖 1-5 (a) 衝壓引擎系統示意圖；(b) 飛行體與衝壓引擎示意圖

圖 1-6　雄風三型反艦飛彈的系統示意圖

隨堂練習

請同學以汽車引擎與汽車為例，將汽車引擎繪製成系統示意圖並且標示系統邊界以及邊界上的物質與能量的進出；再以汽車為系統進行比較。

1-2-4　純物質以及物質的相

純物質 (pure substance) 就意味著同一種化學結構的物質，每一種純物質都有其特有的性質，如圖 1-7 所示是兩種不同的純物質，藉由這兩個物質的混合我們要討論兩個重要的名詞：同質 (homogeneous) 與異質 (hetrogeneous)。當兩種純物質混合之後，兩者之間可以互相混合互溶成為均勻的狀態則稱之為同質；相反地，如果混合之後會發生分層且不互溶的現象則稱之為異質。在日常生活中，油滴到水裡面會成分層而成為異質混合物，如圖 1-8(a)

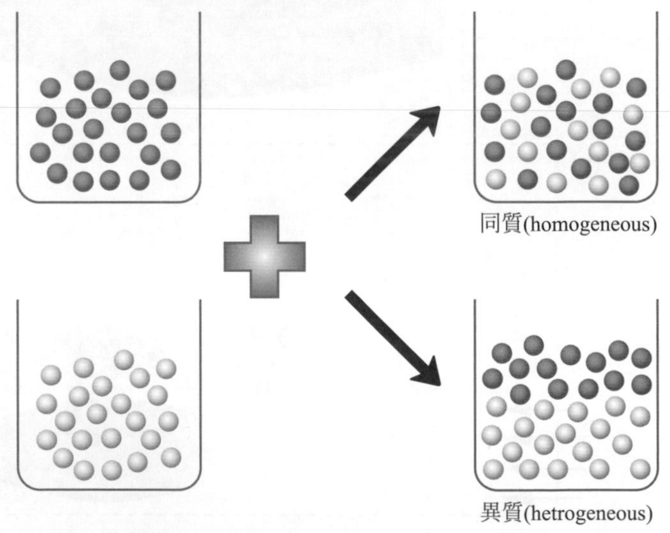

圖 1-7　兩種純物質混合之後的結果

所示；至於酒精與水混合後，因為分子可以互相吸引而互溶成為同質混合物，如圖 1-8(b) 所示；另外值得一提的是，原本不相溶的兩種物質，透過介面活性劑 (surfactant) 的輔助下，油與水便可以乳化 (emulsification) 形成乳狀物 (cream)，在乳狀物中其中一種物質會被碎化成小液滴，藉由介面活性劑分子的親油與親水特性，將小液滴分布在另外一種液體中，如圖 1-9 所示為應用乳化技術所製成的乳霜；要注意的是，乳化其實是一種不穩定的狀態，久置或者是溫度變化都有可能使油水分離。

圖 1-8 (a) 異質混合物 (水與油)；(b) 同質混合物 (酒)

圖 1-9 乳霜

範例 1-2

如圖 1-10 所示一個含有水蒸氣、水與冰的系統，討論在這系統中的物質是純物質嗎？

解 答案是肯定的，因為這杯水裡面都是水 (H_2O) 分子所構成的物質。在這裡要強調一個觀念，純物質與否與同質性質無關。

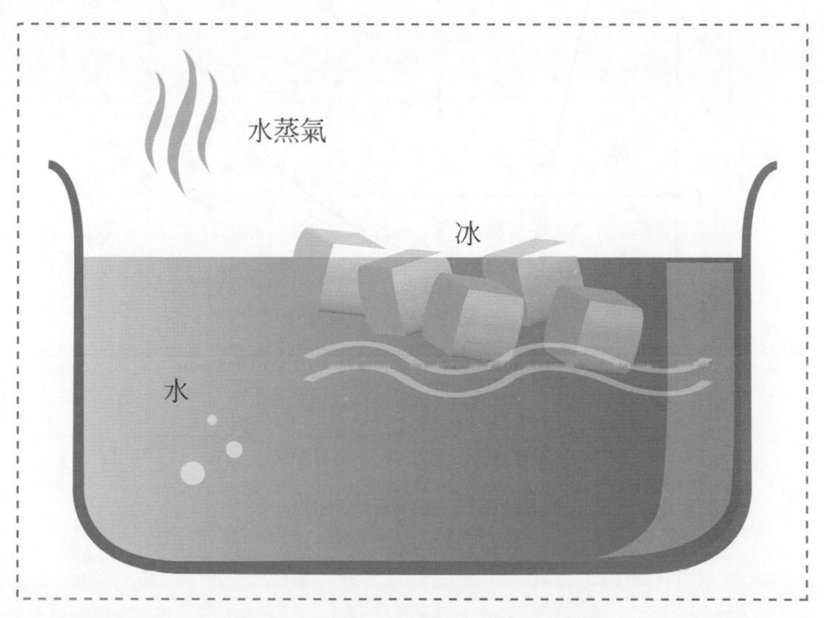

圖 1-10 系統中的冰水與水蒸氣

系統的物理架構下談到物質同質 (homogeneous) 時也代表系統中只有一種相 (phase)，物質的相計有固相 (solid phase)、液相 (liquid phase) 與氣相 (gas phase)，在同一個相中，其物質的物理性質都是均勻的。在一個系統中如果存在兩種相以上就屬於異質 (hetrogeneous) 系統了。在同一個狀態下，物質可能會存在兩種相以上而且不同相之間是不互溶的，如圖 1-11 所示爲水的三相圖，在相邊界上代表著兩種相的共存，例如：在 1 大氣壓下，水的固相與液相邊界在 0℃，而液相與氣相的邊界在 100℃，而在三相點上則代表著液、氣與固相共存。從三相圖也可以觀察在相同壓力下的水隨著溫度的相變化，例如以 1atm 的條件下，當水從溫度低於攝氏零度的冰塊逐漸升溫至超過 100℃時，會歷經固 - 液相變化、液相、液氣相變化以及氣相。對於某些物質來說，其三相點高於 1atm，因此從固相變成氣相的過程中不存在液相，例如：二氧化碳在 1atm 的條件下，固態的二氧化碳 (俗稱乾冰) 會直接昇華變成氣體，如圖 1-12 所示。另外一方面，以化學的角度來看，當系統中只有一種純物質時，有可能存在多種相共存，就如同前文所敘述水的例子。當一個系統中存在兩種以上的純物質時則成爲混合物系統；當多種物質以同相存在時並不代表一定可以混合並成爲均勻的混合物，例如：氧氣與氮氣都是氣相，也可以混合均勻、酒精與水都是液相，也可以以任何比例互溶，至於異辛烷與水雖然都是液相，但是它們混合時會分層並無法互溶。純物質的相變化以及其特性會在第 2 章中進行深入地討論，並且學習如何透過查表取得物質在不同溫度壓力下的特性。

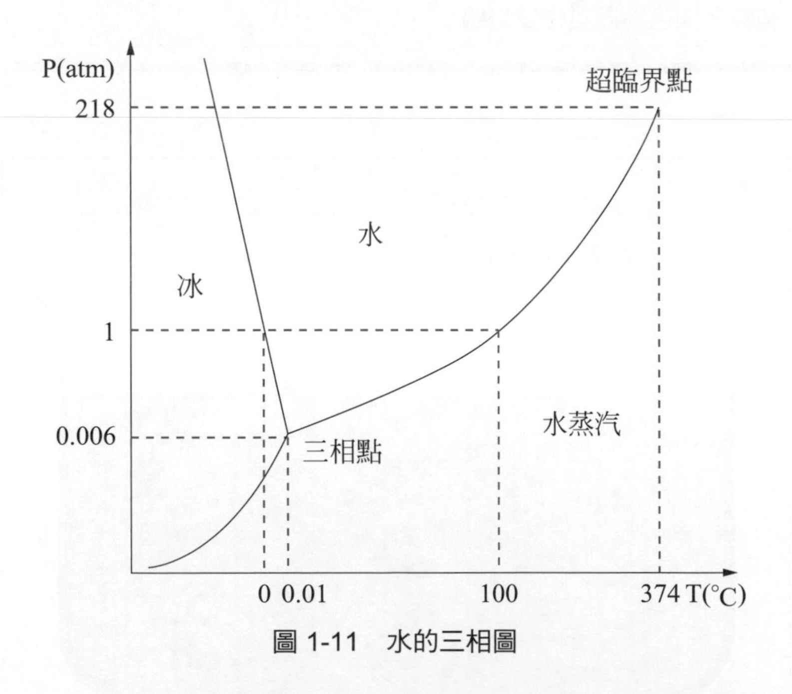

圖 1-11　水的三相圖

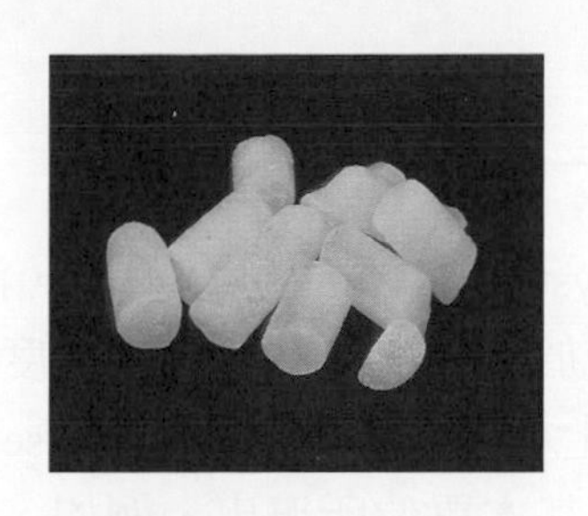

圖 1-12 昇華中的乾冰 (By Richard Wheeler (Zephyris) at en.wikipedia)

1-2-5 平衡

平衡 (equilibrium) 在熱力學中是一個非常重要的觀念，當一個系統完全達到熱力學平衡時就代表著該系統的力學 (mechanics)、熱 (thermal)、相 (phase) 與化學 (chemical) 等各種可能影響系統熱力狀態的因素都達到平衡，觀察是否達到平衡必須將一個系統完全孤立 (isolated) 於周遭環境之外，觀察系統中的性質，如果性質在隔離後就不再發生任何的改變，就可以說該系統達到平衡，而這時候的系統狀態又稱之爲平衡狀態 (equilibrium state)。系統達到平衡時，系統內的溫度與壓力會達到均勻而固定，若是存在兩個相以上的系統，其不同相的比例也會維持恆定，而化學變化時的產物與反應物的濃度也會維持固定。

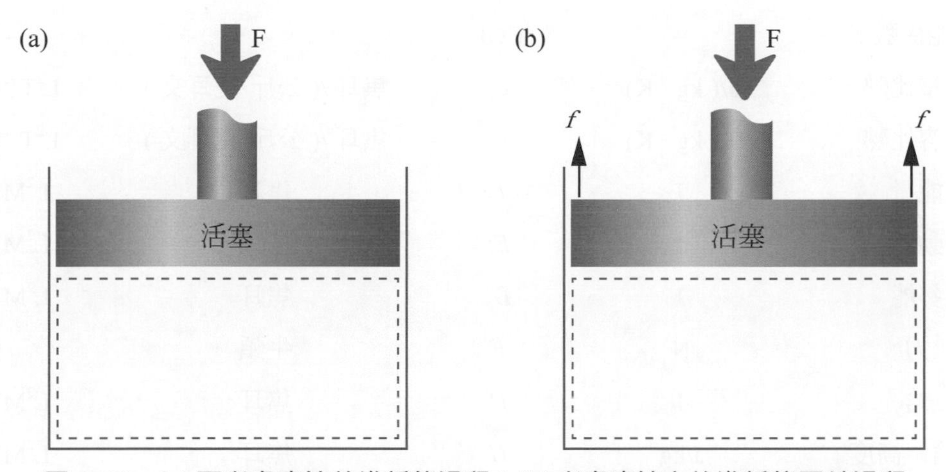

圖 1-13 (a) 不考慮摩擦的準靜態過程；(b) 考慮摩擦力的準靜態壓縮過程

爲討論熱力學狀態的改變過程 (process) 時必須說明一種稱之爲準靜態過程 (quasistatic process) 或者可以稱之爲準平衡過程 (quasi-equilibrium process) 的名詞，準靜態過程變化非常緩慢，使系統幾乎是維持在平衡的狀態下慢慢改變，例如一個非常緩慢壓縮的活塞，在壓縮的過程中，系統內的壓力分布是完全均勻的過程如圖 1-13(a) 所示。要特別注意的是，在後面所討論到可逆過程 (reversible process) 都是準靜態過程，而準靜態過程不一定是可逆過程，當緩慢的過程中有熵的增加或是有熱傳流動時，都會使一個準靜態過程成爲不可逆過程 (irreversible process)，如圖 1-13(b) 所示。

1-3 基本單位

本書的度量單位以國際標準單位 (International System of Units, SI) 為主，源自於 18 世紀末，是一種十進位系統的度量衡單位系統，最後於 1960 年第 11 屆國際度量衡大會所通過，並被大多數國家所採用。國際標準單位共有七個基本標準單位 (SI base unit)，其詳細內容如表 1-3 所列。其他的物理量都是由這七個基本單位所導出，例如：力的單位牛頓 (Newton) 就是一種導出單位，其意義係指 1 公斤質量的物體達到 $1m/s^2$ 加速度所需要的力，因此質量一公斤的物質在地球表面上所受的重力加速度是 $9.8m/s^2$，因此該物體在地球表面的吸引力 (重量) 則為 9.8 牛頓或稱之為 1 公斤重，我們要特別注意公斤 (kg) 是質量的單位而公斤重 (kg_f) 則是力量的單位，質量不會因為重力加速度的影響而改變其值。除了國際標準單位之外，尚有 CGS 制 (長度、質量與時間分別使用公分、克與秒)；而美國則是主要使用英制 (imperial units)，不過在大部分工程應用的場合下多可以輕易地換算。

表 1-3　國際基本標準單位

物理量	SI 單位	符號	中文單位	因次符號
面積；可用能	m^2; J	A	平方公尺；焦耳	L^2; L^2MT^{-2}
性能係數 *	–	COP	–	–
定壓比熱	J/(kg · K)	c_p	焦耳 /(公斤·克耳文)	$L^2T^{-2}\Theta^{-1}$
定容比熱	J/(kg · K)	c_v	焦耳 /(公斤·克耳文)	$L^2T^{-2}\Theta^{-1}$
能量	J	E	焦耳	L^2MT^{-2}
動能	J	E_k	焦耳	L^2MT^{-2}
勢能	J	E_p	焦耳	L^2MT^{-2}
力	N	F	牛頓	
焓	J	H	焦耳	L^2MT^{-2}
比焓；高度	J/kg	H	焦耳	L^2MT^{-2}
莫耳質	kg/mol	M	公斤 / 莫耳	MN^{-1}
絕對壓力	Pa (N/m^2)	p_{ab}	帕	$L^{-1}MT^{-2}$
大氣壓力	Pa (N/m^2)	p_{atm}	帕	$L^{-1}MT^{-2}$
真空度	Pa (N/m^2)	p_{vac}	帕	$L^{-1}MT^{-2}$
錶壓	Pa (N/m^2)	p_g	帕	$L^{-1}MT^{-2}$
壓力	Pa (N/m^2)	p	帕	$L^{-1}MT^{-2}$
臨界壓力	Pa (N/m^2)	p_c	帕	$L^{-1}MT^{-2}$
對比壓力	Pa (N/m^2)	p_r	帕	$L^{-1}MT^{-2}$

表 1-3 國際基本標準單位 (續)

物理量	SI 單位	符號	中文單位	因次符號
熱傳	W/(m· K)	Q	瓦 /(公尺·克耳文)	$L^2MT^{-3}\Theta^{-1}$
氣體常數	J/K·mol	R	焦耳 /(克耳文·莫耳)	$L^2MT^{-2}\Theta^{-1}N^{-1}$
比氣體常數	J/K·kg	$\overline{R}$	焦耳 /(克耳文·公斤)	$L^2T^{-2}\Theta^{-1}$
比熵	J/(kg· K)	s	焦耳 /(克耳文·公斤)	$L^{-1}T^{-2}\Theta^{-1}$
莫耳比熵	J/(mol· K)	$\overline{S}$	焦耳 /(克耳文·莫耳)	$L^{-1}T^{-2}\Theta^{-1}N^{-1}$
熵	J/K	S	焦耳 / 克耳文	$L^{-1}MT^{-2}\Theta^{-1}$
臨界溫度	K	T_c	克耳文	Θ
冷儲體溫度	K	T_C	克耳文	Θ
熱儲體溫度	K	T_H	克耳文	Θ
對比溫度	K	T_r	克耳文	Θ
內能	J	U	焦耳	L^2MT^{-2}
比內能	J/kg	u	焦耳 / 公斤	L^2T^{-2}
比莫耳內能	J/mol	$\overline{u}$	焦耳 / 莫耳	$LT^{-2}N^{-1}$
體積	m^3	V	立方公尺	L^3
速度	m/s	$\widetilde{V}$	公尺 / 秒	LT^{-1}
比容	m^3/kg	v	立方公尺 / 公斤	L^3M^{-1}
飽合液比容	m^3/kg	v_f	立方公尺 / 公斤	L^3M^{-1}
飽合汽比容	m^3/kg	v_g	立方公尺 / 公斤	L^3M^{-1}
莫耳容積	m^3/mol	$\overline{V}$	立方公尺 / 莫耳	L^3N^{-1}
功	J	W	焦耳	L^2MT^{-2}
乾度 *；x 方向長度	–；m	X	–；公尺	L
壓縮因子 *	–	Z	–	–
z 方向長度	m	z	公尺	L
比熱比	–	γ	–	–
不可逆度	J/K	σ	焦耳 / 克耳文	$L^{-1}MT^{-2}\Theta^{-1}$
密度	kg / m^3	ρ	立方公尺 / 公斤	$L^{-3}M$
第二定律效率 *	–	Ξ	–	–
效率 *	–	η	–	–

範例 1-3

有一物質量 100 公斤放置在某個星球，經過測量該物的重量為 600 牛頓，請問該處的重力加速度為多少？如果將該物放在地球，則其重量為多少牛頓？

解 $\because F = ma$

$\therefore 600 = 100a \Rightarrow a = 6\ \text{m/s}^2$

放置在地球時

$F = ma = mg = 100 \times 9.8 = 980\ \text{N}$

隨堂練習

延續範例 1-3，如果在這個星球上使用天平與砝碼來測定質量，則會測到多少質量？

1-4 比容、壓力與溫度

1-4-1 比容

在古典熱力學中，比容 (specific volume)、壓力與溫度是系統的三大重要內延性質，其中比容的定義必須要在巨觀的角度下討論，也就是說定義空間中某個『位置』的比容時，必須假定某個位置擁有一個小的體積，該體積要具備足夠大並且擁有足夠的分子來平均計算其性質。首先我們先定義密度 (density)，密度的定義如 (1-1) 所示，其中 V' 係指足以描寫某個位置的體積，其中的質量爲 m，而比容則爲密度的倒數而且爲內延性質，如 (1-2) 所示；討論化學反應時，使用莫耳容積 (molar volume) 會比較方便，如 (1-3) 所示，其中 M 是分子量而 $\bar{v}$ 的 SI 單位通常使用 m^3/kmol。

$$\rho = \lim_{V \to V'} \left(\frac{m}{V} \right) \tag{1-1}$$

$$v = \frac{1}{\rho} \tag{1-2}$$

$$\bar{v} = \frac{V}{n} = \frac{V}{\frac{m}{M}} = vM \tag{1-3}$$

範例 1-4

有一個容器體積 0.25 m^3，其中裝有 0.02 kmol 的氮氣，求氮氣的質量有多少公斤，莫耳容積與比容分別為何？

解 氮氣的分子量為 28 kg/kmol

$$n=\frac{m}{M}\Rightarrow 0.02\,\text{kmol}=\frac{m}{28\,\text{kg}/\text{kmol}}\Rightarrow m=0.56\,\text{kg}$$

$$v=\frac{V}{m}=\frac{0.25\,\text{m}^3}{0.56\,\text{kg}}=0.4464\frac{\text{m}^3}{\text{kg}}$$

$$\bar{v}=\frac{V}{n}=\frac{0.25\text{m}^3}{0.02\,\text{kmol}}=12.5\frac{\text{m}^3}{\text{kmol}}$$

隨堂練習

某容器中裝有氮氣，其比容爲 0.6m^3/kg，其莫耳容積爲何？

1-4-2 壓力

在某個作用面上的總力量與面積的比値稱之爲壓力，如圖 1-14 所示，假設某個平台表面積爲 A，上面受到均勻的壓力 p，此時整個平台的支點總受力 $F=pA$。在討論流體巨觀角度的壓力時，我們必須沿用剛剛所提到的概念，也就是說當我們要敘述流體中某個位置的壓力時，我們必須考慮到在這個位置的表面積要足夠大並且擁有足夠的分子來碰撞而平均計算其壓力性質，因此流體的壓力可以用 (1-4) 來表示，其中 F 爲針對表面積的正向力 (normal force)。以微觀的角度來看，流體中的壓力是來自於分子隨機撞擊固體表面時動量改變所產生的力，分子的碰撞並非全部是垂直表面的，然而在足夠的撞擊下，撞擊力與表面平行的分量會被互相抵銷，所以剩下的就只有垂直於表面的分量了；因此在流體中壓力的方向始終垂直於表面。

$$p=\lim_{A\to A'}\left(\frac{F}{A}\right) \tag{1-4}$$

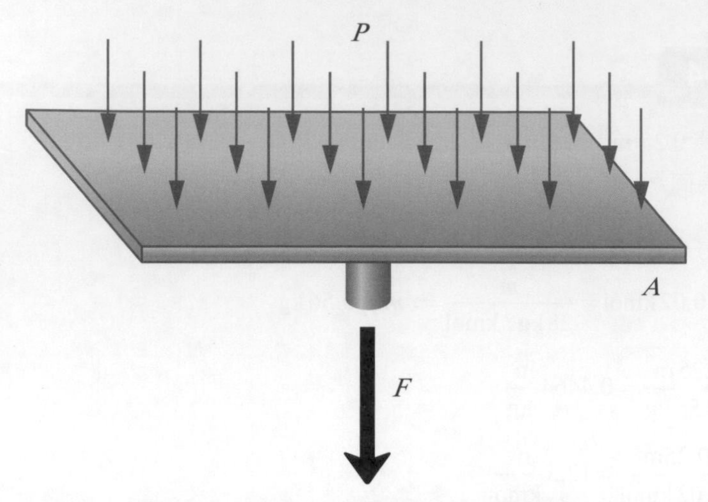

圖 1-14　壓力、作用表面與力的關係

壓力的國際標準單位 (SI) 爲帕斯卡 (pascal)，其定義爲 $1N/m^2$；地球表面的大氣壓力會隨著地方、高度與溫度而改變，因此制定有 1 標準大氣壓 (standard atmosphere)，其值爲 101.325 kPa。如圖 1-15 所示，敘述壓力的時候有兩個基準點：眞空與大氣壓力，以眞空爲零點的壓力敘述均稱爲絕對壓力 (absolute pressure)，無論測量點的壓力是比大氣壓力大還是小都是一樣的；以大氣壓力作爲零點時，稱之爲錶壓 (gauge pressure)，當量測點大於大氣壓力時其值爲正而當量測點小於大氣壓力時其值爲負，有些場合會把負壓的數字用來描述眞空度。

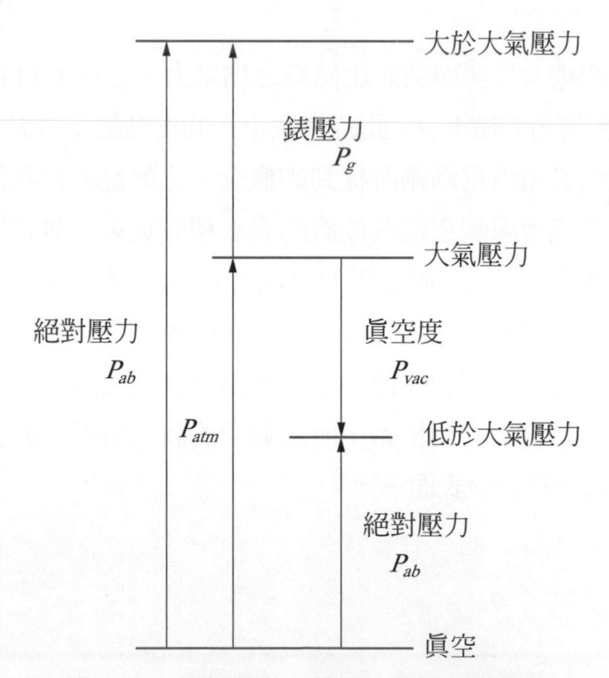

圖 1-15　絕對壓力、錶壓、真空度的關係

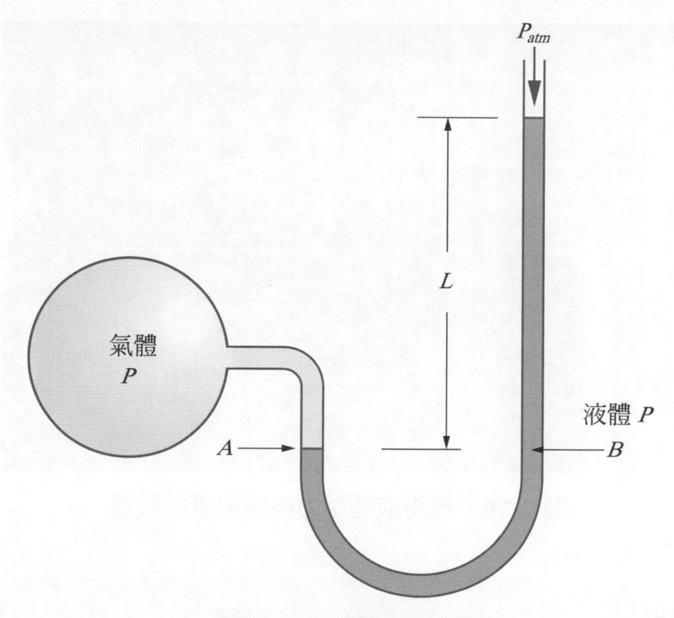

圖 1-16 液體壓力計

量測壓力最原始的工具是使用液體做成的壓力計 (manometer)，如圖 1-16 所示爲簡易使用液體做成的壓力計，容器中的壓力 p 而外界的壓力爲 patm，在液體中 A 與 B 點的位置等高所以會有相同的壓力，由於 B 點的壓力是大氣壓力再加上液柱 L 所產生的壓力，因此容器中的壓力如 (1-5) 所列，方程式 (1-5) 又稱之爲氣壓計方程式 (Barometer equation)，其中 ρ、g 與 L 分別是液體的密度、萬有引力以及液柱的長度。在流體力學應用中，液體壓力計也可以用來量測壓力差，在圖 1-17 所示就是有名的白努利定理 (Bernoulli equation) 中全壓 (total pressure) 與靜壓 (static pressure) 的關係，量測壓力差的目的可以了解管內流體的速度而換算流量，如圖 1-18 所示爲利用壓差計算流量的裝置。

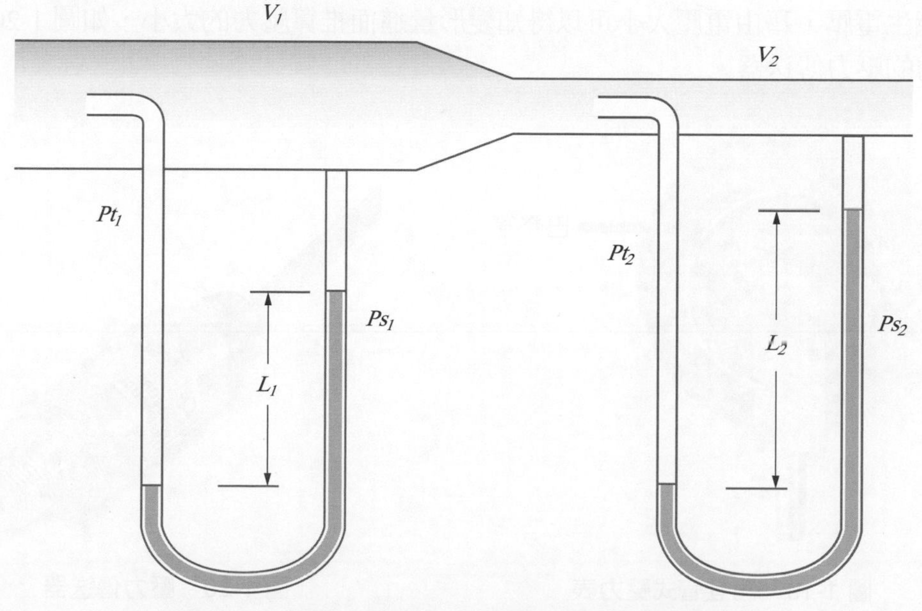

圖 1-17 應用液體壓力計量測全壓與靜壓的壓差

圖 1-18 應用液體壓力換算流量的裝置

$$p = p_{atm} + \rho g L \tag{1-5}$$

使用液體製作壓力計在實務上使用較為不便，機械式的壓力計較常見的有巴登管(Bourdon tube gage) 型式，如圖 1-19 所示；它是利用被稱為巴登管的彎曲變化來測量壓力的壓力表。巴登管的其中一端是固定的，另外一端則是自由的，巴登管的截面形狀有些是橢圓形或扁平形。巴登管在其內壓力的作用下會逐漸膨脹成圓形，此時自由端會產生與壓力大小成一定關係的位移，自由端連結指針就可以指示壓力的大小。機械式的壓力計除了巴登管之外，尚有膜片式等其他架構。對於現代化自動控制的系統應用中，壓力表也可以是電子式並稱之為壓力傳送器 (pressure transducer)，以輸出電流或是電壓來表示所測得的壓力，比較常見是使用壓電效應材料所製成的感測器，壓電材料受到力量變形時會產生電壓，藉由電壓大小可以得知變形量進而推算壓力的大小，如圖 1-20 所示為測量壓力的壓力傳送器。

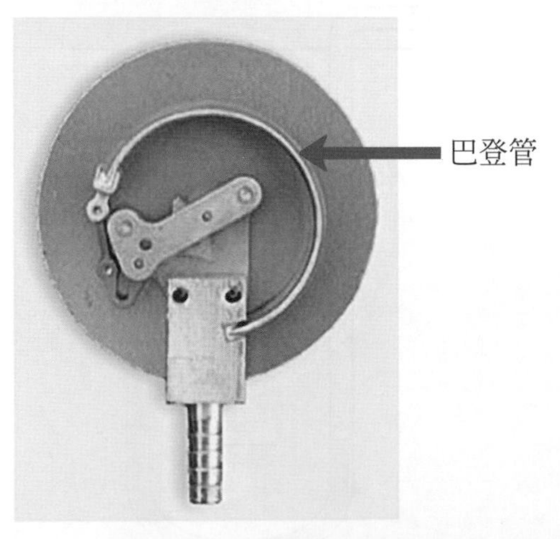

圖 1-19 巴登管式壓力表

圖 1-20 壓力傳送器

範例 1-5

如圖 1-21 所示，有一個裝有壓力 p 的容器連結兩個液體壓力計，其中鉛直的那一支壓力計顯示液位差為 L，試求與鉛直線夾 30 度的液體壓力計的液柱 L' 有多長？

解 液位差主要是以鉛直線的高度差為基準，因此當管柱傾斜時，液柱會變長

$$L' = L\sec 30° = \frac{L}{\cos 30°}$$

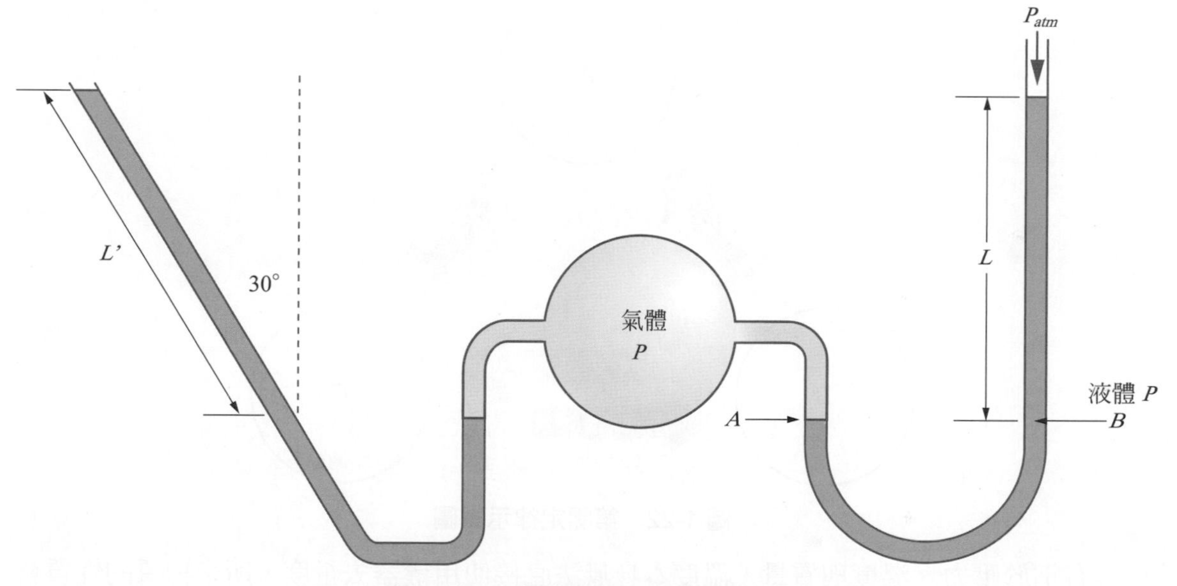

圖 1-21 液體壓力計的管柱擺設

壓力的計算在熱力學中相當的重要，因此要特別注意單位的換算，爲了方便起見，茲將常用壓力單位及其換算於表 1-4 所列。

表 1-4 常用壓力換算表

	帕 (Pa)	巴 (bar)	atm	托 torr	psi
帕 (Pa)	1	10^{-5}	9.8692×10^{-6}	7.5006×10^{-3}	1.4504×10^{-4}
巴 (bar)	10^5	1	0.9869	750.06	14.5038
atm†	1.0133×10^5	1.0133	1	760	14.696
托 torr	133.3224	1.3332×10^{-3}	1.3158×10^{-3}	1	1.9337×10^{-2}
psi‡	6.8948×10^3	6.8948×10^{-2}	6.8045×10^{-2}	51.7149	1

†：atm 爲一大氣壓

‡：psi 沒有特殊中文標稱，意爲描述每平方英吋上有多少磅力

1-4-3 熱力學第零定律與溫度

所謂的溫度是一種描述物體或系統冷 (coldness) 與熱 (hotness) 的量度，然而溫度的概念係來自於熱力學第零定律，它的定義如下：『假如有兩個熱力學系統，這兩個系統均分別與第三個系統處於熱平衡狀態，如此這兩個系統也必互相處於熱平衡的狀態』，如圖 1-22 所示，系統間熱平衡不代表沒有熱能量傳遞，而是淨 (net) 熱能量傳遞爲零。熱力學定律爲描述自然界存在普遍接受的先決原則現象但無法證明，基於熱力學第零定律的存在溫度計的量測才有其可能性。

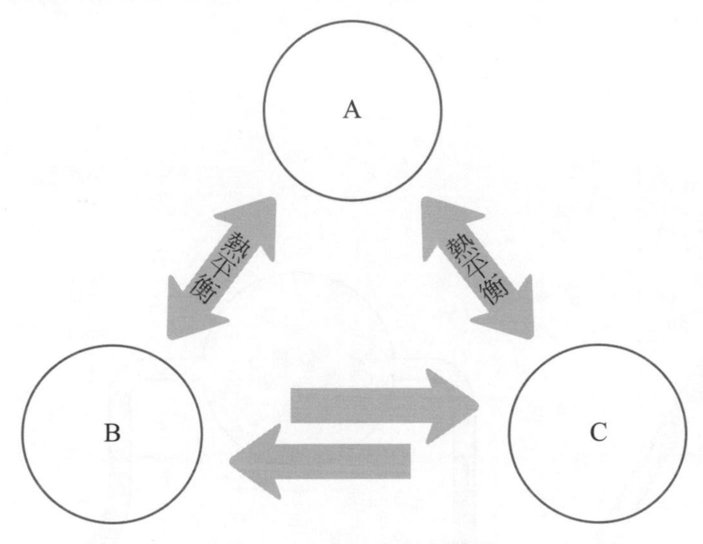

圖 1-22　第零定律示意圖

有別於壓力、溫度與質量，溫度本身無法直接使用儀器去量度，所幸物質的性質會隨著溫度改變而發生變化，因此可以透過物質性質的改變而量得溫度。關於溫度的量測，如圖 1-23(a) 所示就是市售液體式溫度計的基本構型，常見的有水銀溫度計 (Mercury-in-glass thermometer) 與酒精溫度計 (Alcohol-in-glass thermometer)，藉由液體的熱脹冷縮利用液柱高度而求得溫度的數値，由於物質的特有性質，液體溫度計的操作範圍會與液體的種類有關。至於定容氣體溫度計 (constant volume thermometer) 如圖 1-23(b) 所示，在容器中含有理想氣體 (ideal gas)，當溫度變化時會使得定容容器中的壓力產生變化，因此可以根據理想氣體方程式 (1-6) 來加以推論，至於理想氣體的詳細介紹會在後續章節中提到。由於世界上不存在理想氣體，因此定容氣體溫度計的使用仍然會有誤差。我們在量測時只能透過液柱來計算壓力，但是方程式 (1-6) 中卻有 v、n 與 T 三個未知數，因此需要透過校正才能使用。首先必須設定一個參考溫度 T_0 並對應壓力 p_0，量得不同溫度下的壓力值後即可透過方程式 (1-7) 求得未知溫度。

$$pv = n\overline{R}T \tag{1-6}$$

$$\frac{pv}{p_0 v} = \frac{n\overline{R}T}{n\overline{R}T_0} \Rightarrow \frac{p}{p_0} = \frac{T}{T_0} \Rightarrow T = T_0\frac{p}{p_0} \tag{1-7}$$

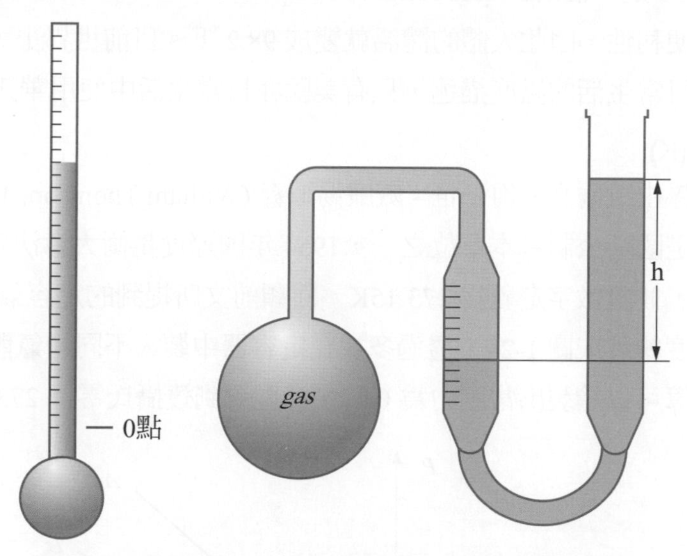

圖 1-23 溫度計 (a) 液體式溫度計；(b) 氣體溫度計

電子式的溫度量測裝置常見的主要有熱電阻 (thermal resistor) 元件與熱電偶 (thermocouple)，電子零件常用的 PT100 熱電阻元件在 0℃時電阻爲 100 歐姆而且其電阻會隨著溫度改變而變化，至於熱電偶則是應用熱電效應所製成，熱電偶通常是由兩種不同材質的金屬線焊接在一起成爲一個熱節點 (thermal junction)，不同的金屬材料具有不同的自由電子密度，當兩種不同的金屬互相連結時，接觸點上的自由電子就會進行擴散，電子的擴散速率與接觸點的溫度成正比，所以只要兩種金屬之間溫度固定時，在兩條金屬線的另兩個端點可以形成穩定的電壓。

目前較廣泛使用於科學與日常生活上的溫度單位與溫標計有：攝氏溫標 (℃)、華氏溫標 (℉) 與熱力學溫標 (K)，茲就針對此三個溫標做簡要的描述：

(一) 攝氏溫標 (℃)

攝氏溫標是一個生活用的公制溫度單位，該溫標是由安德斯．攝氏 (Anders Celsius) 所發明，在過去的規範中，以水的冰點與沸點分別爲 0℃與 100℃，實際上依照現行的定義，水在 101.325 kPa(1 大氣壓) 下，水的三相點 (triple point) 與沸點分別爲 0.01℃與 99.98℃。

(二) 華氏溫標 (°F)

華氏溫標由丹尼爾·華倫海特 (Daniel G. Fahrenheit) 所發明，當時他將水、冰與氯化銨混合製造出當時人類所可以創造出來的最低溫當作 0 °F，水的三相點爲 32 °F而人體的體溫爲 96 °F。爲了方便起見，後來將華氏溫標中水的三相點到沸騰畫分成 180 等分，180 是一個高合成數 (Highly composite number)，可以使後來的數字等分有比較大的便利性，因此人體的體溫就變成 98.2 °F。目前世界上大部分國家使用攝氏溫標做爲日常生活的溫度描述，只有美國在日常生活中使用華氏溫標。

(三) 熱力學溫標 (K)

熱力學溫標係由凱爾文男爵一世 - 威廉湯姆森 (William Thomson, 1st Baron Kelvin) 所發明，也是國際公制基本單位之一，1954 年國際度量衡大會決定，以水的三相點作爲標準點，並將數字定義爲 273.15K。回顧前文所提到的定容氣體溫度計，如果將壓力與溫度繪製成圖 1-24，透過多次在定容器中裝入不同的氣體進行實驗，經過斜率外插計算可以繪製出當壓力爲 0 時，溫度會到達攝氏零下 273.15 度。

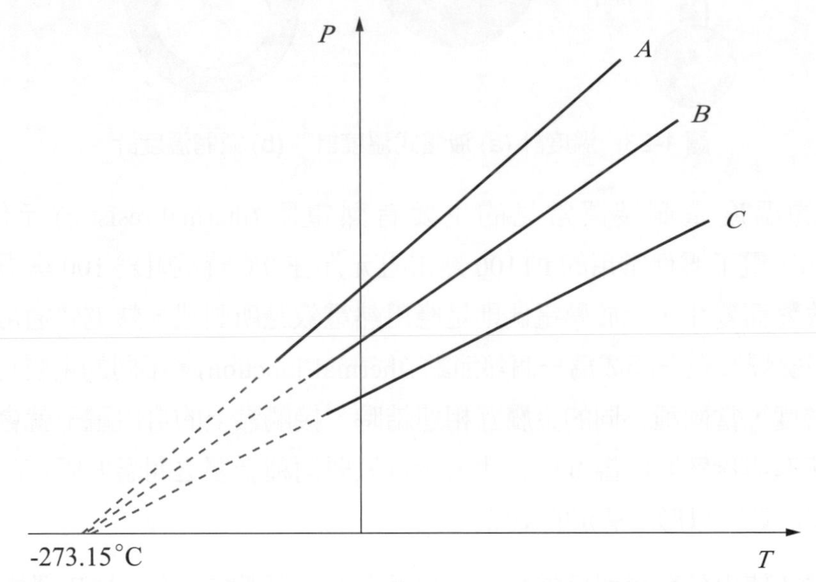

圖 1-24　在定容氣體溫度計中不同氣體之溫度與壓力關係圖及其外插

上述的三個溫標可以藉由以下的方程式 (1-8) 與方程式 (1-9) 關係進行單位轉換：

$$K = ℃ + 273.15 \tag{1-8}$$

$$℉ = ℃ \times \frac{9}{5} + 32 \tag{1-9}$$

範例 1-6

華氏 100 度時，攝氏溫標為幾度，而熱力學溫標為幾度？

解 $℃ = (℉ - 32) \times \frac{5}{9} = (100 - 32) \times \frac{5}{9} = 37.8$

$K = ℃ + 273.15 = 37.8 + 273.15 = 310.95$

隨堂練習

請問當攝氏幾度時，華氏與攝氏溫標會有相同的數值？

本章小結

學習熱力學時必須深刻的體會如何去解決熱力學問題，如圖 1-25 所示，我們始終要記得要先判斷系統的邊界、種類以及其與環境之間的關係與交互作用，系統內的變化一定依循著重要的定律，而質量守恆、能量守恆以及熱力學第二定律是最重要的三大關鍵。當我們看到一個熱力學問題時，我們必須仔細地閱讀問題，判斷那些是已知的資訊，要求什麼？可以畫圖的就畫圖，將已知條件分門別類列好，再運用已知的熱力學知識求解並驗算。

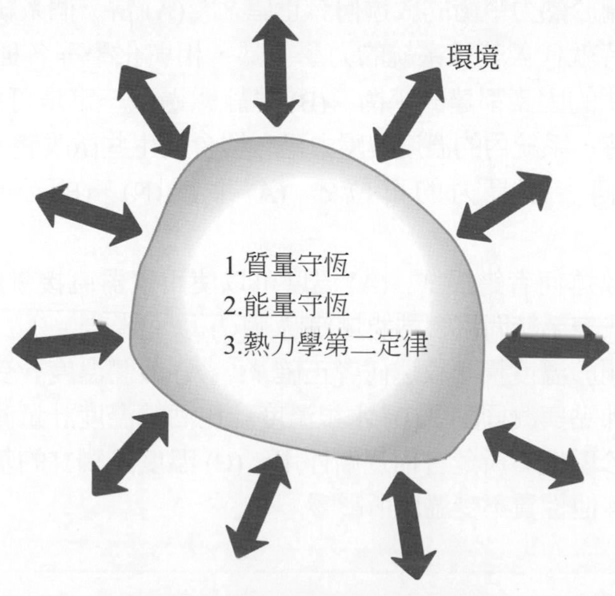

圖 1-25　熱力學分析的重要理念

作業

一、選擇題

(　　) 1. 下列敘述何者正確？ (A) 熱力學只有針對傳統內、外燃機引擎、火力發電等有關係，對於新興能源例如：太陽能、風能以及潮汐等可再生能源無關 (B) 燃燒是一種化學反應，基本上不列入熱力學的範疇 (C) 熱力學是一門基礎學科，是一種探討熱、溫度與能量以及功之間關係的學說。

(　　) 2. 下列何者不是純物質？ (A) 含有冰塊的水 (B) 海鹽 (C) 鋁。

(　　) 3. 下列關於系統邊界敘述何者正確？ (A) 一個系統邊界可以依照分析目標的需求而加以改變 (B) 一個孤立系統仍然有邊界熱傳 (C) 以上均非。

(　　) 4. 以一只正在燒開水的茶壺來說，下列敘述何者錯誤？ (A) 當水正在沸騰而溫度達到固定沸點時，系統達到平衡 (B) 系統邊界擁有熱傳與物質的進出 (C) 它是一個開放系統。

(　　) 5. 下列關於熱力狀態與性質敘述何者正確？ (A) 內延性質是系統中該性質之量的總和，它會與系統的大小有關係，例如總體積、總質量、或是內能量等性質 (B) 外延性質並不會因爲系統的大小而改變但是會隨著系統的變化而改變，例如：溫度、壓力 (C) 一個簡單的可壓縮系統可以用兩個獨立的內延性質加以定義。

(　　) 6. 下列敘述何者錯誤？ (A) 水油的混合是異質混合物 (B) 乳化是一種穩定的混合物 (C) 同相的物質不一定可以互融成均勻的混合物。

(　　) 7. 下列關於熱力平衡的敘述何者正確？ (A) 當一個系統完全達到熱力學平衡時就代表著該系統的力學、熱、相與化學等各種可能影響系統熱力狀態的因素都達到平衡 (B) 準靜態過程一定是可逆過程 (C) 達到平衡時，系統內的溫度與壓力仍有機會發生些微改變。

(　　) 8. 下列何者不是力的單位？ (A) 牛頓 (N) (B) 公斤 (kg) (C) 磅力 (lbf)。

(　　) 9. 下列敘述何者錯誤？ (A) 溫度可以使用儀器直接量度 (B) 系統間熱平衡代表系統間沒有熱能量傳遞 (C) 以上皆非。

(　　)10. 下列關於溫度量測敘述何者正確？ (A) 液體溫度計受限於內部工作流體的沸點與凝固點 (B) 水銀溫度計比酒精溫度計量測範圍廣，但是水銀對於環境有所危害而逐漸停用 (C) 溫度是獨立的基本單位，因此物質的其他性質不受溫度所影響。

二、問答題

1. 關於相與純物質的觀念：
   a. 在系統中含有液態的水與水蒸氣以及空氣並達到平衡，請問該系統中共有幾種相，系統中的物質可以視爲純物質？
   b. 在系統中含有液態的水與水蒸氣並達到平衡，請問該系統中共有幾種相，系統中的物質可以視爲純物質？
2. 依照下列系統繪製系統邊界並且定義該系統的屬性，是否爲開放或者是封閉系統？
   a. 一個放在瓦斯爐上而且正在沸騰的水壺
   b. 火箭發射
   c. 正在使用的冰箱
   d. 發電氣渦輪機組
   e. 行駛的汽車
3. 壓力表示以及單位換算
   a. 如果有一個容器顯示錶壓爲 20psi，請問其絕對壓力爲多少帕？
   b. 如果有一個容器顯示絕對壓力爲 600 托 (torr)，請問其錶壓爲多少 psi ？
4. 溫度單位換算：請將以下溫度由攝氏 (℃) 轉換成華氏 (℉) 以及熱力學溫標 (K)
   a. 28℃
   b. 100℃
   c. 0℃
   d. −178℃
   e. 300℃

CHAPTER 02

純物質

2-0 導讀與學習目標

日常生活中水的相變化是呈現溫度與物質特性的重要現象之一，水也是人類熱力系統設備的重要工作流體，在本章將開始學習熱力學中物質的各種壓力、比容與溫度的關係，在熱力學系統中，物質的各種性質會隨著狀態變化而改變，在學習熱力系統分析時有必要先針對純物質的特性進行了解，使後續的熱力系統分析能夠步上軌道。

學習重點

1. 了解純物質的 p-v-T 關係與相平衡
2. 熟悉物質熱力學性質的查表
3. 認識理想氣體及其相關特性

2-1 物質的相與性質

2-1-1 物質的相圖

我們首先考慮簡單可壓縮的純物質，在壓力、比容與溫度之間的關係進行探討，對於前述的物質，壓力是比容與溫度的函數，如方程式 (2-1) 所示。如果我們針對某種物質壓力 (p)、比容 (v) 與溫度 (T) 的關係圖進行繪製時可以得到 p-v-T 曲面圖，如圖 2-1 所示。在三維物質的立體相圖中可以將物質的三態描繪出來，但是爲了方便敘述，我們通常會將物質相的特性使用 p-T 圖表示以及 p-v 圖表示，p-T 圖與 p-v 圖分別是 p-v-T 曲面在 p-T 平面與 p-v 平面的投影，如圖 2-2 所示爲一般物質的 p-T 圖與 p-v 圖，對於描述物質的狀態變化會有比較方便的基準。對於大部分的物質來說都存在著熱脹冷縮的特性且具備正的熱膨脹係數 (coefficient of thermal expansion)；然而我們日常所用的水在低於 3.984℃時會因溫度降低而膨脹，因此水的 p-v-T 曲面以及 p-T 圖與 p-v 圖分別如圖 2-3 與圖 2-4 所示，其最大的差異在於固相與液相的分界線。

$$p = p(T, v) \tag{2-1}$$

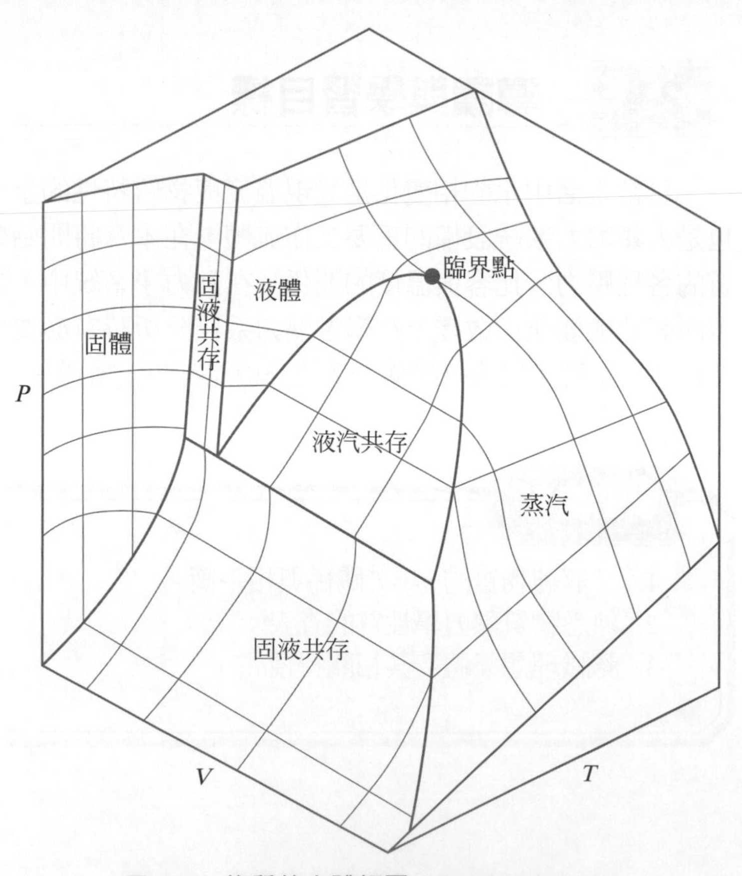

圖 2-1　物質的立體相圖 (phase diagram)

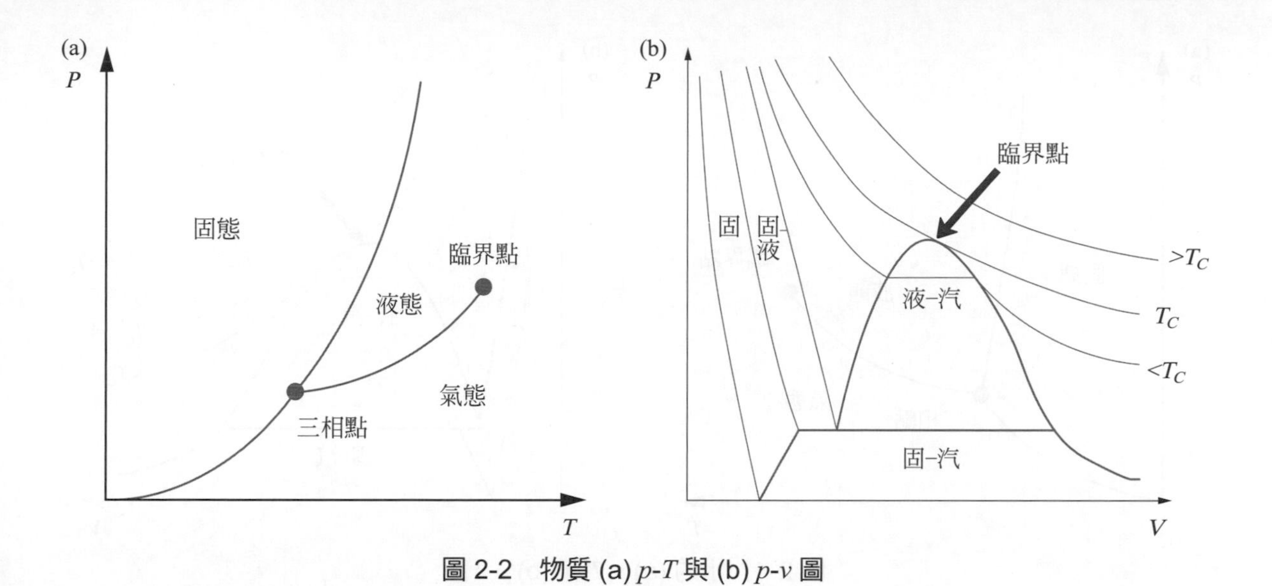

圖 2-2 物質 (a) p-T 與 (b) p-v 圖

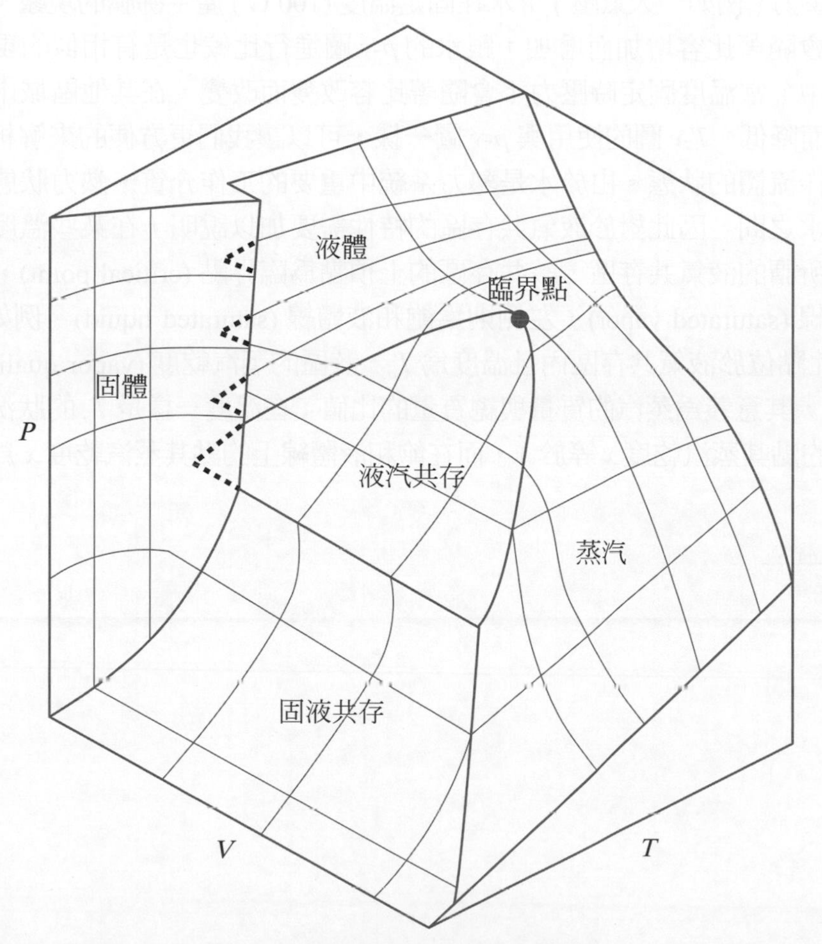

圖 2-3 水的相圖 (phase diagram)

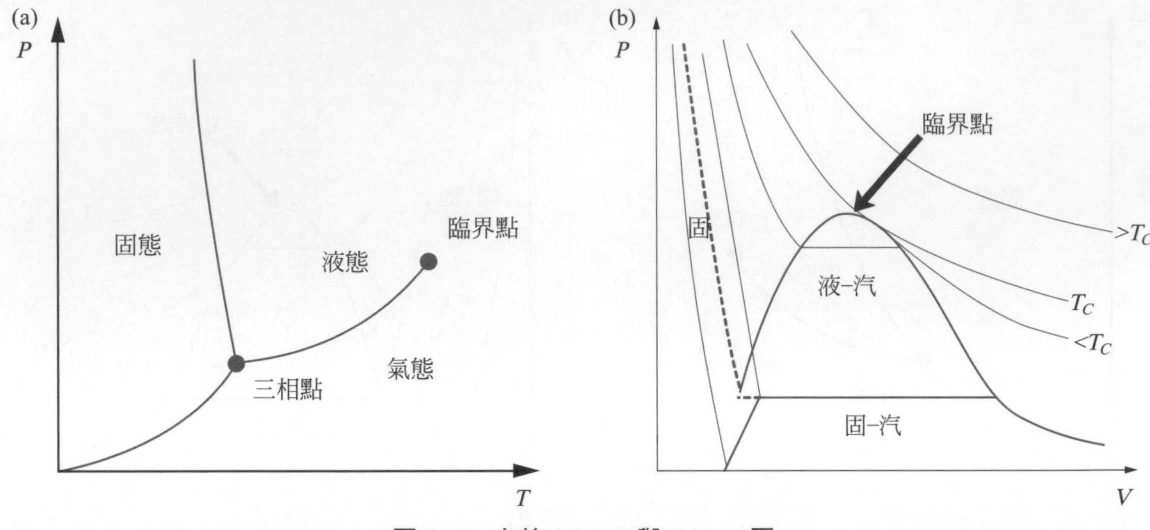

圖 2-4　水的 (a) p-T 與 (b) p-v 圖

如果將 p-v-T 曲面投影至 T-v 平面則可以得到溫度比容圖，如圖 2-5 所示爲水的 T-v 圖，在純物質液氣共存的區域中，當壓力固定時，隨著比容增加溫度仍然會保持定值，此即在固定壓力 (例如一大氣壓) 下水在固定溫度 (100℃) 產生沸騰的現象；而在其他區域中，溫度會隨著比容增加而增加；跟水的 p-v 圖進行比較也是有相似的現象，在液氣共存的區域中，當溫度固定時壓力不會隨著比容改變而改變，在其他區域中，壓力會隨著比容增壓而降低。T-v 圖的使用與 p-v 圖一樣，可以讓我們更方便的來解析並且運算熱力系統中工作流體的狀態。由於水是熱力系統中重要的工作介質，熱力狀態經常往返於蒸氣與液態水之間，因此對於液氣共存區的特性需要加以說明，在某些溫度與比容的條件下，會有所謂的液氣共存區，該共存區的上頂點爲臨界點 (critical point)，臨界點右側爲飽和蒸汽線 (saturated vapor)，左側則爲飽和液體線 (saturated liquid)。例如在圖 2-5 中有一點 a，此點位於液氣共存區內且溫度爲 T_a，該區的蒸汽乾度 (vapor quality) 可以使用 (2-2) 來定義，其意義爲蒸汽的質量與總質量的比值；在溫度一樣是 T_a 的狀況下，位於飽和蒸汽線上的點其蒸汽乾度 x 等於 1，而在飽和液體線上的點其蒸汽乾度 x 爲 0。

$$x = \frac{m_{\text{蒸汽}}}{m_{\text{總}}} \tag{2-2}$$

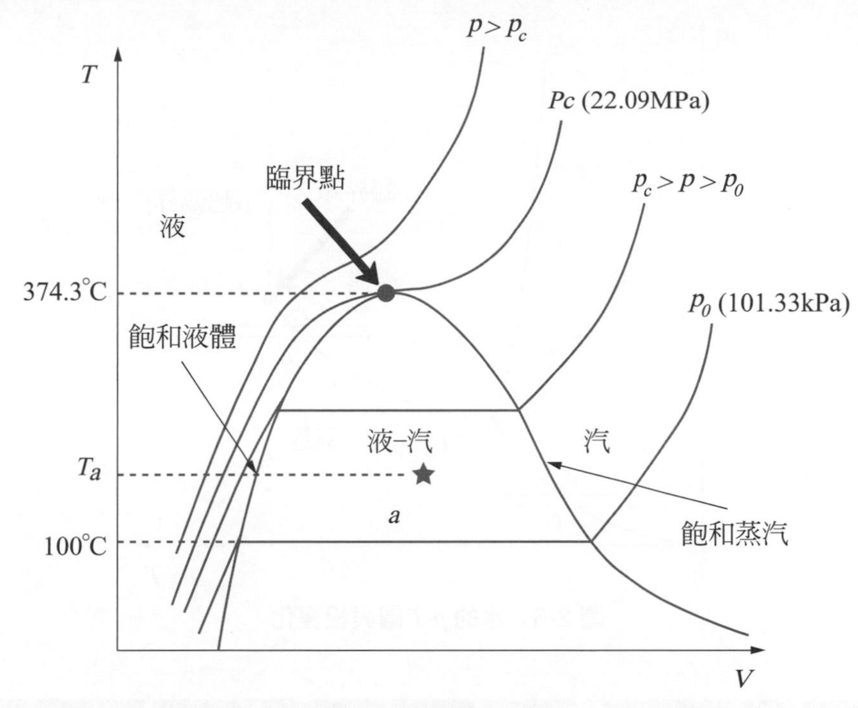

圖 2-5 水的 *T*-*v* 圖

2-1-2 物質的相變化

隨著壓力與溫度的變化，當物質的狀態穿越相的分界線時，我們稱之爲相變化，如圖 2-6 所示爲水的 *p*-*T* 圖與相變化示意圖，路徑 *a* 所示爲固態水在某個壓力下因溫度上升而變成液相的水，這種物理現象又稱之爲熔化 (melting) 反之，從液態水變成固態水的過程稱之爲凝固 (solidification) 如路徑 *b*；當壓力低於三相點壓力時，固態水在溫度上升時會直接從固態水變成氣態水，如路徑 *e*，此種現象稱之爲昇華 (sublimation)；反之，從蒸汽直接變成固態水的過程稱之爲凝華 (deposition)，如路徑 *f*。至於從液態水變成氣態水之間的變化又稱之爲蒸發 (vaporization)(路徑 *c*) 與凝結 (condensation) (路徑 *d*)。

在 *p*-*v*-*T* 圖中有一個特殊的狀態點稱之爲臨界點 (critical point)，它是液態與氣態分界線的端點，臨界點所在的溫度與壓力分別稱之爲臨界溫度 (T_c) 與臨界壓力 (p_c)。當純物質所在的狀態超越過臨界溫度與臨界壓力時會進入超臨界 (supercritical) 狀態，超臨界狀態是純物質的一種相，均勻且與氣體類似，不過具有迴異的密度、黏度與擴散係數，如圖 2-7 所示爲乙烷分別在次臨界、臨界點與超臨界狀態。超臨界流體在工業上有特殊的應用，例如：萃取、清潔、乾燥、氧化以及超臨界流體燃燒與發電等應用，常見純物質的超臨界溫度與壓力如表 2-1 所列。

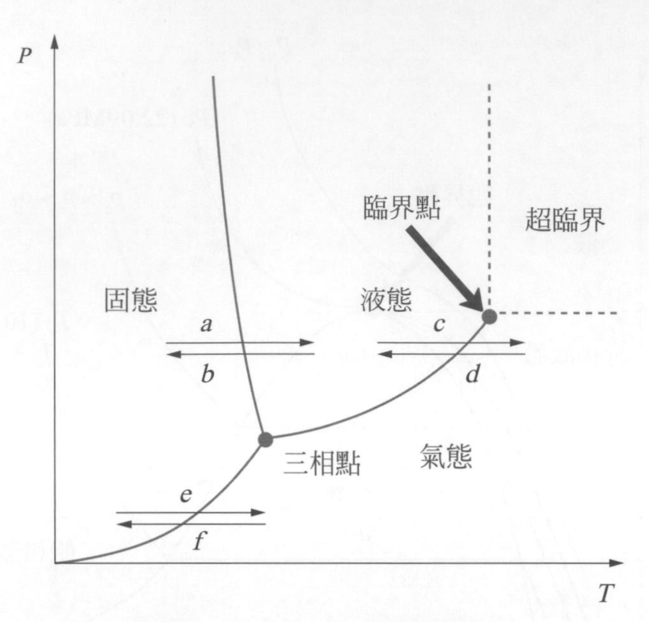

圖 2-6 水的 p-T 圖與相變化

圖 2-7 (1) 次臨界、(2) 臨界與 (3) 超臨界乙烷

表 2-1 常見純物質超臨界條件 (Washburn, 1954)

物質	分子式	分子量	臨界溫度 (K)	臨界壓力 (bar)
乙炔	C_2H_2	26.04	309	62.8
氨	NH_3	17.04	406	112.8
氬	Ar	39.94	151	48.6
苯	C_6H_6	78.11	563	49.3
丁烷	C_4H_{10}	58.12	425	38.0
二氧化碳	CO_2	44.01	304	73.9
乙烷	C_2H_6	30.07	305	48.8
乙醇	C_2H_5OH	46.07	516	63.8
乙烯	C_2H_4	28.05	283	51.2
氦	He	4.003	5.2	2.3
氫	H_2	2.018	33.2	13.0
甲烷	CH_4	16.04	191	46.4
甲醇	CH_3OH	32.05	513	79.5
氮	N_2	28.01	126	33.9
辛烷	C_8H1_8	114.22	569	24.9
氧	O_2	32.00	154	50.5
丙烷	C_3H_8	44.09	370	42.7
丙烯	C_3H_6	42.08	365	46.2
R-134a	CF_3CH_2F	102.03	374	40.7
二氧化硫	SO_2	64.06	431	78.7
水	H_2O	18.02	647.3	220.9

2-1-3 物質的熱力學性質與表

在前節中我們敘述了純物質的 *p-v-T* 熱力學性質與關係圖，然而面對實際熱力系統分析時我們需要資料表以進行查表的工作，相關表格如附件 A-1 ～ A-5 分別為水的液 - 氣溫度對應性質表、液 - 氣壓力對應性質表、過熱水蒸氣性質表、壓縮液態水性質表與固液溫度對應表，這些表格在傳統上又稱之為蒸汽表 (steam table)。除了水以外，冷凍系統的冷媒也是重要的工作流體，因此在本書附件 B-1 ～ B-3 分別為 R134a 冷媒的液 - 氣溫度表對應性質表、液 - 氣壓力表對應性質表與過熱蒸汽性質表。在液 - 氣溫度對應性質表中，第一欄是溫度，第二欄則是對應飽和壓力；在液 - 氣壓力對應性質表中，第一欄是壓力，第二欄則是對應飽和溫度，緊接著的欄位包含飽和液與飽和汽的比容 (specific volume)、比內能 (specific internal energy)、比焓 (specific enthalpy) 與熵 (entropy)，這裡所談到的內能與焓都是熱力學系統的狀態函數，內能在前章中有提到過，它是系統中所含有的能量，而焓則還要加上壓力與體積的乘積，其定義可以由 (2-3) 所定義，而比焓

(specific enthalpy) 則可以表示爲方程式 (2-4)。在熱力分析中，內能 (U) 與推動功 (pV) 的總和運算相當常見，所以在熱力分析中，焓可以說是一個方便分析流動工作流體的狀態函數。在附錄表格中的內能與焓都不是絕對值而是相對於某個可以進行量測的參考點之間的相對值，以水來說係以 0.01℃飽和水的內能定義爲 0 kJ/kg，冷媒 R134a 則以－ 40℃的飽和液焓定義爲 0kJ/kg，也因此冷媒 R134a 的飽和液內能會變成負值。

$$H = U + pV \tag{2-3}$$

$$h = u + pv \tag{2-4}$$

查詢時必須考慮到存在於液氣共存區內的蒸氣乾度 (2-2) 來推算液氣混合物質的性質，如方程式 (2-5) 所描述爲液氣共存區的比容計算法，其中 v_f 與 v_g 分別是飽和液比容與飽和汽比容；類似的計算方式也可以應用在內能、焓以及熵。在過熱水蒸氣性質表與壓縮液態水性質表中都是以不同壓力進行表格區分，再藉由溫度查詢物質的性質，若溫度與壓力的值介於表格所列之間的話則需要使用內插 (interpolation) 的方式加以查表。在本書中進行熱力系統分析時，經常使用到這些表格，因此查表方法與訣竅是相當值得學習的地方，查表的方法從範例 2-1 的解說中逐步可以理解。

$$v = (1 - x)v_f + xv_g \tag{2-5}$$

所謂的內插，假設物理量 A 對應到物理量 B，在資料表上我們可以查到 a_1 對應到 b_1；a_2 對應到 b_2，如果我們要查詢 a_x 所對應的 B 物理量時，其基本假設如圖 2-8 所示，以 爲基本的假設，所以未知的 b_x 可以用 (2-6) 加以表示並且用之求解：

$$\frac{a_x - a_1}{a_2 - a_1} = \frac{b_x - b_1}{b_2 - b_1} \tag{2-6}$$

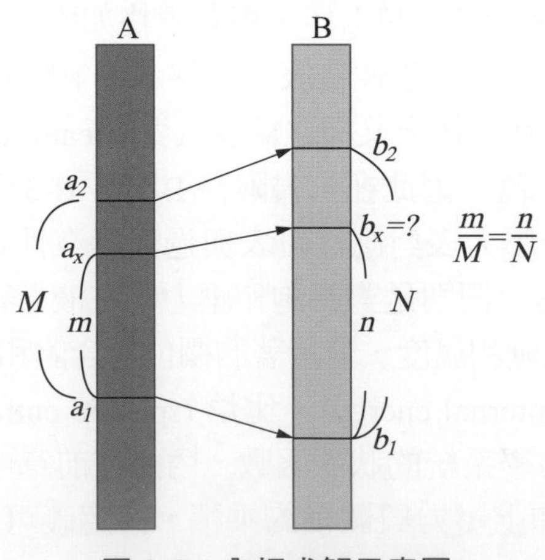

圖 2-8　內插求解示意圖

範例 2-1

在某個以水為工作流體的活塞系統中，起始狀態標定為狀態 #1，在狀態 #1 的溫度是 320℃，壓力 4 MPa，進行等容冷卻至 180℃，成為狀態 #2，在進行等溫壓縮至 2.8MPa 成為狀態 #3，請依照所給之條件繪製狀態變化之 p-v 與 T-v 圖並且求狀態 #1、#2 與狀態 #3 的比容，以及狀態 #2 的乾度。

解 本題的求解過程將練習查詢表格的基本過程，首先觀察狀態 #1 並且判斷狀態 #1 的狀態為何，判斷時必須熟悉水的 p-v 圖以及圖內溫度線的分布。根據附錄 A-1，先查出 320℃的飽和壓力為 11.27 MPa，所以狀態 #1 的壓力低於飽和壓力，由於在 p-v 圖中溫度是左上至右下，所以狀態 #1 的位置會是 4 MPa 與 320℃等溫線交會處；相同地，在 T-v 圖中，狀態 #1 會是座落在 320℃與 4 MPa 等壓線的交叉點，這一區屬於過熱蒸氣區，所以狀態 #1 的相關特性必須要在附錄 A-3 中查詢，因此查得 $v_1 = 0.06199$ m^3/kg。從狀態 #1 到狀態 #2 是等容冷卻到 180℃，所以比容不會改變。查詢附錄 A-1 中 180℃時的飽和液與飽和汽的比容，如果介於兩者之間就代表狀態 #2 會是在液汽共存區，而本題的答案是肯定的，因為在 180℃時 $v_f = 1.1274 \times 10^{-3}$ m^3/kg 而 $v_g = 0.1941$ m^3/kg。根據方程式(2-5)，$0.06199 = (1-x)1.1274 \times 10^{-3} + x0.1941$，所以乾度 $x = 0.3154$。再進行等溫壓縮至 2.8 MPa 成為狀態 #3，180℃的飽和壓力是 1.002 MPa，所以狀態 #3 會是在壓縮液態水區域，因此需要在附錄 A-4 查詢。在附錄 A-4 中僅提供壓力為 2.5 MPa 與 5.0 MPa 的表格，因此需要進行內插計算：

$$\frac{2.8-2.5}{5.0-2.5} = \frac{v_3 - 1.1261\times10^{-3}}{1.1240\times10^{-3} - 1.1261\times10^{-3}}$$

$\therefore v_3 = 1.125848 \times 10^{-3}$ m^3/kg

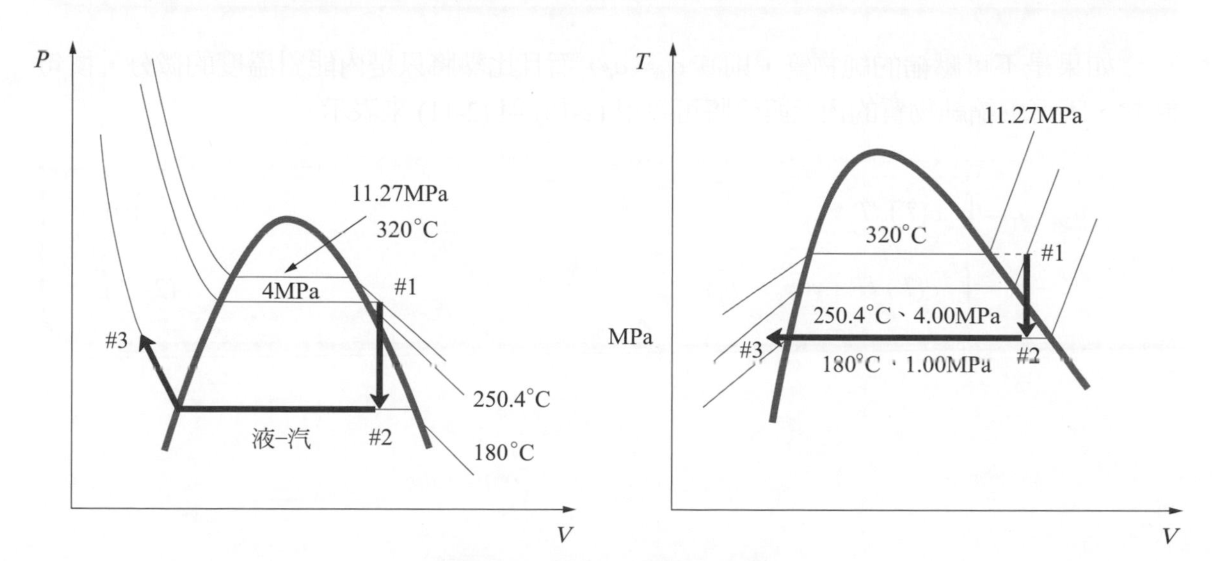

圖 2-9 水的 p-v 圖與 T-v 圖

隨堂練習

考慮到範例 2-1 中 v_3 的計算，如果內插使用的是 $\frac{5.0-2.8}{5.0-2.5}=\frac{1.1240\times10^{-3}-v_3}{1.1240\times10^{-3}-1.1261\times10^{-3}}$ 是否可以得到相同的結果？

2-1-4 物質的比熱

從前節的附錄資料可以發現純物質的內能以及焓會隨著溫度改變而改變，因此在本小節中將要討論內能以及焓與溫度的關係，針對單位質量的純物質來說，當它吸收熱量後會使得溫度上升，熱量與溫度上升的比值就稱之為熱容 (heat capacity) 或比熱 (specific heat)。當討論單位質量純物質的比熱容時，如果是在定比容的狀態下就稱之為定容比熱 c_v(如 (2-7) 所示)；相對的，如果是在定壓的狀態下就稱之為定壓比熱 c_p(如 (2-8) 所示)。定壓比熱與定容比熱的比值稱之為熱容比 γ(heat capacity ratio) 或比熱比 (specific heat ratio)(如 (2-9) 所示)。

$$c_v=\left.\frac{\partial u}{\partial T}\right|_{v=\text{常數}} \tag{2-7}$$

$$c_p=\left.\frac{\partial h}{\partial T}\right|_{p=\text{常數}} \tag{2-8}$$

$$\gamma=\frac{c_p}{c_v} \tag{2-9}$$

如果是不可壓縮的純物質，則其 $c_v=c_p$，而且比熱將只是內能對溫度的微分，換句話說，不可壓縮純物質的內能與焓將可以用 (2-10) 與 (2-11) 來表示。

$$u_2-u_1=\int_{T_1}^{T_2}c(T)dT \tag{2-10}$$

$$h_2-h_1=\int_{T_1}^{T_2}c(T)dT+v(p_2-p_1) \tag{2-11}$$

2-2 理想氣體與真實氣體

2-2-1 理想氣體

描述物質壓力、比容與溫度的關係式稱之爲狀態方程式 (equation of state)(2-12)，其中 p、V 與 T 分別是壓力、體積與溫度，在相關的學理發展中歷經了波以耳定律 (Boyle's Law)(2-13)、查理與給呂薩克定律 (Law of Charles and Gay-Lussac)(2-14) 以及道耳吞分壓定律 (Dalton's Law of partial pressures)(2-15)；對於理想氣體而言，理想氣體的狀態方程式可以用 (2-16) 表示，其中 n 與 $\overline{R}$ 分別是莫耳數與理想氣體常數，$\overline{R}$ 的值爲 8.314 kJ/kmol-K；如果使用莫耳比容呈現也可以寫成 (2-17)，在 1 大氣壓 0℃的條件下，1 莫耳的理想氣體的體積爲 22.41 L/mol。要注意的是，理想氣體的條件計有：

1. 氣體分子本身體積爲零
2. 氣體分子以直線移動，與容器邊界發生彈性碰撞
3. 氣體分子間無作用力
4. 氣體分子的平均能量與絕對溫度成正比

從上述的條件可以了解到，理想氣體並不存在，唯有在低壓、高溫且爲單原子分子氣體分子較爲接近理想氣體。(2-16) 式也可以將物質莫耳量分成質量除以分子量，令 $R=\dfrac{\overline{R}}{M}$ 則可以寫成另外一個形式，就如同 (2-18) 的推導。

$$F(p, V, T)=0 \tag{2-12}$$

$$pV=\text{常數} \tag{2-13}$$

$$\frac{V_1}{T_1}=\frac{V_2}{T_2} \tag{2-14}$$

$$p=\sum_{i=1}^{n} p_i \tag{2-15}$$

$$pV=n\overline{R}T \tag{2-16}$$

$$p\overline{v}=\overline{R}T \tag{2-17}$$

$$pV=n\overline{R}T=\frac{m}{M}\overline{R}T \Rightarrow p\frac{V}{m}=\frac{\overline{R}}{M}T \Rightarrow pv=RT \tag{2-18}$$

2-2-2 真實氣體

針對眞實氣體，前述的 (2-17) 方程式並無法完全滿足而必須改寫成 (2-19)，其中 Z 稱之爲壓縮因子 (compressibility factor)，用來描述理想氣體時，Z 的值爲 1，如果是面對眞實氣體，則有可能大於 1 或是小於 1。爲了求氣體的壓縮因子，可以藉由通用化壓縮因子圖 (generalized compressibility chart) 來求得數值，在查詢時必須先計算對比溫度 (reduced temperature)(2-20) 與對比壓力 (reduced pressure)(2-21)，其中 T_c 與 p_c 分別是臨界溫度與臨界壓力，相關資訊可以在表 2-1 中查詢。

$$p\bar{v} = Z\bar{R}T$$

$$Z = \frac{p\bar{v}}{\bar{R}T} \tag{2-19}$$

$$T_r = \frac{T}{T_c} \tag{2-20}$$

$$P_r = \frac{p}{p_c} \tag{2-21}$$

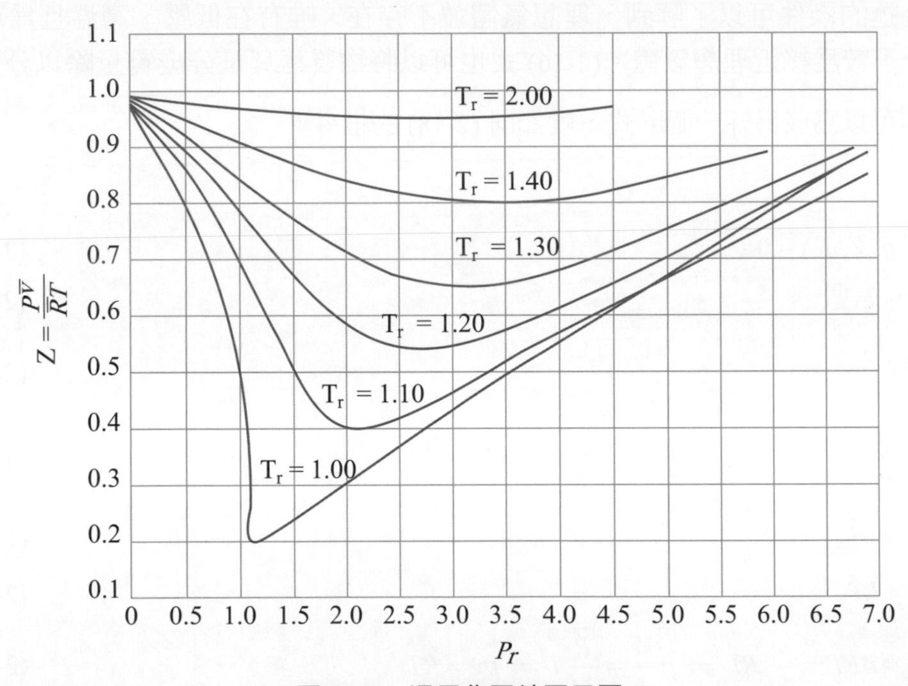

圖 2-10 通用化壓縮因子圖

範例 2-2

在某個系統中有水蒸氣，其壓力為 110.45 bar，溫度為 712 K，求該系統中的比容。

解 水的臨界壓力與臨界溫度分別為 220.9 bar 與 647.3 K，因此

對比壓力 $P_r = \frac{p}{p_c} = \frac{110.45}{220.9} = 0.5$

對比溫度 $T_r = \frac{T}{T_c} = \frac{712}{647.3} = 1.09$

透過圖 2-9 的查詢可以知道 $Z = 0.85$

$$\bar{v} = Z\frac{\bar{R}T}{p} = 0.85\frac{8.314\frac{\text{Nm}}{\text{mole}\cdot\text{K}}\times 712\text{K}}{11.045\times10^{6}\frac{\text{N}}{\text{m}^2}} = 4.556\times10^{-4}\frac{\text{m}^3}{\text{mole}}$$

$$\Rightarrow v = \frac{\bar{v}}{M} = \frac{4.556\times10^{-4}\frac{\text{m}^3}{\text{mole}}}{18.02\times10^{-3}\frac{\text{kg}}{\text{mole}}} = 0.025\frac{\text{m}^3}{\text{kg}}$$

隨堂練習

如果範例 2-2 中的流體改爲乙醇，溫度與壓力相同，則比容爲何？

2-2-3 理想氣體的特性

根據理想氣體狀態方程式 (2-18)，理想氣體的內能與焓只與溫度有關係，也就是說內能與焓可以用 (2-22) 來表示，將 (2-18) 代入 (2-22) 中可以得到 (2-23) 的關係；另外一方面，也可以將 (2-7) 與 (2-8) 改寫成 (2-24) 與 (2-25)。如果我們將 (2-23) 對溫度作微分可以得到 (2-26) 的關係式，將 (2-24) 與 (2-25) 代入 (2-26) 中可以得到理想氣體的定容比熱與定壓比熱的關係 (2-27) 或者是以 (2-28) 的型式呈現，再注意一次，(2-27) 與 (2-28) 式分別以質量以及莫耳數爲分母的內延性質，在本書中符號的上方有一橫槓者均是用來表示以莫耳數爲分母的內延性質。藉由 (2-8) 的關係，我們可以將莫耳定容比熱與定壓比熱表示成 (2-29)，此關係式在推導關於理想氣體特性或是熱力系統分析時有很大的用處。

$$\begin{cases} u = u(T) \\ h = u(T) + pv \end{cases} \tag{2-22}$$

$$h = u(T) + RT \tag{2-23}$$

$$c_v = \frac{du}{dT} \tag{2-24}$$

$$c_p = \frac{dh}{dT} \tag{2-25}$$

$$\frac{dh}{dT} = \frac{du}{dT} + R \tag{2-26}$$

$$c_p = c_v + R \tag{2-27}$$

$$\bar{c}_p = \bar{c}_v + \bar{R} \tag{2-28}$$

$$\begin{cases} \bar{c}_p = \dfrac{\gamma}{\gamma - 1}\bar{R} \\ \bar{c}_v = \dfrac{1}{\gamma - 1}\bar{R} \end{cases} \tag{2-29}$$

範例 2-3

如圖 2-10 所示有兩個連結在一起的容器，其中一個內含有氮氣 1 公斤、溫度 360 K、壓力為 0.6 bar；另外一個內含有氮氣 4 公斤、溫度 300 K、壓力為 1.4bar，假設完全沒有與外界進行熱傳，求閥開啓後達到平衡的壓力。

解 因能量守恆，假設平衡後的溫度為 T_e：

$$m_1 c_{p,\mathrm{N}_2}(T_1 - T_e) = m_2 c_{p,\mathrm{N}_2}(T_e - T_2)$$

$$1(360 - T_e) = 4(T_e - 300)$$

$$T_e = \frac{1560}{5} = 312\mathrm{K}$$

假設平衡後的壓力為 p_e

$$p_e = \frac{\dfrac{m}{M}\bar{R}T_e}{V} = \frac{\dfrac{m_1 + m_2}{M}\bar{R}T_e}{V_1 + V_2} = \frac{\dfrac{m_1 + m_2}{M}\bar{R}T}{\dfrac{\frac{m_1}{M}\bar{R}T_1}{p_1} + \dfrac{\frac{m_2}{M}\bar{R}T_2}{p_2}} = \frac{(m_1 + m_2)T_e}{\dfrac{m_1 T_1}{p_1} + \dfrac{m_2 T_2}{p_2}}$$

將所有的數值代入

$$p_e = \frac{(1\mathrm{kg} + 4\mathrm{kg})312\mathrm{K}}{\dfrac{1\mathrm{kg}\cdot 360\mathrm{K}}{0.6\mathrm{bar}} + \dfrac{4\mathrm{kg}\cdot 300\mathrm{K}}{1.4\mathrm{bar}}} = \frac{1560}{600 + 857.14} = 1.0706\mathrm{bar}$$

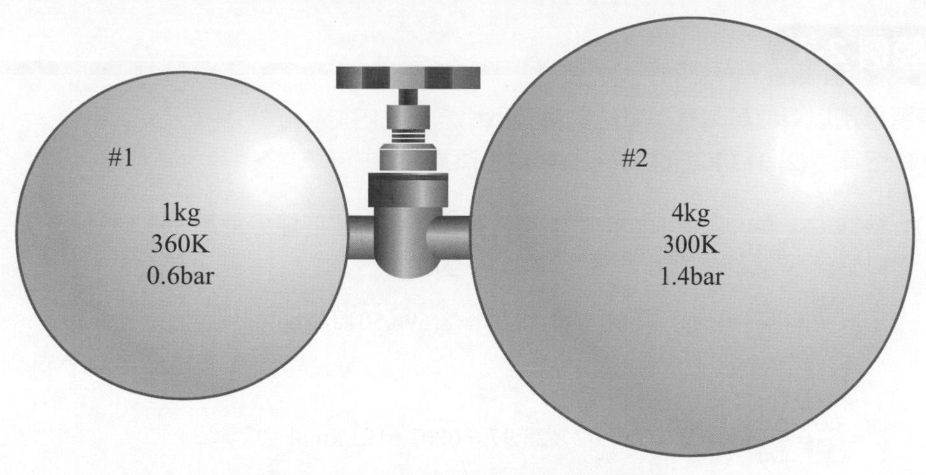

圖 2-11 兩個中間以閥連結的系統

隨堂練習

延續範例 2-3，倘若兩個容器的初始壓力都是 1.4bar，當閥開啓後平衡的壓力爲何？

實際應用理想氣體理論計算熱力系統時必須針對氣體種類進行查表，空氣、氧氣、氮氣、水蒸氣、二氧化碳、R-134 等的理想氣體性質表格如附錄 A、B 與 C，這些表格係以 0K 時的焓爲 0 所推算出來，並且提供在不同溫度下焓、內能與熵的資訊。

範例 2-4

查表練習分別以單位莫耳數與單位質量表示比焓與比內能：

(1) 300 K 空氣　(2) 312 K 空氣　(3) 508 K 水蒸氣

解 (1) 根據 C-1 表，溫度 300 K 時的單位重量比焓與比內能分別為 300.19 kJ/kg 與 214.07 kJ/kg，空氣的平均分子量約為 28.97 因此：

$$\bar{h} = \frac{H}{n} = \frac{H}{\frac{m}{M}} = hM = 300.19 \times 28.97 = 8,696.50\,\text{kJ/kmol}$$

$$\bar{u} = \frac{U}{n} = \frac{U}{\frac{m}{M}} = uM = 214.07 \times 28.97 = 6201.61\text{kJ/kmol}$$

(2) 根據 C-1 表，溫度 310 K 時的單位重量比焓與比內能分別為 310.24 kJ/kg 與 221.25 kJ/kg，溫度 315 K 時的單位重量比焓與比內能分別為 315.27 kJ/kg 與 224.85 kJ/kg，空氣的平均分子量約為 28.97 因此：

$$\frac{h_{312} - 310.24}{315.27 - 310.24} = \frac{312 - 310}{315 - 310}$$

$h_{312} = 312.252$ kJ/kg

$\bar{h}_{312} = 312.252 \times 28.97 = 9045.94$ kJ/kmol

$$\frac{u_{312} - 221.25}{224.85 - 221.25} = \frac{312 - 310}{315 - 310}$$

$u_{312} = 222.69$ kJ/kg

$\bar{u}_{312} = 222.69 \times 28.97 = 6451.3293$ kJ/kmol

(3) 根據 B-4 表，溫度 500K 時的單位莫耳數比焓與比內能分別為 16,828kJ/kmol 與 12,671 kJ/kmol，溫度 510 K 時的單位莫耳比焓與比內能分別為 17,181 kJ/kmol 與 12,940 kJ/kmol，水的分子量為 18 因此：

$$\frac{\bar{h}_{508} - 16.828}{17,181 - 16,828} = \frac{508 - 500}{510 - 500}$$

$\bar{h}_{508} = 17,110.4$ kJ/kmol

$h_{508} = 17,110.4 \div 18 = 950.58$ kJ/kg

$$\frac{\bar{u}_{508} - 12,671}{12,940 - 12,671} = \frac{508 - 500}{510 - 500}$$

$\bar{u}_{508} = 12,886$ kJ/kmol

$u_{508} = 12,886 \div 18 = 715.9$ kJ/kg

本章小結

本章介紹了純物質的 p-v-T 關係、相變化與相平衡，針對常用工作流體進行物質熱力學性質的查表說明，也介紹了理想氣體及其相關特性。本章的內容是後續介紹熱力學定律的重要基本基礎，在後續的熱力學定理的分析中一定會使用到本章節所談到的資料查表；另外一方面，本章節中用到許多符號，這些符號的大小寫以及符號上是否有橫槓所代表的意義皆有所不同，宜多加練習並且弄清楚個別的意義。

作業

一、選擇題

(　　) 1. 下列關於相變化敘述何者正確？ (A) 所有物質都存在著熱脹冷縮的特性且具備正的熱膨脹係數 (B) 物質的溫度與壓力之關係與比容與壓力之關係是互為獨立的 (C) 壓力是比容與溫度的函數。

(　　) 2. 關於水的相圖敘述何者正確？ (A) 在三相點時，冰、水、汽共存 (B) 當壓力低於三相點壓力時，冰塊會直接昇華成水汽 (C) 以上皆正確。

(　　) 3. 關於物質的超臨界敘述何者正確？ (A) 當物質所在的狀態超越過臨界溫度與臨界壓力時會進入超臨界狀態，超臨界狀態是純物質的一種相 (B) 超臨界流體均勻且與液體類似 (C) 超臨界的流體大約與氣體擁有類似的密度、黏度與擴散係數，但是其化學性質有明顯的差異。

(　　) 4. 關於物質的內能與焓敘述何者正確？ (A) 值是基於 0K 之絕對值 (B) 其值是相對於某個可以進行量測的參考點之間的相對值 (C) 基於物理的正確性，相關的數值皆為正數。

(　　) 5. 關於比熱下列敘述何者錯誤？ (A) 如果是不可壓縮的物質，其等壓比熱等於等容比熱 (B) 物質的等壓比熱通常比等容比熱小 (C) 以上皆非。

(　　) 6. 下列關於相變化敘述何者正確？ (A) 在某些條件下，物質有可能直接從固相轉變為氣相 (B) 在三相點時，固相、液相、氣相共存 (C) 不同物質在同相的條件下可以均勻混合。

(　　) 7. 在液氣中共存區中何者敘述正確？ (A) 液氣共存區中可以使用乾度來描述水氣的比例 (B) 當乾度越高時，其焓或內能越低 (C) 在液氣共存區中壓力會隨著溫度而變化。

( ) 8. 下列哪一種氣體較接近理想氣體？ (A) 氦 (B) 二氧化碳 (C) 氨。

( ) 9. 關於理想氣體假設何者有誤？ (A) 氣體分子間無作用力 (B) 氣體分子本身體積爲零 (C) 氣體分子以直線移動且不與其他分子與邊界互動或是碰撞。

( )10. 關於理想氣體假設何者正確？ (A) 世界上不存在理想氣體，但在某些條件下我們可以將氣體假設爲理想氣體進行系統分析較爲簡便 (B) 氣體分子的平均能量與絕對溫度成反比 (C)1 莫耳的實際氣體的體積爲 22.41 L/mol。

二、問答題

1. 假設有 1 個活塞，內部僅充填 1 大氣壓 140℃的水蒸氣爲狀態 #1，在保持定溫的狀態下緩慢地加壓該活塞，使得活塞內部空間開始產生小水珠凝結而成爲狀態 #2。
   a. 繪製 *p-v* 圖描述過程
   b. 狀態 #1 與狀態 #2 的工作流體狀態
2. 試求以下物質狀態的比容、比焓與比內能
   a. 250℃水蒸氣、乾度 70%
   b. －30℃的 R-134a、乾度 80%
3. 有 1 個容器內有水 1 公斤 (液氣共存)，溫度 60℃，乾度 80%，請問該容器的容積爲何？
4. 有 1 個容器內有水 2 公斤，壓力 6MPa，溫度 280℃，請問該容器的容積爲何？
5. 1 個 30m^3 容器中有 1 公斤的空氣，壓力 3bar，假設這些空氣符合理想氣體的特性，試求溫度與密度。
6. 理想氣體特性查表練習：
   a. 400K 氮氣
   b. 498K 氧氣
   c. 1280K 水蒸氣

熱力學第一定律

3-0 導讀與學習目標

能量守恆的觀念貫穿本章的重要精神，熱力學中有四大定律：熱力學第零定律、熱力學第一定律、熱力學第二定律、與熱力學第三定律，在熱力學第一定律中最重要的觀念是能量守恆的概念，在熱力系統中，內能、熱傳與功的輸出入均要遵守能量守恆的定律，在本章中將深入探討熱力學第一定律，並且舉出工程的實例來解說熱力學第一定律的應用。

學習重點

1. 理解並且認知熱力學第一定律的基本觀念
2. 學習使用熱力學第一定律的概念分析熱力系統
3. 認知在熱力學第一定律中所考慮到的能量形式、功與熱傳
4. 學習封閉系統與體積控制下的熱力學第一定律分析

3-1 封閉系統的能量守恆

3-1-1 能量、熱傳與功的關係

熱力學第一定律是用來描述系統的能量守恆，並且闡述系統能量、熱傳以及功的關係。在熱力學狀態分析所提到的熱傳以直接接觸傳遞熱量爲主，以微觀的角度來說，熱傳導是物體內粒子運動碰撞以及電子運動碰撞所造成的能量傳遞，影響熱傳導速率的參數是溫度梯度以及物質本身性質係數。要特別注意的是，在後續章節中進行熱力循環分析時都會談到熱傳傳遞能量，如果是可逆過程的熱傳，其溫度梯度必須假設是無窮小。針對某個封閉熱力系統，如圖 3-1 所示，當這個系統進行熱力過程從狀態 #1 演變到狀態 #2，在過程中透過邊界有熱傳與功的輸出入，如此一來系統中的能量可以表示成 (3-1)，也就是說在熱力過程中系統內的能量淨變化會等於過程中透過邊界的淨熱傳 (net heat transfer) 扣掉透過邊界的淨功 (net work)。在此要特別針對穿透邊界的熱傳與功進行正負號的說明，對於熱傳來說，進入系統的值爲正；對於功來說，離開系統的功其值爲正。正負號的決定主要是與熱力系統的實務使用有關係，以蒸汽機來說，我們透過燃燒將熱導入系統中而使得蒸汽機可以對外作功，因此會將傳入系統的熱與對外輸出功的值定義爲正。

$$E_2 - E_1 = Q - W \tag{3-1}$$

$$E_2 - E_1 = \Delta E_K + \Delta E_P + \Delta U = Q - W \tag{3-2}$$

對於系統中的能量來說，能量可以再區分成勢能 (例如：重力位能)、動能與內能，因此方程式 (3-1) 可以改寫成 (3-2)，其中 ΔE_K、ΔE_P 與 ΔU 分別代表勢能 (potential energy)、動能 (kinetic energy) 與內能 (internal energy)。動能可以表示成 $\frac{1}{2}m\Delta\tilde{V}^2$，如果質量不變，動能的變化即是以速度平方的差爲主要的因素；而以重力位能來說可以表示成 $mg\Delta z$，如果質量不變，重力位能的變化即是以質量所在高度差爲主要的因素。在熱傳量 Q 方面來說，它包含了熱傳導 (heat conduction)、熱對流 (heat convection) 以及熱輻射 (heat radiation) 等形式。在熱力系統中，功的形式有許多種，最常討論的是氣體的壓縮與膨脹所需要的功，功的原始定義如 (3-3) 所示，對於一個活塞系統來說，如圖 3-2 所示，氣體膨脹或者壓縮的功可以用 (3-4) 來表示，其中 F 爲力量、dx 表微小位移量而 A 是活塞的面積。

$$dW = pAdx = pdV \tag{3-3}$$

$$W = \int_{V_1}^{V_2} pdV \tag{3-4}$$

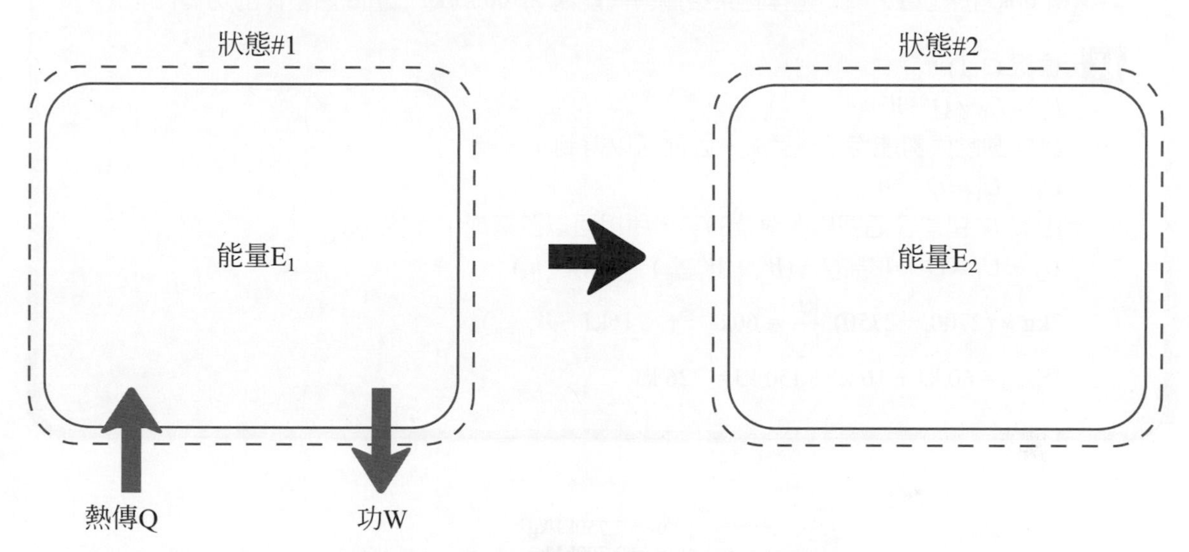

圖 3-1 具有熱傳與功輸出入的熱力過程

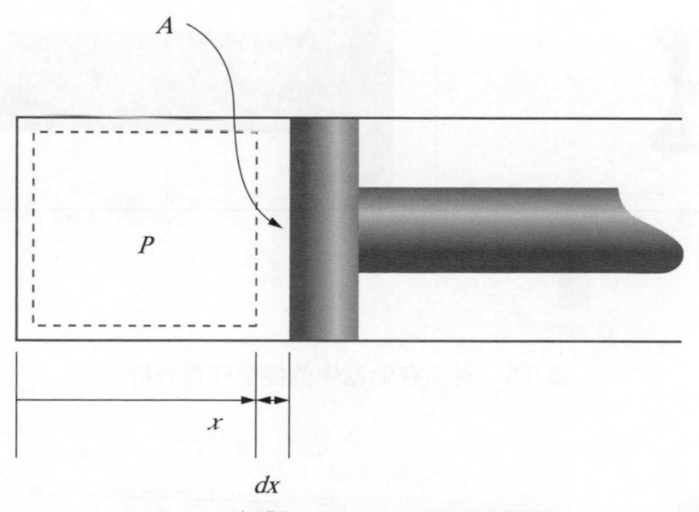

圖 3-2 氣體在活塞中的膨脹或壓縮

範例 3-1

如圖 3-3 所示，在一活塞中充填有 3 公斤的蒸氣，其初始狀態下的內能為 2,750 kJ/kg，該活塞配有一個螺旋槳，經過某個熱力過程時，整個系統從螺旋槳獲得 16 kJ 的能量並且由熱傳獲得 60kJ 的能量，熱力過程結束後測得內能為 2,700 kJ/kg，請問活塞作的功為何？

解 根據 (3-1)，

$E_2 - E_1 = Q - W$

其中動能與勢能均不予考慮，因此可以得到

$U_2 - U_1 = Q - W$

由於 W 包含了活塞與螺旋槳的功，所以可以改寫成：

$U_2 - U_1 = Q - W = Q - (W_p + W_{\text{piston}}) = m(u_2 - u_1)$

$3\text{kg} \times (2700 - 2750)\ \dfrac{\text{kJ}}{\text{kg}} = 60\text{kJ} - (-16\text{kJ} + W_{\text{piston}})$

$W_{\text{piston}} = 60\ \text{kJ} + 16\ \text{kJ} + 150\ \text{kJ} = 226\ \text{kJ}$

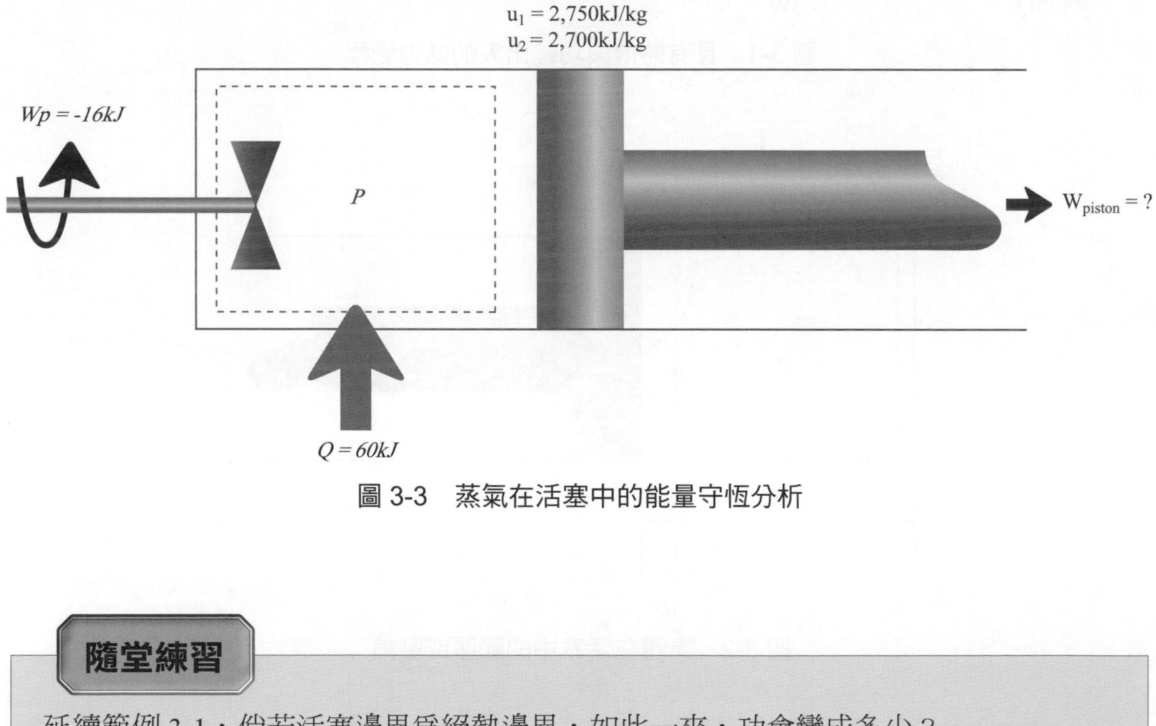

圖 3-3　蒸氣在活塞中的能量守恆分析

隨堂練習

延續範例 3-1，倘若活塞邊界爲絕熱邊界，如此一來，功會變成多少？

3-1-2 熱力系統能量守恆的微分形式

方程式 (3-1) 可以改寫成微分形式 (differential form)(3-5)，其中 Q 與 W 使用 δ 是爲了與能量 (系統性質) 區分代表通過邊界與環境的變化，假設隨著時間發生變化則可以寫成 (3-6)，其意義爲在時間點 t，系統內的能量隨時間變化率會等於熱傳隨時間總變化率扣除功隨時間總變化率。

$$dE = \delta Q - \delta W \tag{3-5}$$

$$\frac{dE}{dt} = \dot{Q} - \dot{W} \tag{3-6}$$

3-1-3 理想氣體的多變過程

在熱力學第一定律中有談到功的問題，由於膨脹或是壓縮的功可以用 (3-4) 來表示，因此必須針對熱力過程中，壓力與體積的關係進行討論。在一個封閉系統，熱力過程中壓力與體積的關係具有多種樣貌，其關係可以用一個關係式 (3-7) 來描述，n 的值會代表不同的熱力過程，因此這一個關係式又稱之爲多變過程 (polytropic process) 而 n 就稱之爲多變係數 (polytropic index)。如果系統從狀態 #1 轉變成狀態 #2 時，壓力的變化與體積的關係如 (3-8) 所示

$$pV^n = \text{常數} \tag{3-7}$$

$$\frac{p_1}{p_2} = \left(\frac{V_2}{V_1}\right)^n \tag{3-8}$$

考慮到 1.2 節所談到的準平衡過程，在準平衡過程中的每個點都可以當作達到平衡的狀態，如圖 3-4 所示，氣體在膨脹或壓縮所輸出或接收的功就是 p-V 關係曲線下的面積。依照多變過程 p-V 的曲線關係，當 $n \neq 1$ 與 $n = 1$ 時功的量值可以分別用 (3-9) 與 (3-10) 來表示；(3-9) 式並不是用於 $n = 1$ 的狀況，因此需要重新進行積分。

$$\int_1^2 pdV - \int_1^2 \frac{\text{常數}}{V^n} dV = \text{常數} \frac{V_2^{1-n} - V_1^{1-n}}{1-n}$$

$$= \frac{p_2 V_2^n V_2^{1-n} - p_1 V_1^n V_1^{1-n}}{1-n} = \frac{p_2 V_2 - p_1 V_1}{1-n} \tag{3-9}$$

$$\int_1^2 pdV = \int_1^2 \frac{\text{常數}}{V} dV = \text{常數} \ln\frac{V_2}{V_1} = p_1 V_1 \ln\frac{V_2}{V_1} \tag{3-10}$$

若是以理想氣體爲前提，根據 (2-16) 方程式 (3-9) 與 (3-10) 可以改寫成 (3-11) 與 (3-12)，除此之外溫度與壓力以及體積的關係如 (3-13) 所示：

$$\int_1^2 pdV = \frac{n\overline{R}(T_2 - T_1)}{1-n} = \frac{mR(T_2 - T_1)}{1-n} \tag{3-11}$$

$$\int_1^2 pdV = n\overline{R}T_1 \ln\frac{V_2}{V_1} = mRT_1 \ln\frac{V_2}{V_1} \tag{3-12}$$

$$\frac{T_2}{T_1} = \left(\frac{V_1}{V_2}\right)^{1-n} = \left(\frac{p_2}{p_1}\right)^{\frac{n-1}{n}} \tag{3-13}$$

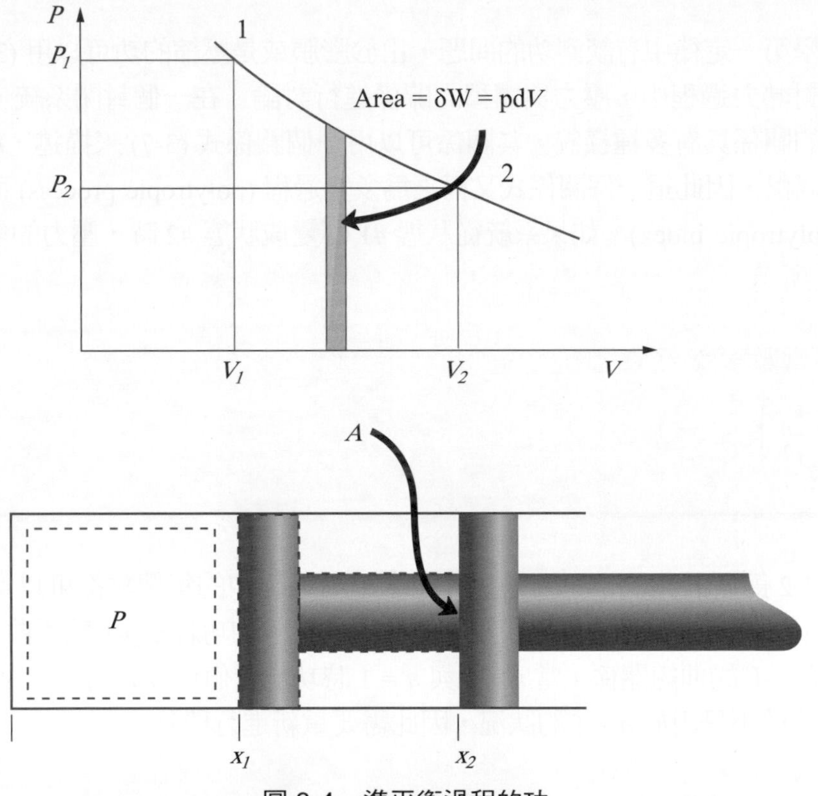

圖 3-4　準平衡過程的功

範例 3-2

如圖 3-4 所示，在一活塞中空氣之初始狀態 #1 為 5 bar，溫度為 27℃，膨脹至狀態 #2，其壓力為 1 bar，$n = 1.4$，請問系統每單位公斤的功與熱傳的量為何？

解 根據 (3-13)，以求取 $T_2 =$

$$\frac{T_2}{T_1} = \left(\frac{p_2}{p_1}\right)^{\frac{n-1}{n}} \Rightarrow \frac{T_2}{300} = \left(\frac{1}{5}\right)^{\frac{1.4-1}{1.4}} \Rightarrow T_2 = 189.4\text{K}$$

$$W = \int_1^2 pdV = \frac{mR(T_2 - T_1)}{1-n}$$

$$\frac{W}{m} = \frac{8.314\text{kJ}}{28.97\text{kgK}}\left(\frac{189.4\text{K} - 300\text{K}}{1-1.4}\right) = 79.35\frac{\text{kJ}}{\text{kg}}$$

根據 C-1 表

$T_1 = 300$ K 時，$u_1 = 214.07$ kJ/kg

T_2 必須經由內插取得

$$\frac{u_2 - 142.56}{149.69 - 142.56} = \frac{189.4 - 200}{210 - 200} = -1.06 \Rightarrow u_2 = 135\frac{\text{kJ}}{\text{kg}}$$

$$u_2 - u_1 = \frac{Q}{m} - \frac{W}{m}$$

$$\Rightarrow \frac{Q}{m} = \frac{W}{m} + u_2 - u_1 = 79.35 + 135 - 214.07 = 0.28\frac{\text{kJ}}{\text{kg}}$$

隨堂練習

延續範例 3-2，如果氣缸中的工作氣體是二氧化碳並進行多變過程 ($n = 1.3$)，重新求解範例 3-2。

3-2 循環能量分析

3-2-1 動力循環

如同前文所敘述，當熱力過程的開始與結束都在同一個狀態時，開始的性質與結束的性質也都相同的情況下，此過程可以稱之爲熱力循環 (cycle)；一個系統透過邊界與熱儲 (hot reservoir) 及冷儲 (cold reservoir) 接觸，進行熱傳與功的輸出入，根據其特性可以分成動力循環(power cycle)以及熱泵循環(heat pump cycle)或稱之爲冷凍循環(refrigeration cycle)，兩者的架構如圖 3-5 所示。如圖 3-5(a) 所示是一種將熱能 (thermal energy) 轉變爲機械功 (mechanical work) 的一種系統，常見的有往復式內燃機或是氣渦輪機等。這裡所提的熱儲及冷儲是有高低溫差別的等溫度儲體 (reservoir)，它是一種含熱能無窮大且定溫的物體，可以無限制地進行熱傳也不會改變溫度、壓力的假想物體 (hypothetical body)，在後續的文中通常分別以熱儲或冷儲來簡述較高溫的等溫熱儲體與較低溫的等溫熱儲體。

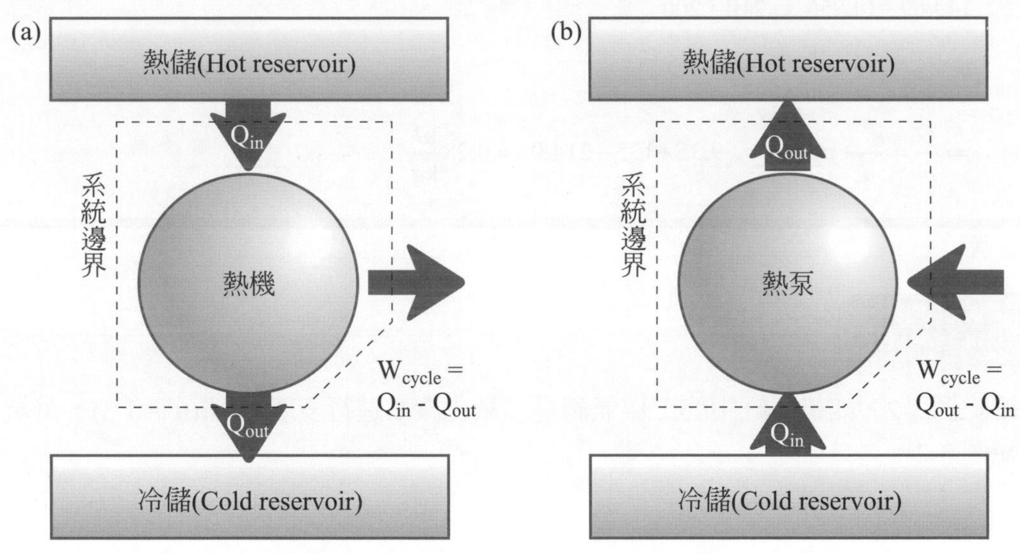

圖 3-5 (a) 動力循環；(b) 冷凍循環

由於在循環系統中系統完成循環回到初始狀態時，內能、勢能與動能均不變，因此熱傳導的淨值會等於功的變化；對於動力循環而言，其功如 (3-15) 所示。動力系統的熱效率定義爲輸出功與淨熱傳的比值，如 (3-16) 所示。

$$0 = \Delta Q - W \Rightarrow W = \Delta Q \tag{3-14}$$

$$W_{循環} = Q_{in} - Q_{out} \tag{3-15}$$

$$\eta = \frac{W_{循環}}{Q_{in}} = \frac{Q_{in} - Q_{out}}{Q_{in}} = 1 - \frac{Q_{out}}{Q_{in}} \tag{3-16}$$

範例 3-3

請參照圖 3-5，如果 Q_{out} 為 300MJ，效率為 25%，則該熱機可以產生多少功？

解 根據 (3-16)

$$\eta = \frac{W_{循環}}{Q_{in}} = \frac{Q_{in} - Q_{out}}{Q_{in}} = 1 - \frac{Q_{out}}{Q_{in}}$$

$$\Rightarrow 0.25 = 1 - \frac{Q_{out}}{Q_{in}} = 1 - \frac{300}{Q_{in}}$$

$$\Rightarrow Q_{in} = 400$$

$$\Rightarrow W_{循環} = Q_{in} - Q_{out} = 400 - 300 = 100\text{MJ}$$

隨堂練習

參照圖3-5，某熱機可以產生120MJ的功，如果已知輸入能量爲310MJ，求效率爲何？

3-2-2 冷凍循環

熱泵 (heat pump) 是一種機械，藉由功的輸入，將熱能 (thermal energy) 從低溫處往高溫處運送的一種系統，常見的有冷氣(凍)機或者熱泵熱水器等，是遵守冷凍循環的一種，其所需之功可使用以下方程式表示 (3-17)：

$$W_{循環} = Q_{out} - Q_{in} \tag{3-17}$$

在前文動力系統中所談到的熱效率 (thermal efficiency) 是指一個系統作功與輸入能量的比值，對於冷凍或是熱泵來說，我們要討論的是能量從低溫往高溫的運送量與輸入能量的比值，這一點與前面動力系統的熱效率定義有所差異，因此定義熱泵或冷凍機的效能則可以使用性能係數 (Coefficient of Performance, COP) 加以呈現，要注意的是性能係數與熱效率不同，它的值會大於 1，由於冷凍與熱泵所考慮的觀點不同因此冷凍性能係數與熱泵性能係數分別用 (3-18) 與 (3-19) 加以表示，冷凍性能係數用來描述可以達成多大的製冷能力，因此分子爲從低溫處所取走熱量，而熱泵性能係數則用來描述可以達到多大的製熱能力，因此分子爲系統可以在高溫處釋放之熱能：

$$\text{COP(refrigeration)} = \frac{Q_{in}}{W_{循環}} = \frac{Q_{in}}{Q_{out} - Q_{in}} \tag{3-18}$$

$$\text{COP(heat pump)} = \frac{Q_{out}}{W_{循環}} = \frac{Q_{out}}{Q_{out} - Q_{in}} \tag{3-19}$$

範例 3-4

請參照圖 3-5，某熱泵的 COP 為 3.5，輸入功為 4500kJ，則 Q_{in} 與 Q_{out} 分別為何？

解 根據 (3-19)

$$COP(\text{heat pump}) = \frac{Q_{out}}{W_{循環}} = \frac{Q_{out}}{Q_{out} - Q_{in}}$$

$$\Rightarrow 3.5 = \frac{Q_{out}}{4500}$$

$$\Rightarrow Q_{out} = 15750\,\text{kJ}$$

$$\Rightarrow 3.5 = \frac{15750}{15750 - Q_{in}}$$

$$\Rightarrow Q_{in} = 11250\,\text{kJ}$$

隨堂練習

參照圖 3-5 並延續範例 3-4，如果本機器爲冷凍機時，重新演算範例 3-4 之所求。

3-3 控制體積下的能量守恆

3-3-1 控制體積中的質量、能量與功

對於控制體積系統來說，邊界可以視實際存在或者是虛擬爲了方便分析而設定，爲了方便分析可以假設物質與能量進出均能垂直表面進行，首先我們先看質量的部分，如圖 3-6 所示爲控制體積隨時間變化的質量進出示意圖。在某個時間點 t，控制體積系統中的質量爲 $m(t)$，而入口有 m_{in} 的質量在入口處即將在 Δt 這一段時間進入系統；經過 Δt 後，控制體積系統中的質量爲 $m(t+\Delta t)$ 而出口有 m_{out} 的質量離開出口處，因此控制體積系統經過 Δt 後的質量變化可以表示成 (3-20)，兩邊同除以 Δt 可得 (3-21)。

$$m(t+\Delta t) - m(t) = m_{in} - m_{out} \tag{3-20}$$

$$\frac{m(t+\Delta t) - m(t)}{\Delta t} = \frac{m_{in}}{\Delta t} - \frac{m_{out}}{\Delta t} \tag{3-21}$$

$$\frac{dm(t)}{dt} = \dot{m}_{in} - \dot{m}_{out} \tag{3-22}$$

當 Δt 趨近於無窮小時，(3-21) 可以寫成 (3-22) 的形式，其中 $\dot{m}_{\text{in}}$ 與 $\dot{m}_{\text{out}}$ 分別代表控制體積系統的總質量輸入率與輸出率。質量的輸出入率又可以表示成速度的關係式，考慮邊界上的面積 dA，在時間間隔 Δt 之中物質以速度 $\tilde{V}$ 穿越面積 dA 的質量可以表示成體積乘上密度，這些穿越面積 dA 的物質速度可以表示成與面積垂直的法方向速度 $\tilde{V}_n$ 與切方向速度 $\tilde{V}_T$，因此穿越面積 dA 的物質量可以表示成 (3-23) 所示。

$$\dot{m}_{\text{out}} = \int \rho \tilde{V}_n \, dA \tag{3-23}$$

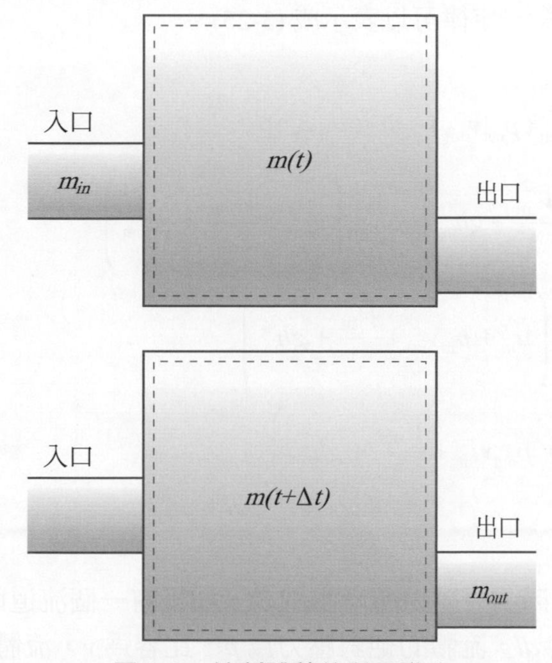

圖 3-6　控制體積的質量進出

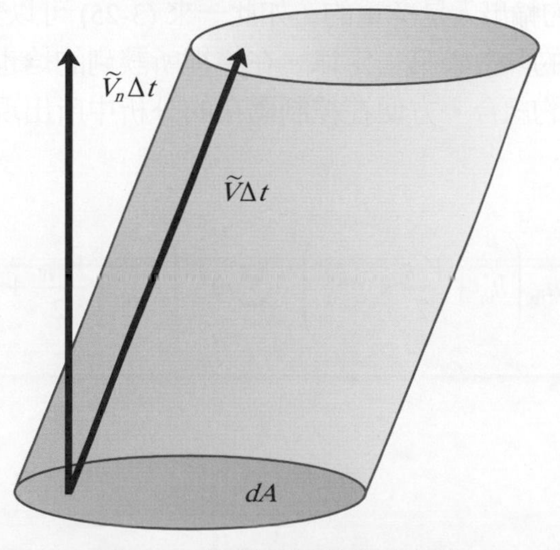

圖 3-7　控制面積質量的穿越

當系統質量的進出達到穩態時，系統總輸入與總輸出的質量會達到平衡，因此系統中的質量隨時間變化率會等於零。

$$\frac{dm}{dt}=0 \tag{3-24}$$

當我們開始考慮到系統的能量變化時，如圖 3-8 所示，系統中的能量用 $E(t)$ 來表示，入口與出口均有質量進出，能量的形式包含了內能、動能與位能；考慮到邊界的熱傳與功的傳遞，功的變化又包含了系統入口質量的功、出口流出質量的功以及系統邊界對外所做的功，因此熱力學第一定律可以表示成 (3-25)。

$$\begin{aligned}\frac{dE}{dt}&=\dot{Q}-[\dot{W}+\dot{m}_{\text{out}}(p_{\text{out}}v_{\text{out}})-\dot{m}_{\text{in}}(p_{\text{in}}v_{\text{in}})]\\&\quad+\dot{m}_{\text{in}}\left(u_{\text{in}}+\frac{\widetilde{V}_{\text{in}}^2}{2}+gh_{\text{in}}\right)-\dot{m}_{\text{out}}\left(u_{\text{out}}+\frac{\widetilde{V}_{\text{out}}^2}{2}+gz_{\text{out}}\right)\\&=\dot{Q}-\dot{W}+\dot{m}_{\text{in}}\left(u_{\text{in}}+p_{\text{in}}v_{\text{in}}+\frac{\widetilde{V}_{\text{in}}^2}{2}+gh_{\text{in}}\right)\\&\quad-\dot{m}_{\text{out}}\left(u_{\text{out}}+p_{\text{out}}v_{\text{out}}+\frac{\widetilde{V}_{\text{out}}^2}{2}+gh_{\text{out}}\right)\end{aligned} \tag{3-25}$$

流體通過某個截面時需要壓力所產生的功，如果有一個流道截面積為 A，每單位質量流體在流道中的長度 dl，流體的絕對壓力為 p，比容為 v，流體移動 dl 的位移需要對此流體所做的功為 $pAdl = pv$。所以 pv 便是使每單位質量流體流動所需的功。定義焓 $h = u + pv$ 並且考慮到質量的輸出入是多重的，如此一來 (3-25) 可以表示成 (3-26)，它是一個用來表示控制體積系統的熱力學第一定律。在這裡所談到的焓也就是實際熱力工程設計與計算應用常用到這樣的組合，方便在控制體積的分析中所出現內能加上壓力與體積的乘積物理量進行運算。

$$\frac{dE}{dt}=\dot{Q}-\dot{W}+\sum_{\text{in}}\dot{m}_{\text{in}}\left(h_{\text{in}}+\frac{\widetilde{V}_{\text{in}}^2}{2}+gz_{\text{in}}\right)-\sum_{\text{out}}\dot{m}_{\text{out}}\left(h_{\text{out}}+\frac{\widetilde{V}_{\text{out}}^2}{2}+gz_{\text{out}}\right) \tag{3-26}$$

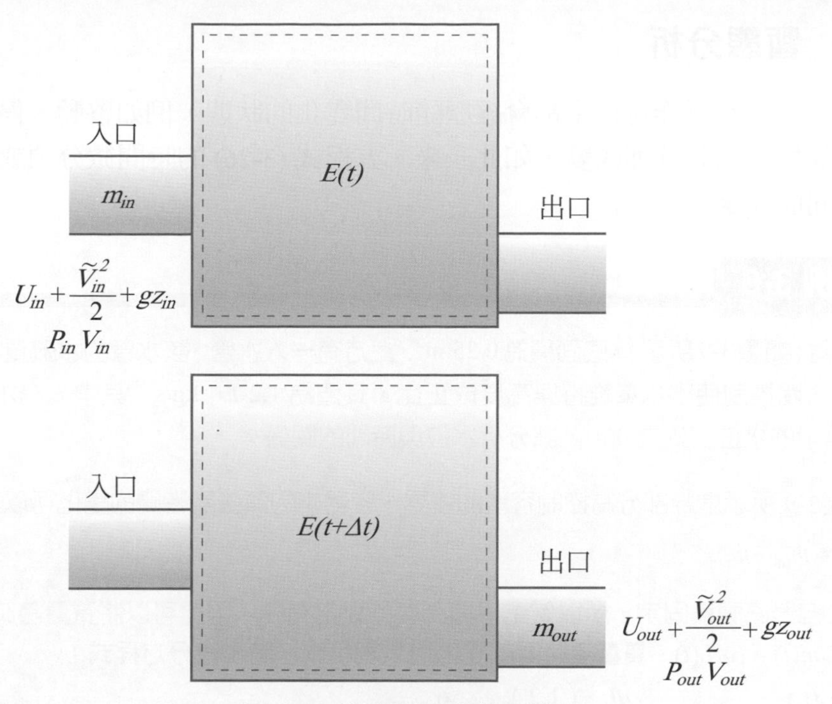

圖 3-8 控制體積的能量進出

範例 3-5

空氣溫度 300 K，壓力 1 bar，速度 6 m/s，壓縮機的入口面積為 0.12 m^2，經過壓縮機壓縮後出口壓力為 6 bar，溫度 400 K 且出口流速為 2 m/s，已知該壓縮機的熱散失為 3 kW，估算該壓縮機需要多少功？

解 系統處於穩態，輸出入的質量沒有蓄積且重力位能相同的情況下，因此(3-26)可以寫成：

$$0=\dot{Q}-\dot{W}+\dot{m}\left(h_{\text{in}}-h_{\text{out}}+\frac{\tilde{V}_{\text{in}}^2-\tilde{V}_{\text{out}}^2}{2}\right)$$

理想氣體方程式

$$pV=n\overline{R}T\Rightarrow pv=RT$$

$$\therefore\ v=\frac{RT}{p}=\frac{1}{0.8610}=\frac{1}{\rho}$$

因此質量流率 $\dot{m}=A_{\text{in}}\tilde{V}_{\text{in}}\rho=0.12\times6\times0.8610=0.6199\ \text{kg/s}$

從附錄 C-1 可以查到 h_{in} 與 h_{out}，其值分別為 300.19 與 400.98 kJ/kg，因此代入後可以得到：

$$0=-3\frac{\text{kJ}}{\text{kg}}-\dot{W}+0.8362\frac{\text{kg}}{\text{s}}\left[(300.19-400.98)\frac{\text{kJ}}{\text{kg}}+\frac{6^2-2^2}{2}\frac{\text{m}^2}{\text{s}^2}\frac{1}{1000}\frac{\text{kJ}}{\text{Nm}}\frac{\text{N}}{\text{kgm/s}^2}\right]$$

$$\dot{W}=-3+0.8362(-100.79+0.016)=-87.2672\ \text{kJ/s}=-87.2672\ \text{kW}$$

3-3-2 暫態分析

大部分的系統在操作過程中都會經歷隨時間變化的狀態，例如啓動、停機或是系統本身的工作流體會隨時間而改變，如此一來，方程式 (3-26) 的時間微分項或是功與熱傳率都會隨時間而改變。

範例 3-6

某一個容器(如圖 3-9 所示)，底面積為 0.25 m^2，上方有一入水管，該水管的水流量為 6 kg/s，出水口有一閥控制使出水量維持與高度成正比，其值為 1.2 L · kg/s，其中 L 為水位的高度 (m)，容器中的水位初始為 0(n)，請分析水位與時間的關係？

解 如圖 3-9 所示虛線部分為控制容積的邊界，容器中的質量隨時間的變化可以表示成

$$\frac{dm}{dt} = \dot{m}_{\text{in}} - \dot{m}_{\text{out}}$$

由於容器底面積固定，所以質量只與高度的變化有關，因此可以將質量隨時間的改變寫成 $m(t) = \rho AL(t)$。質量隨時間的變化可以表示成一階常微分方程式：

$$\frac{d(\rho AL)}{dt} = 6 - 1.2L \text{，} \frac{dL}{dt} + \left(\frac{1.2}{\rho A}\right)L = \frac{6}{\rho A}$$

一階常微分方程式的解：

$$L = e^{\frac{1.2t}{\rho A}} \int e^{\frac{1.2t}{\rho A}} \frac{6}{\rho A} dt = e^{\frac{1.2t}{\rho A}} (5e^{\frac{1.2t}{\rho A}} + C) = 5 + Ce^{\frac{1.2t}{\rho A}}$$

初始條件 $t = 0$ 時 $L = 0$ 代入後得到 $C = -5$

最後將面積與密度代入後可以得到

$$L = 5 - 5e^{-0.0048t}$$

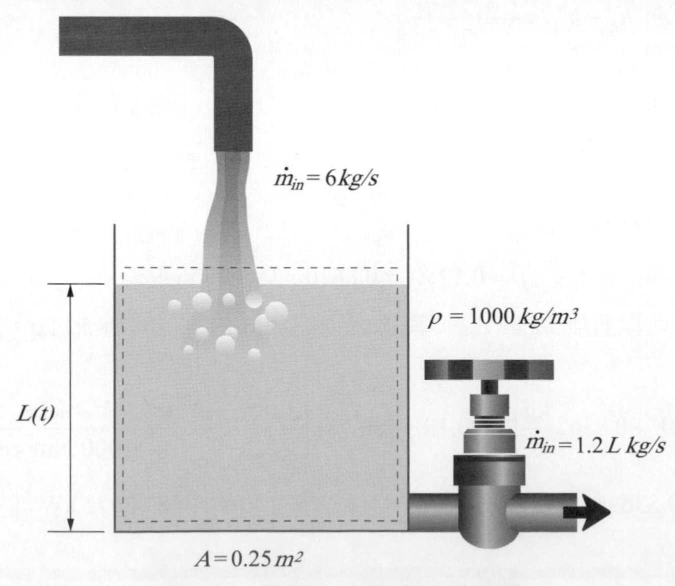

圖 3-9 容器入水與出水示意圖

範例 3-7

某一個冷卻水槽 (如圖 3-10 所示)，上方有一入水管，該水管的水流量為 0.08 kg/s，出水口有一閥控制使出水量維持與入水量相同，水槽中的水本來有 50 kg 且溫度為 45℃，水槽中有安裝一冷卻系統以及攪拌裝置，該冷卻系統的功率為 8 kW，攪拌裝置的目的是要讓水槽中的溫度均勻，不過因攪拌的關係會讓槽中的水吸收 0.1 kW 的功，請分析水溫隨時間的變化？

解 如圖 3-10 所示虛線部分為控制容積的邊界，容器中的質量 m_{sys} 不隨時間變化，系統中流體的速度與位能不計，則系統的能量守恆可以表示為：

$$\frac{dU}{dt} = \dot{Q} - \dot{W} + \dot{m}(h_{in} - h_{out})$$

由於水可以視為不可壓縮流體，所以上式左側可以改寫成：

$$\frac{dU}{dt} = m_{sys}\frac{du}{dt} = m_{sys}\frac{du}{dt}\frac{dT}{dt} = m_{sys}c\frac{dT}{dt}$$

另外一方面，水在入出口的焓差也因為不可壓縮流的關係，而且假設出口處的水溫與整體水槽的水溫相當，所以焓差可以表示成：

$$h_{in} - h_{out} = c(T_{in} - T_{out}) = c(T_{in} - T)$$

系統的能量守恆可以再改寫為一階常微分方程式

$$m_{sys}c\frac{dT}{dt} = \dot{Q} - \dot{W} + \dot{m}c(T_{in} - T)$$

此方程式的解：

$$T = Ce^{\frac{\dot{m}}{m_{sys}}t} + \left(\frac{\dot{Q} - \dot{W}}{\dot{m}c}\right) + T_{in}$$

將初始條件 $t = 0$ 時，$T = T_1$ 代入可以得到 C：

$$T = T_{in} + \left(\frac{\dot{Q} - \dot{W}}{\dot{m}c}\right)(1 - e^{\frac{\dot{m}}{m_{sys}}t}) = 318K + \left(\frac{-8 - (-0.1)\frac{\text{kJ}}{\text{s}}}{0.08\frac{\text{kg}}{\text{s}} \times 4.2\frac{\text{kJ}}{\text{kgK}}}\right)(1 - e^{\frac{0.08}{50}t})$$

$$= 318 - 23.5(1 - e^{-0.0016t})$$

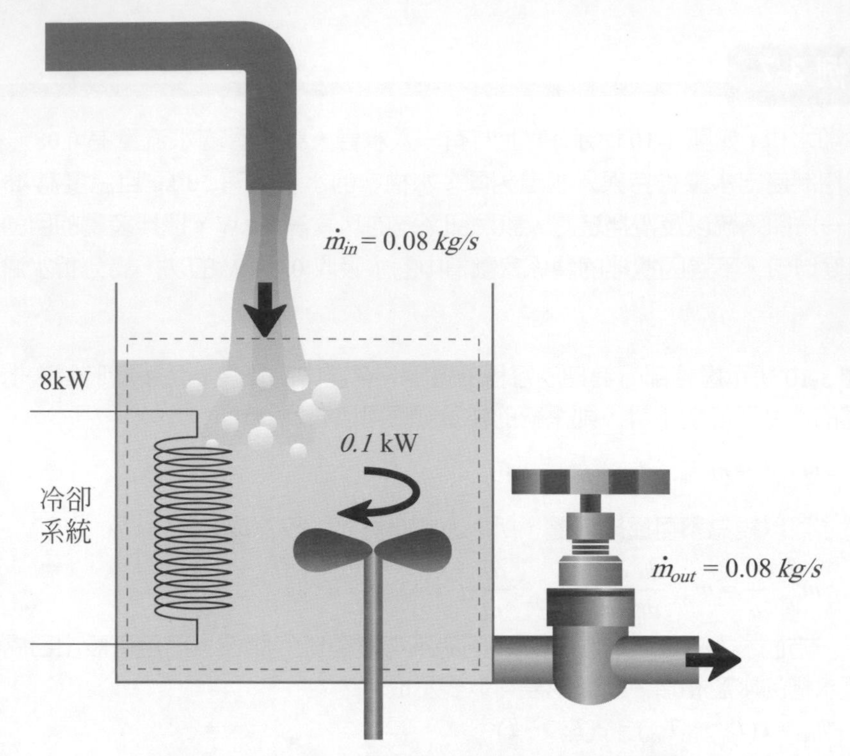

圖 3-10　具有冷卻與攪拌裝置容器冷卻水槽

3-4 綜合應用

熱力學第一定律就是能量守恆定律，為了加深讀者在熱力學第一定律的充分應用，本節中再彙整幾個可以利用熱力學第一定律進行計算的工程應用作為演練。

3-4-1 電子 / 電力系統

範例 3-8

有一個超級電容組，其規格為 2.7 伏特 (Volt)100 法拉 (F)，在完全沒有充電的情況下開始使用 2.7V，電流 1A 直流電開始充電，假設充電過程中電容的端電壓隨著電容中電荷量呈正比增加，充電過程中共有 0.1% 的電能轉換成熱能散失於環境中，如果不考慮其它充電過程中的損耗，請問散失的電能為多少焦耳，並且需要輸入多少能量才能充滿該超級電容。

解 設定電容周圍為邊界，如圖 3-11 所示，邊界擁有電能輸入以及熱散失能量離開邊界。首先考慮到該超級電容組的可以儲存的總能量，1 法拉 (F) 代表電容的兩極如果擁有 1 伏特的電位差則可產生 1 庫倫的電荷量而移動 1 庫侖電荷通過 1 伏特電壓差所需作的功為 1 焦耳 (Joule)，因此代表此超級電容使用 2.7 伏特直流電充滿時會含有的電量：

$$100\frac{C}{V}\times 2.7\text{V} = 270\text{C}$$

由於假設充電過程中電容的端電壓隨著電容中電荷量呈正比增加，因此其所儲存的能量

$$270\text{C} \times \frac{1}{2} 2.7\text{V} = 364.5\text{J}$$

而充電過程中會耗損 364.5J × 0.1% = 0.3645J 的電能；根據熱力學第一定律之能量守恆，理想上共需輸入系統中 364.5J + 0.3645J = 364.8645J 的能量。

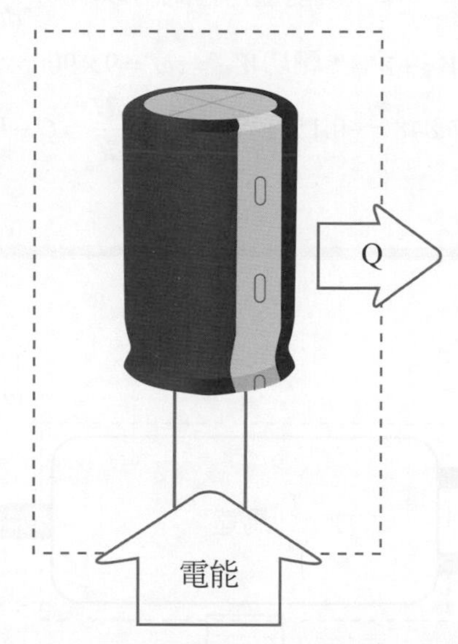

圖 3-11　電容充電之系統邊界示意圖

隨堂練習

有一個蓄電池持續以 10W 的功率輸出電能，輸出過程中其本體持續以 1W 的功率散熱，則該電池的內能變化率為何？

範例 3-9

有一個馬達吸收電功率 1kW，其轉動軸以定速 $\omega = 900$ rpm，扭力 $\tau = 9$ N-m 進行輸出，該馬達的散熱為依時間的函數 $\dot{Q} = -0.1\left[1-e^{-0.05t}\right]$ kW，請問該馬達的內能變化率隨時間的變化為何？

解 設定馬達周圍為邊界，如圖 3-12 所示，邊界擁有電功率 ($\dot{W}_{電}$) 輸入以及熱散失 $\dot{Q}$ 離開邊界並且輸出軸功 ($\dot{W}_{軸}$)，要注意對熱力學邊界來說，功的輸出為正而輸入為負；熱的輸入為正而離開邊界為負。本系統能量方程式可以寫成 $\dfrac{dU}{dt} = \dot{Q} - \dot{W}$，其中 $\dot{Q}$ 如題目所提到為時間函數而 $\dot{W} = \dot{W}_{電} + \dot{W}_{軸}$，軸功 $\dot{W}_{軸} = \tau\omega = 9 \times 900 \times 2\pi \div 60 = 540\pi \cong 0.848$ kW，所以 $\dot{W} = \dot{W}_{電} + \dot{W}_{軸} = -1 + 0.848 = -0.152$ kW，最後 $\dfrac{dU}{dt} = \dot{Q} - \dot{W} = -0.1\left[1-e^{-0.05t}\right] - (-0.152)$
$= 0.152 - 0.1\left[1-e^{-0.05t}\right]$

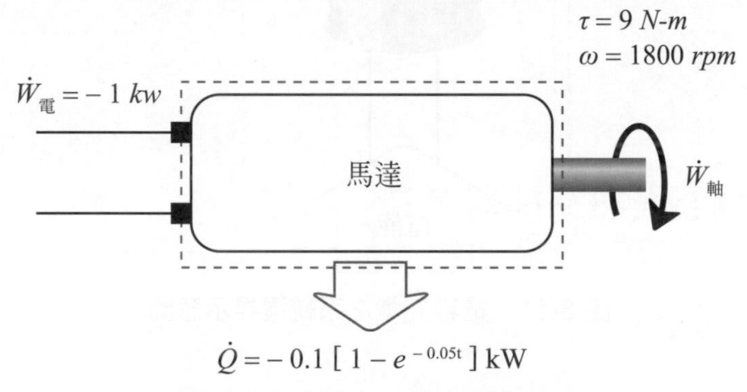

圖 3-12 馬達之系統邊界示意圖

隨堂練習

試以範例 3-9 所得之結果。使用電腦軟體繪製該馬達系統的內能隨時間的變化率？

3-4-2 位能與動能變化

範例 3-10

有一架飛機重量 400 公噸靜止於地面，受功 50000 MJ 改變其狀態，狀態過程中散失熱能 900 MJ，當它狀態變成在高空 10000 公尺速度 800 公里/小時飛行時，其內能變化為多少 (kJ)，假設不考慮飛機重量起飛後的變化，萬有引力加速度 9.8 m/s^2。

解 考慮飛機為一封閉系統，如圖 3-13 所示，使用方程式 (3-2)

$$\Delta E_K + \Delta E_P + \Delta U = Q - W$$

其中動能

$$\Delta E_K = \frac{1}{2}m\left(V_2^2 - V_1^2\right) = \frac{\{0.5\times400\times1000\times[(800\times1000\div3600)^2 - 0^2]\}}{1000} = 9876543\text{kJ}$$

位能變化

$$\Delta E_P = 400\times1000\times9.8\times\frac{10000}{1000} = 39200000\text{kJ}$$

系統內能變化

$$\Delta U = Q - W - \Delta E_K + \Delta E_P = -900000 - (-50000000) - 9876543 - 39200000 = 23457\text{kJ}$$

3-4-3 燃燒爐與熱交換器系統

範例 3-11

有一天燃氣 (甲烷) 熱水器，每分鐘可以提供 16 升 55℃的熱水，假設入水溫度為 25℃，請問依照熱力學第一定律來進行分析，不考慮燃燒效率與熱交換器系統的效率，請問其天然氣 (甲烷) 供應量應該為每分鐘多少升 (LPM) ？，假設甲烷的熱值為 9000 kcal/m^3；水的密度 1 kg/L、比熱 4200 J/kgK。

解 考慮熱水器為一開放系統，如圖 3-13 所示，系統邊界除了能量通過之外亦有水、燃料與空氣之進出入。首先考量產製這些熱水所需要的熱能

$$\dot{Q} = \dot{m}c(T_2 - T_1) = 16\frac{L}{min}\times1\frac{kg}{L}\div60\frac{sec}{min}\times4200\frac{J}{kgK}\times(55-25)K = 33600\frac{J}{sec}(W)$$

甲烷的熱值需要轉換單位

$$9000000\frac{cal}{m^3}\times4.2\frac{J}{cal} = 37800000\frac{J}{m^3}$$

熱水器系統中的內能不會增加，因此水所吸收的熱能等於燃料所輸入的熱能，因此需要的燃料流量為

$$33600\frac{J}{sec}\div37800000\frac{J}{m^3}\times60\frac{sec}{min}\times1000\frac{L}{m^3} = 53.33\frac{L}{min}$$

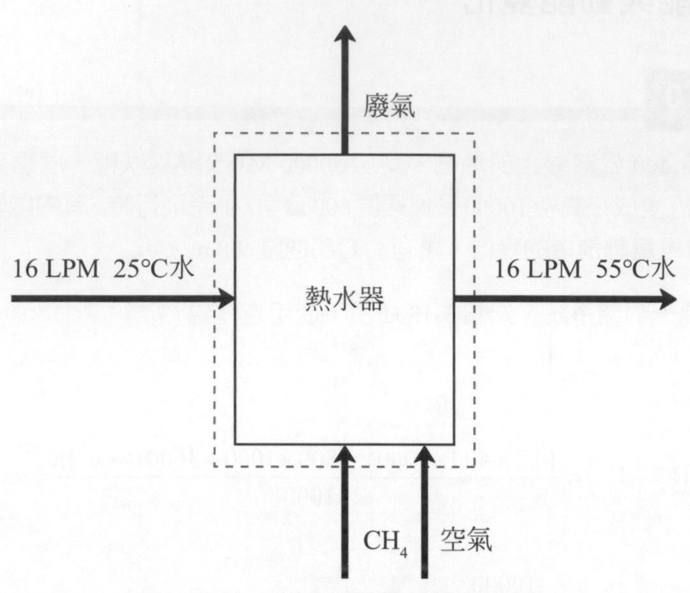

圖 3-13　熱水器之系統邊界示意圖

隨堂練習

延續範例 3-11，假設考量到熱交換器效率爲 95%，如此一來所需要的瓦斯供應量應該爲每分鐘多少升 (LPM) ？

本章小結

熱力學第一定律就是能量守恆定律，本章中闡述了系統中的能量以及系統與周邊的熱傳及功的關係，對於封閉系統而言，因爲沒有質量進出入邊界，所以很單純是系統內能、熱傳及功的分析；相對的，對於控制體積而言，多了質量輸出入邊界之後的運算上我們使用了焓的概念，當系統不處於穩態時，系統的分析將會變得比較複雜，值得多練習。

作業

一、選擇題

(　　) 1. 熱力學第一定律又稱之為？ (A) 能量守恆定律 (B) 質量守恆定律 (C) 動量守恆定律。

(　　) 2. 某一部機器輸入 A 能量，產生 B 能量的機械功與 C 能量的熱，請問下列關係式合者正確？ (A)A = B = C (B)A > B + C (C)B = A − C。

(　　) 3. 某一物體以自由落體方式落下，在落下的過程中，關於能量關係的敘述何者正確？ (A) 物體重力位能增加，動能減少 (B) 物體重力位能減少，動能增加 (C) 物體重力位能與動能都減少。

(　　) 4. 一本書至於桌面並擁有特定位能，當我們從桌上拿起一本書往上抬高 30 公分，此時抬起它所作的功全轉成位能的增加，放手後書本自由落下，位能轉成動能直到落在桌面上而回到原來的位能，此時我們所作的功讓書本抬高 30 公分的能量哪裡去了？ (A) 熱散失 (B) 平白消失 (C) 能量守恆定律此時不適用。

(　　) 5. 在循環分析中的等溫度儲體，何者敘述正確？ (A) 一種含熱能無窮大且定溫的物體，可以無限制地進行熱傳也不會改變溫度、壓力的假想體 (B) 一種理想體，在現實世界中不存在 (C) 以上皆正確。

(　　) 6. 關於熱效率關係中能量進出與功的敘述何者正確？ (A) 能量離開系統永遠會小於能量輸入 (B) 熱機的熱效率是輸出功與輸入能量的比值 (C) 透過熱效率公式的計算可以了解系統的最大熱效率。

(　　) 7. 下列過程中哪個是將電能轉成機械能？ (A) 太陽能電池 (B) 馬達 (C) 風力發電。

(　　) 8. 下列關於機械能守恆的說法中，正確敘述為何？ (A) 若只有重力做功，則物體機械能一定守恆 (B) 若物體的機械能守恆，一定是只受重力 (C) 物體所受合外力不為零，機械能一定守恆

(　　) 9. 一架飛行中的飛機具備？ (A) 動能 (B) 位能 (C) 以上皆正確。

(　　)10. 對於控制體積的系統來說，焓的使用主要是因為？ (A) 區別封閉系統與控制體機系統的內能 (B) 考慮邊界質量進出入的流功 (C) 以上皆非。

二、問答題

1. 在某個封閉系統中假設有數個熱力過程，從狀態 1 演變到狀態 2，以下表格爲各個不同熱力過程的能量變化、熱傳與功的資訊，請將缺空處填入適當數字使其滿足熱力學第一定律。

過程	Q	W	E_1	E_2	ΔE
A	50	− 10	20		
B	40		20	50	
C	− 15	− 80		170	
D		− 80	40		0
E		140	15		− 90

2. 一風力發電機產生電力 6 kW，假設連結一套儲電系統，該儲電系統在充電時會釋放 0.5 kW 的熱能到大氣中，求一個小時可以儲存多少能量在儲電系統中。
3. 在某個活塞系統中有氮氣溫度 800 K，壓力 1 bar，進行多變過程時遵守 $pv^{1.3}$ = const 的關係而來到壓力 2 bar 的狀態，假設氣體爲理想氣體而且不考慮動能與位能的變化，請問變化過程中熱傳量爲多少？
4. 參考圖 3-5(a)，假設熱效率 31%，Q_{in} 爲 500 kJ，則 Q_{out} 爲何？
5. 參考圖 3-5(b)，假設 Q_{in} 爲 1800 kJ，則 Q_{out} 爲 3600 kJ，求 W 與 COP 爲何？
6. 使用壓縮機壓縮空氣，假設空氣初始狀態爲壓力 1 bar，溫度 300 K，壓縮到壓力 6 bar，溫度 450 K，空氣流率爲 6 kg/s，假設壓縮機的冷卻循環系統帶走壓縮空氣 45 kJ/kg 的熱能，請問該壓縮機需要多少功率 (忽略空氣的位能與動能)。
7. 將例題 3-6 最後的結果函數繪製成水位對時間的關係，討論時間越久對於水位的影響。
8. 將例題 3-7 最後的結果函數繪製成溫度與時間的關係，討論時間越久對於溫度的影響。

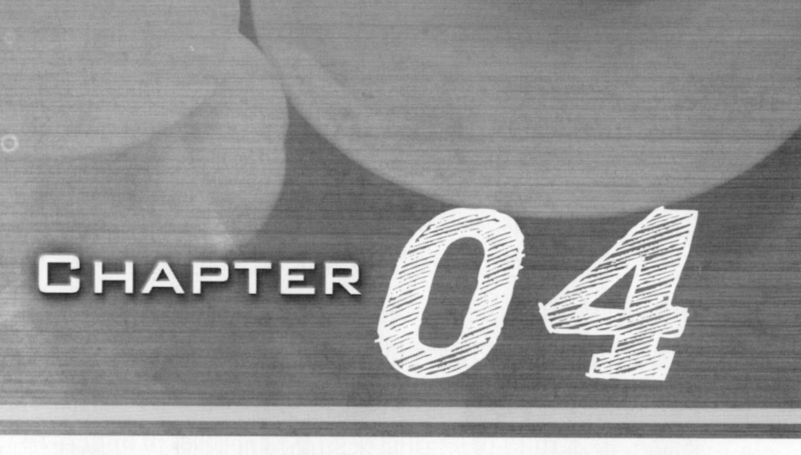

CHAPTER 04

熱力學第二定律

4-0 導讀與學習目標

從第 4 章開始到第 6 章是熱力學課程中比較困難的一部份，在教學上因熱機分析會應用到可逆過程的觀念，因此可以先介紹完可逆過程後直接跳到第 7 章進行學習。要注意的是，國內各大專院校碩士班，如果有甄考熱力學學科者，其熱力第二定律、熵與可用能的篇章是必考的範圍。

當我們倒一杯熱咖啡放在桌上，為什麼溫度會自然漸漸變冷而不漸漸變熱？當我們將方糖與牛奶倒入黑咖啡中攪勻，它們有沒有可能可以恢復原狀回到黑咖啡、方糖與牛奶的狀態？這就是本章要討論的課題。熱力學中有四大定律：熱力學第零定律、熱力學第一定律、熱力學第二定律、與熱力學第三定律，在熱力學第一定律中最重要的觀念是能量守恆的概念，在熱力系統中，僅依靠質量守恆與能量守恆仍然無法解釋所有的熱力學行為，這些物理現象必須透過熱力學第二定律來加以敘述，在本章中將探討熱力學第二定律，用以了解熱力學第二定律的精髓與觀念並且探討其在工程的實例與應用。

學習重點

1. 理解並且認知熱力學第二定律的基本觀念
2. 認知可逆與不可逆的系統與熱力過程的自發性
3. 熱力學第二定律與動力系統最大功
4. 學習重要的卡諾循環

4-1 自發性的過程

在說明熱力學第二定律前，我們必須先討論熱力學第一定律的不足，首先我們先看圖 4-1 的例子，這是一個我們視為平常的例子，假設書桌桌面的高度設為零，當有一本書的位置比書桌桌面高 H_1，放開後這本書會往下掉，掉落的過程中速度會隨著高度而改變，當書本撞到書桌桌面後則靜止在書桌上。熱力學第一定律可以告訴我們，當書本位置從 H_1 時掉落至 H_2 時，其重力位能降低而動力位能升高，而且系統的能量是守恆的。等書本掉在書桌上時，其相對重力位能降為零，速度也變成零，如此一來能量就必須轉變成內能而分散到書本以及桌面上。我們再來看圖 4-2 的例子，當我們把一杯熱咖啡放在餐桌上，經過一段時間後咖啡會冷卻到室溫，能量釋放到周圍的空氣而不會消滅。如果用熱力學第一定律一定可以將能量的傳遞與守恆解釋的很清楚，不過卻無法解釋為什麼咖啡的能量會自發性地傳遞到周圍空氣，或者是說書本放開後會自發性地往下掉，書本從高處往下掉與黑咖啡會冷掉都是從一個不平衡的狀態往平衡狀態移動的結果；相反來說，書本可以復原到原來的高度而咖啡也可以在提高溫度到原來的狀態，不過它們不會自然發生。

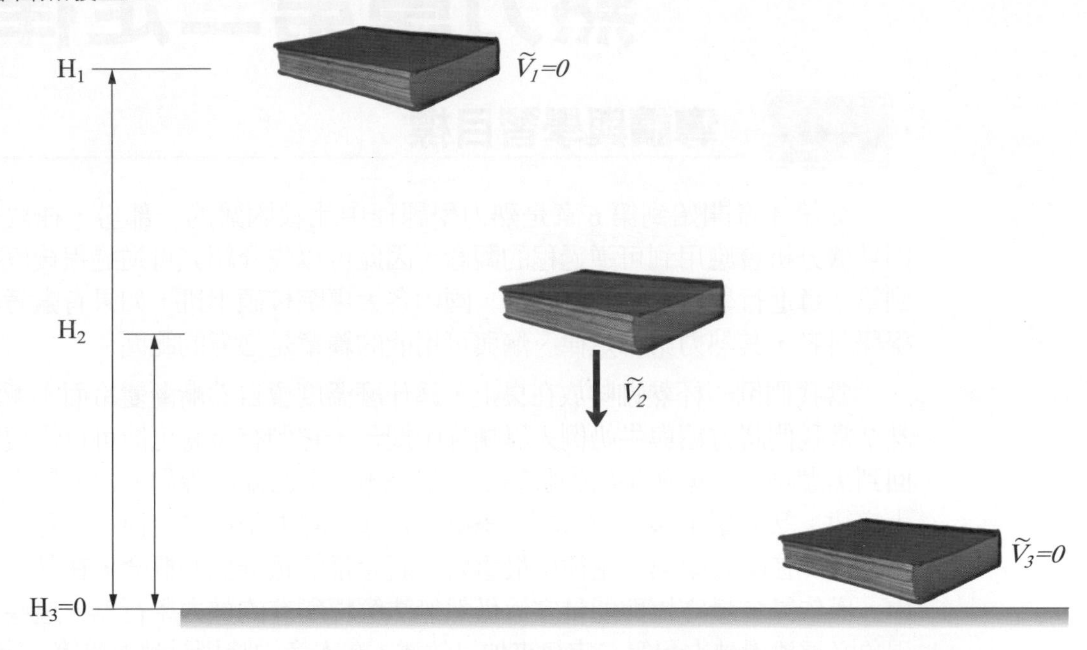

圖 4-1　一本書從高處掉落在書桌上

圖 4-2 咖啡在餐桌上冷卻到室溫

如圖 4-3 所示，假設有一個滑輪與重物的系統，當重物從高處往下掉，滑輪軸此時會有功 (W) 輸出，如果要將該重物恢復到原來位置時則需要從軸輸入功 (W')，對於可逆 (reversible) 過程而言 $W = W'$，根據可逆的廣泛定義，當一個熱力過程可逆時，整個系統包含內部的各部件以及環境都要同時達到可逆，這對於實際世界來說是幾乎完全不可能的事情。

滑輪與重物的系統也是一樣，由於摩擦力的關係，使得 $W' > W$。重物在萬有引力下自發性的落下，在實際上是不可逆 (irreversible) 的，這種自發性的過程都是屬於此類，例如：自發性的化學反應、開放系統的氣體擴散、溫度因梯度所造成的熱傳。

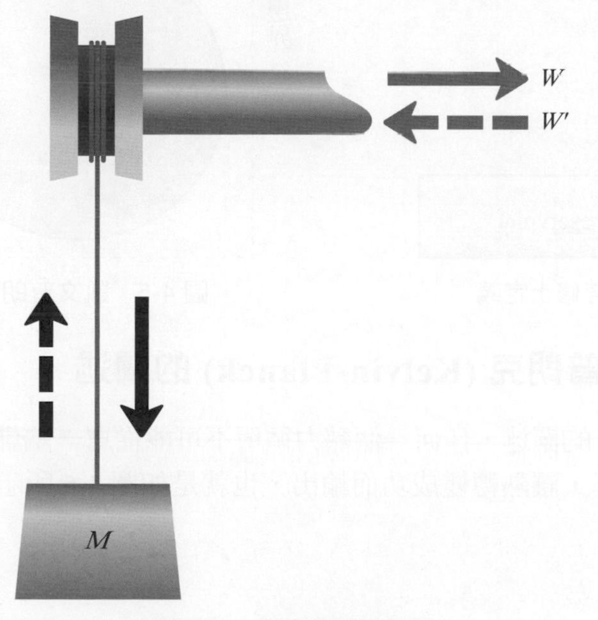

圖 4-3 滑輪與重物系統

在不可逆的熱力過程中，無論是系統或是環境都會存在不可逆性 (irreversibility)，在熱力系統分析中，如果是系統內某個熱力過程可以達到可逆 (不考慮系統外環境) 就稱之爲內可逆過程 (internal reversible process)，這其中包含了分析系統時所作的點質量、無摩擦力、剛體運動等假設，透過內可逆過程的假設可以讓我們評估一個熱力系統的最佳性能。

4-2 熱力學第二定律的定義

4-2-1 克勞修士 (Clausius) 的闡述

熱力學第二定律有兩種闡述方式：克勞修士定義與凱文普朗克定義，我們先針對克勞修士定義加以說明。根據克勞修士的定義，任何一個熱力循環不可能在沒有任何外加作功的情況下，讓熱自發性的從低溫處往高溫處移動，也就是如圖 4-4 所示的物理現象是不會發生的。

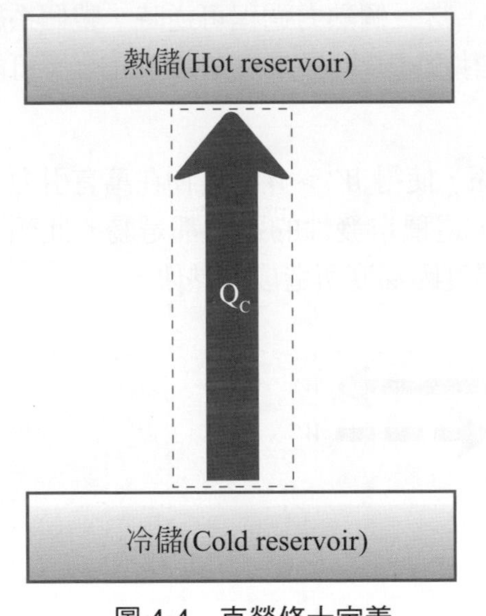

圖 4-4 克勞修士定義

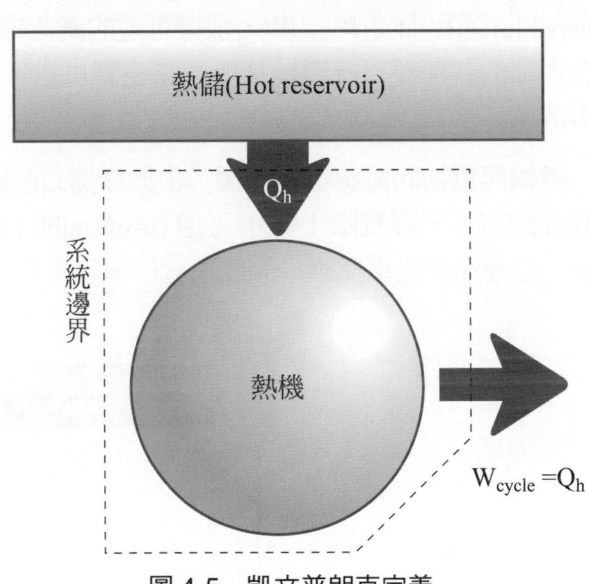

圖 4-5 凱文普朗克定義

4-2-2 凱文普朗克 (Kelvin-Planck) 的闡述

根據凱文普朗克的闡述，任何一個熱力循環不可能從單一熱儲吸熱並且在沒有傳熱到其他冷儲的情況下，讓熱轉變成功而輸出，也就是如圖 4-5 所示的物理現象是不會發生的。

範例 4-1

說明當某個系統違反克勞修士定義也違反了凱文普朗克定義。

解 根據克勞修士定義，讓熱自發性的從低溫處往高溫處移動是不會發生的；因此假設某個系統可以發生此現象，如圖 4-6 所示中的系統邊界 A。使用同一組熱儲與冷儲架設另外一組熱機系統 (系統邊界 B)，假設該 B 系統從熱儲中吸取 Q_h 的能量並且釋放 Q_c 能量進入冷儲中，如此該 B 系統可以輸出功 $W_{循環} = Q_h - Q_c$。設定另外一個邊界 C 將系統邊界 A、系統邊界 B 與冷儲全部包圍起來，如此一來就會變成熱儲與一部可以淨輸出 $Q_h - Q_c$ 的熱機，這個現象自然違背凱文普朗克定義。

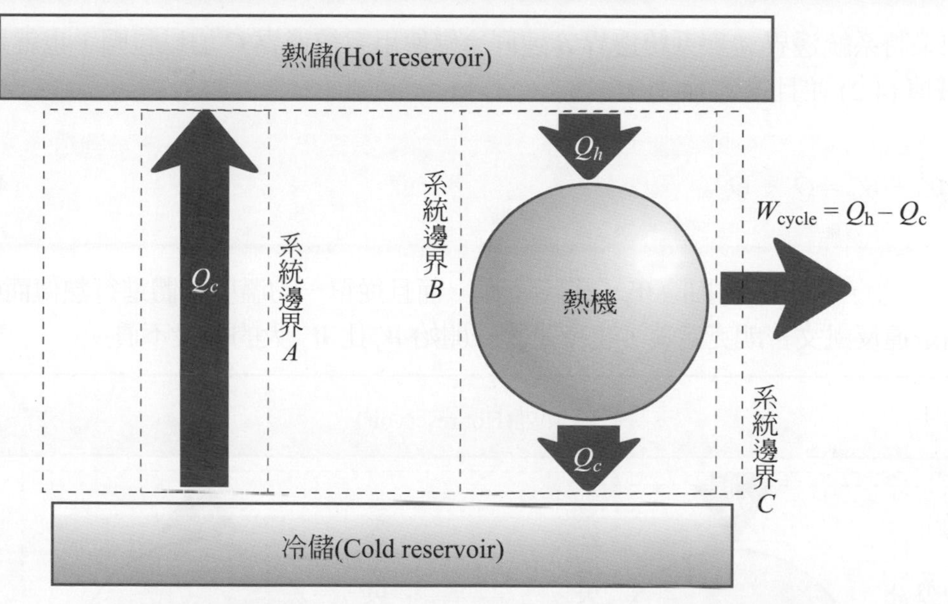

圖 4-6　違反克勞修士定義也違反了凱文普朗克定義示意圖

4-3 熱力學第二定律與效率

4-3-1 熱機的效率限制

回顧圖 3-5(a) 的動力循環示意圖與方程式 (3-16) 的定義，當動力系統熱效率爲 100% 也即代表 $Q_c = Q_{out} = 0$，當然這就違反了凱文普朗克定義，這也就是說動力系統的熱效率一定低於 100%。從另外一個方向來看，一個動力系統的效率最大值可以達到哪裡就是一個有趣的問題，按照卡諾推論 (Carnot Corollary)，『在兩個熱儲之間，可逆熱機的動力循環可以擁有最大的效率；而且所有連接兩個熱儲之間的所有可逆熱機都擁有相同的熱效率。』首先我們先看動力與熱機循環的問題，如圖 4-7 所示爲可逆熱泵與不可逆熱機共用熱儲與冷儲示意圖，其中系統邊界 A 與 B 分別爲不可逆熱機與可逆熱泵，對於可逆熱泵來說，接收 WR 的功之後可以將冷儲中取出 Q_c 並且將 Q_h 之能量泵送到熱儲，其中 Q_h 剛好等於 Q_c 加上 W_R；對於可逆熱泵來說，反向操作成爲熱機的能量傳送關係亦爲眞，也就是說當熱從熱儲輸送 Q_h 給熱機之後可以輸出 W_R 並且向冷儲輸送 Q_c。對於不可逆熱機來說，當熱儲輸送 Q_h 給熱機之後可以輸出 W_i 並且向冷儲輸送 Q_c'，我們要說明的是 W_i 比 W_R 小。我們先假設 W_i 比 W_R 大，如此一來根據系統邊界 A 可以得到 (4-1)，從系統邊界 B 可以得到 (4-2)。

$$Q_h = W_i + Q_c' \tag{4-1}$$

$$Q_h = W_R + Q_c \tag{4-2}$$

如果將系統邊界 A 與系統邊界 B 連同冷儲使用系統邊界 C 加以包圍，也就是可以將 (4-1) 減掉 (4-2) 並且得到 (4-3)

$$W_i - W_R = Q_c - Q_c' \tag{4-3}$$

(4-3) 的意義在於 W_i 扣除 W_R 會得到正值，而且從單一的溫度儲體進行熱傳而輸出功，這一點是違反凱文普朗克定義，也就是說一開始 W_i 比 W_R 大的假設不眞。

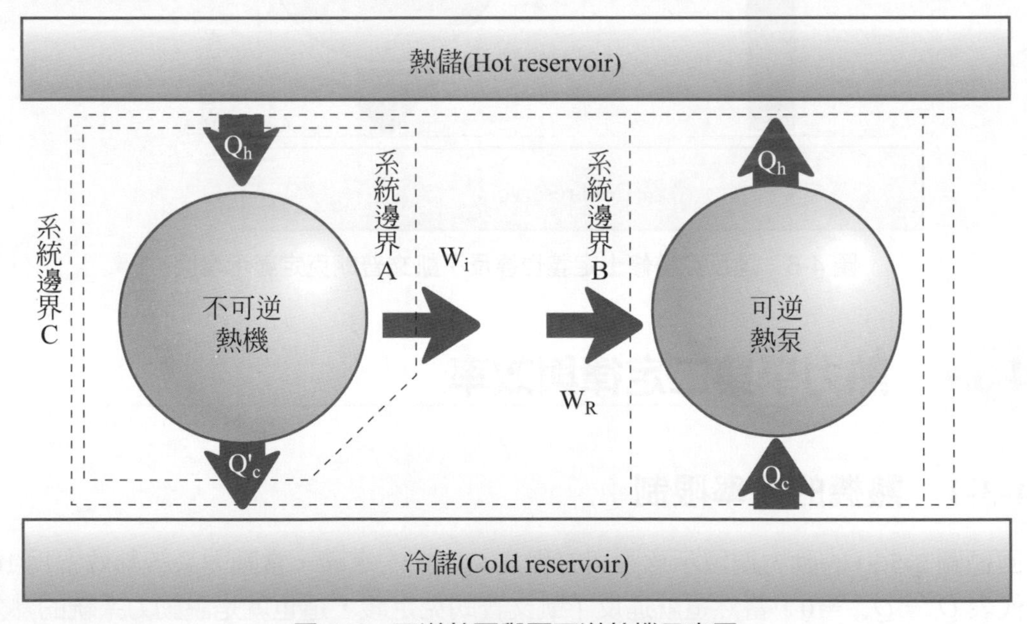

圖 4-7　可逆熱泵與不可逆熱機示意圖

4-3-2 熱泵與冷凍機的效率限制

與熱機的狀況類似，我們先回顧冷凍機與熱泵的功能係數 (Coefficient of Performance, COP) (4-4) (4-5)，試想如果輸入熱泵或冷凍機的功 ($W_{循環}$) 趨近於 0，方程式 (4-4) 與 (4-5) 都會趨近於無窮大，如果剛好等於 0 則會違反克勞修士的熱力學第二定律定義，因此這兩個係數一定是有限值，至於熱泵與冷凍機的最大性能係數則需要熱力學溫標來加以界定。

$$\text{COP(refrigeration)} = \frac{Q_{\text{in}}}{W_{循環}} = \frac{Q_{\text{in}}}{Q_{\text{out}} - Q_{\text{in}}} \tag{4-4}$$

$$\text{COP(heat pump)} = \frac{Q_{\text{out}}}{W_{循環}} = \frac{Q_{\text{out}}}{Q_{\text{out}} - Q_{\text{in}}} \tag{4-5}$$

4-3-3 熱力學溫標的來由

根據熱力學第二定律所敘述可以知道一個系統的熱效率應與熱儲 (Hot reservior) 與冷儲 (cold reservior) 的特徵 (即其溫度) 有關係，因此如果存在一個可逆熱機介於兩個熱儲之間，如此一來便可以將熱效率表示成方程式 (4-6)，其中 θ_C 與 θ_H 分別爲尚未定義熱儲與冷儲的特徵溫標的溫度：

$$\eta = \eta\ (\theta_C, \theta_H) \tag{4-6}$$

因此冷儲 (cold reservior) 溫度與熱儲 (Hot reservior) 的比值可以表示成：

$$\eta = \eta(\theta_C, \theta_H) = 1 - \frac{Q_C}{Q_H} \tag{4-7}$$

由於可以令 $\frac{Q_C}{Q_H} = 1 - \eta(\theta_C, \theta_H) = \psi(\theta_C, \theta_H)$ 由於 $\psi(\theta_C, \theta_H)$爲任意含熱儲與冷儲溫度的函數，可以有多重選擇，所以可以選擇最簡單形式，也就是如同狀態方程式所呈現的關係，這也是熱力學溫標很重要的關係式，如此一來，熱機的效率描述與熱儲的溫度有關係，而且熱力學溫標只與熱傳量有關與溫標介質無關，所以熱力學溫標又稱爲絕對溫標。

$$\left.\frac{\theta_C}{\theta_H}\right|_r = \frac{T_C}{T_H} \tag{4-8}$$

4-3-4 最大熱效率

依照方程式 (4-8)，熱力學第二定律可以界定出動力循環的最大效率，根據卡諾推論如 (4-9 所列為動力循環的最大效率，任何熱機的效率絕對不會超過可逆動力循環 (reversible power cycle) 效率，其中 T_C 與 T_H 分別為冷儲 (cold reservior) 與熱儲 (hot reservior) 的熱力學溫標 (K) 的溫度。當冷儲的溫度為 300K 時，隨著熱儲溫度的上升，可逆熱機的最大熱效率也會跟著上升，其關係如圖 4-8 所示

$$\eta_{\max} = 1 - \frac{T_C}{T_H} \tag{4-9}$$

相同的，可逆冷凍機與熱泵的最大功率係數 (4-4) 與 (4-5) 也可以使用方程式 (4-10) 與 (4-11) 表示，冷儲的溫度與其最大功率係數的關係如圖 4-9 所示。

$$\text{COP(refrigeration)}_{max} = \frac{T_C}{T_H - T_C} \tag{4-10}$$

$$\text{COP(heat pump)}_{max} = \frac{T_H}{T_H - T_C} \tag{4-11}$$

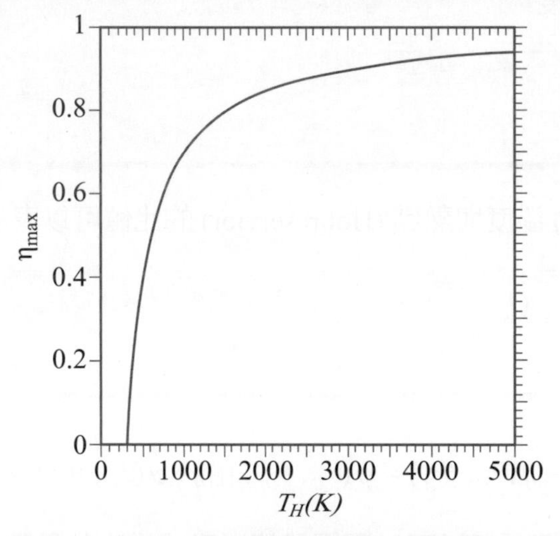

圖 4-8　熱機的最大熱效率與熱儲溫度的關係

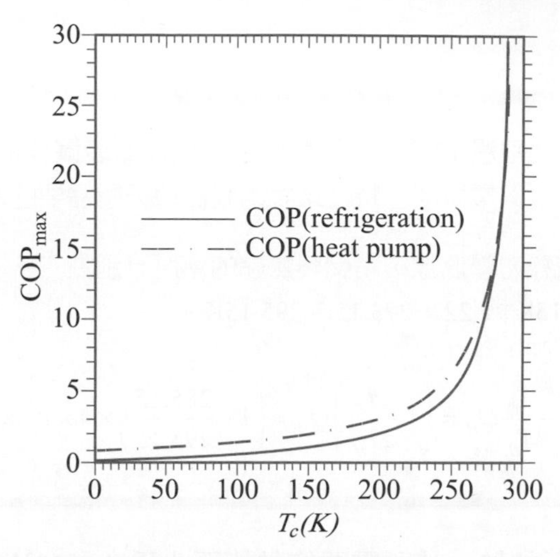

圖 4-9 冷凍機與熱泵的最大功率係數與冷儲溫度的關係

範例 4-2

存在兩個溫度分別為 30℃與 600℃的恆溫熱儲體，當這兩個熱儲之間存在熱機、冷凍機與熱泵這三種循環時，分別計算這三種系統的最大熱效率、冷凍功率係數以及熱泵功率係數。

解 首先將溫度轉換成熱力學溫標，冷儲與熱儲的溫度分別為 30 + 273.15 = 303.15 K 與 600 + 273.15 = 873.15 K。

$$\eta_{max} = 1 - \frac{T_C}{T_H} = 1 - \frac{303.15}{873.15} = 0.6528$$

$$\text{COP(refrig eration)}_{max} = \frac{T_C}{T_H - T_C} = \frac{303.15}{873.15 - 303.15} = 0.5318$$

$$\text{COP(heat pump)}_{max} = \frac{T_H}{T_H - T_C} = \frac{873.15}{873.15 - 303.15} = 1.5318$$

隨堂練習

有一個發明家聲稱可以製造出一部連接 30℃與 700℃的恆溫熱儲體，其效率可以達到 70%，請問有可能嗎？

範例 4-3

當寒流來襲時，屋子外面室溫 12℃，如果我們要使用加熱裝置提供 400MJ/ 天來維持室內保持 22℃時，請根據熱泵與電熱器的特性來說明我們每天所需要的電能。

解 首先將溫度轉換成熱力學溫標，冷儲與熱儲的溫度分別為
$12+273.15=285.15\text{K}$ 與 $22+273.15=295.15\text{K}$。
假設使用可逆熱泵時：

$$W=Q_H-Q_C=Q_H-\frac{T_C}{T_H}Q_H=\left(1-\frac{T_C}{T_H}\right)Q_H=\left(1-\frac{285.15}{295.15}\right)\times 4\times 10^5\text{kJ}=1.355\times 10^4\text{kJ}$$

如果使用電熱器進行加熱，其所需要的熱能至少爲 4×10^5 kJ，相較之下使用熱泵可以有效減少能源的使用，目前市面上的直流變頻冷暖空調就是利用熱泵的原理來進行暖房，除此之外，市面上亦有熱泵熱水器銷售，與傳統熱水器相比擁有節省能源費用的效果。同學或許會好奇爲什麼用較少的電能卻能會得較多的熱能，多出來的熱能究竟是從何而來？其答案可以從圖 4-10 進行了解。

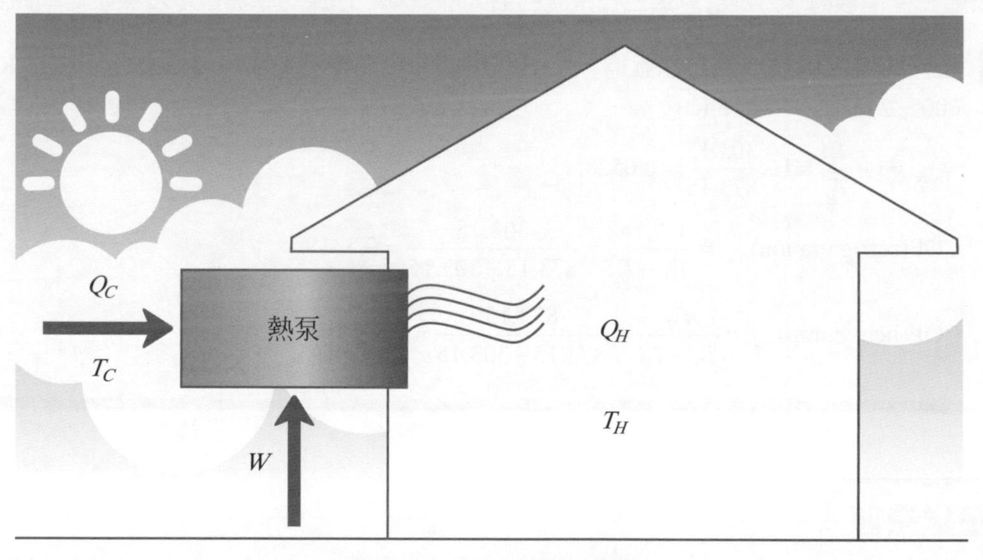

圖 4-10 熱泵暖房示意圖

4-4 卡諾循環

卡諾循環 (Carnot Cycle) 是一個理想的循環，由尼古拉斯卡諾 (Nicolas Léonard Sadi Carnot) 在論火的動力一書中所提出，卡諾循環不僅僅可以用於氣體動力循環 (power cycle)，也可以用來論述蒸汽動力循環 (vapor power cycle) 與冷凍循環 (refrigeration cycle)。在卡諾氣體動力循環中有四個熱力過程，該循環爲封閉系統 (closed system)，其

示意圖如圖 4-11 所示；另外其 p-v 關係如圖 4-12(a) 所示。

(1) 1 → 2 過程：氣體絕熱壓縮，氣體的溫度從 T_C 上升到 T_H。

(2) 2 → 3 過程：氣體等溫膨脹，並且從溫度為 T_H 的熱儲吸熱 Q_H。

(3) 3 → 4 過程：氣體絕熱膨脹，氣體的溫度從 T_H 下降到 T_C。

(4) 4 → 1 過程：氣體等溫壓縮，並且向溫度為 T_C 的冷儲傳熱 Q_C。

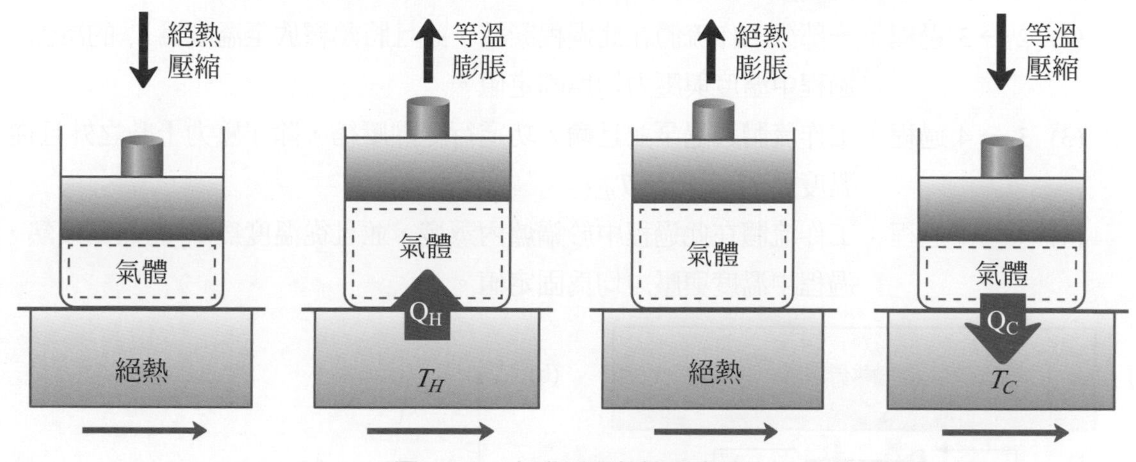

圖 4-11　卡諾循環熱機示意圖

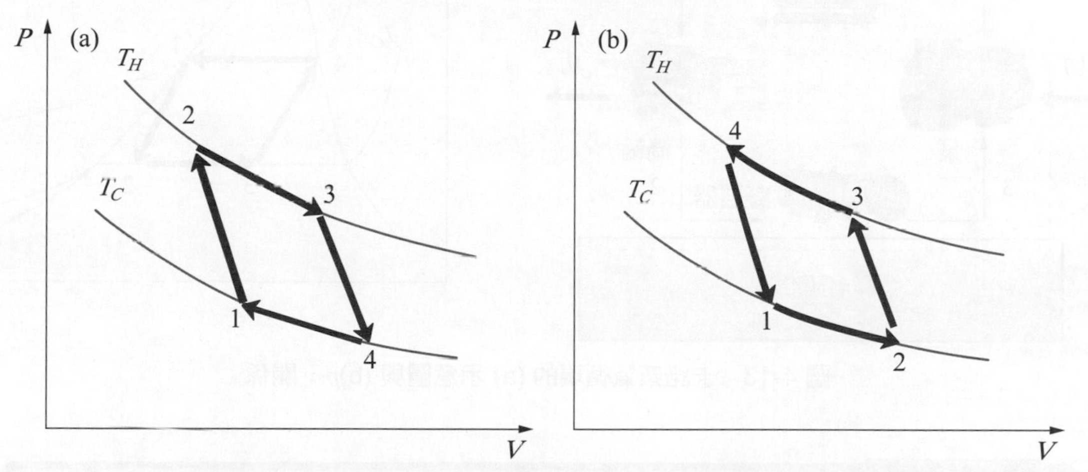

圖 4-12　卡諾循環的 (a) 動力循環；(b) 冷凍循環 p-v 關係

如果所有過程中的熱傳與溫度關係保持一樣，只是流程完全相反，如圖 4-12(b) 所示，這樣的熱力過程可以視為可逆冷凍循環，這些過程包含以下步驟：

(1) 1 → 2 過程：氣體等溫膨脹，並且從溫度為 T_C 的熱儲吸熱 Q_C。

(2) 2 → 3 過程：氣體絕熱壓縮，氣體的溫度從 T_C 上升到 T_H。

(3) 3 → 4 過程：氣體等溫壓縮，並且向溫度為 T_H 的熱儲傳熱 Q_H。

(4) 4 → 1 過程：氣體絕熱膨脹，氣體的溫度從 T_H 下降到 T_C。

除了氣體的動力循環與冷凍循環之外，蒸氣系統也可以擁有卡諾循環的理想假設，如圖 4-13 所示爲蒸汽動力熱力系統的循環示意圖 (a) 與其 p-v 關係圖 (b)，與前述氣體動力循環不同的是多了四個元件：鍋爐 (boiler)、渦輪 (turbine)、凝結器 (condenser) 與泵 (pump)，工作流體通過前述四個元件進行可逆熱力過程，這些過程包含以下步驟：

(1) 1 → 2 過程：蒸氣進行絕熱膨脹，透過渦輪產生功，除了壓力下降之外且從溫度爲 T_H 降至 T_C。

(2) 2 → 3 過程：一部分工作流體在此過程凝結，並且將熱釋放至溫度爲 T_C 的冷儲，過程中溫度與壓力均爲固定值。

(3) 3 → 4 過程：工作流體透過泵並且輸入功進行絕熱壓縮，除了壓力上升之外且從溫度爲 T_C 上升至 T_H。

(4) 4 → 1 過程：工作流體在此過程中於鍋爐內蒸發，並且從溫度爲 T_H 的熱儲吸熱，過程中溫度與壓力均爲固定值。

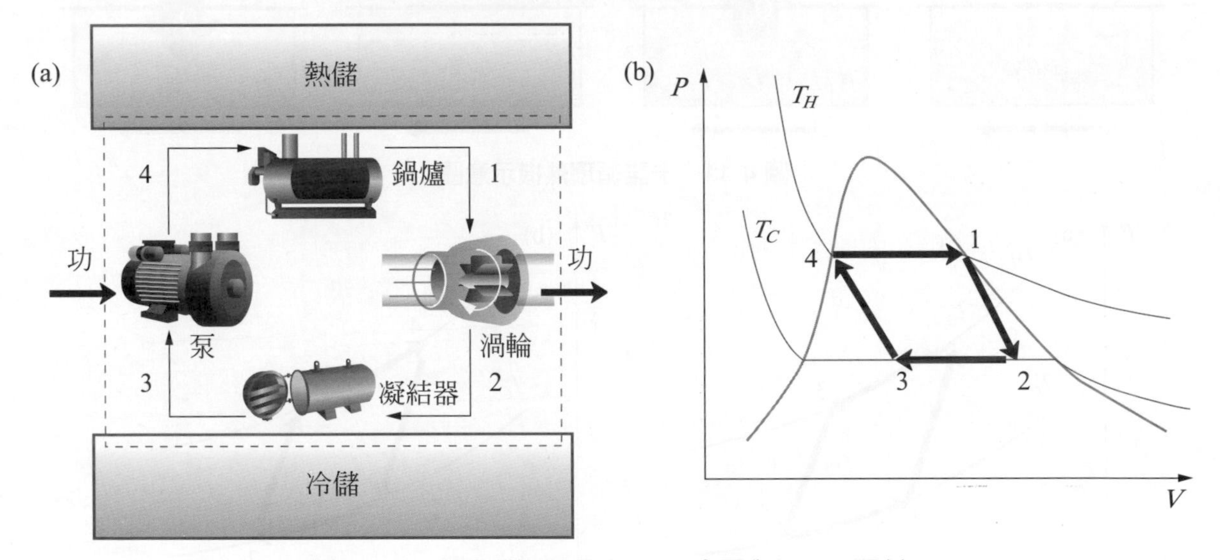

圖 4-13　卡諾蒸氣循環的 (a) 示意圖與 (b)p-v 關係

本章小結

熱力學第二定律補足了熱力學第一定律的不足，透過熱力學第二定律可以讓我們理解什麼樣子的熱力過程可以自發性地發生。在本章中，介紹了可逆過程，在可逆過程中可以導引出熱力學溫標的定義，透過熱力學溫標的溫度可以輕易地計算出一個熱力系統的最大熱效率或是最大性能係數，不僅如此更可以計算出相關熱力系統的描述是否違反物理意義。

作業

一、選擇題

( ) 1. 關於熱力學第二定律之敘述何者正確？ (A) 描述系統反應或者狀態改變的方向 (B) 熱力學第二定律沒有很明確的文字敘述，主要是以克勞修士以及凱文普朗克闡述爲主體 (C) 以上皆正確。

( ) 2. 關於可逆性何者正確？ (A) 在不可逆的熱力過程中，無論是系統或是環境都會存在不可逆 (B) 某個熱力過程可以達到可逆 (不考慮系統外環境) 就稱之爲外可逆過程 (C) 摩擦力是系統中唯一造成不可逆的因素。

( ) 3. 關於熱力學第二定律之敘述何者正確？ (A) 一個系統符合熱力學第一定律一定符合熱力學第二定律 (B) 一個系統如果符合熱力學第二定律必定也符合熱力學第一定律 (C) 以上皆非。

( ) 4. 關於以下論述：甲、一個系統違反克勞修士闡述必定違反凱文普朗克闡述；乙、一個系統違反凱文普朗克闡述必定違反克勞修士闡述；丙、凱文普朗克闡述與克勞修士闡述是獨立的；丁、違反克勞修士闡述或者違反凱文普朗克闡述的必定違反熱力學第一定律，哪些是正確的？ (A) 甲、丙 (B) 甲、乙 (C) 甲、乙、丙、丁。

( ) 5. 關於熱力學第二定律之敘述何者正確？ (A) 物質吸收能量後溫度一定上升 (B) 永動機遵循熱力學第二定律 (C) 不可能從單一熱源中取得熱量而作功。

( ) 6. 下列說法何者正確？ (A) 不可能讓熱能從低溫處傳遞到高溫處 (B) 符合熱力學第一定律的過程一定可以自發發生 (C) 以上皆非。

( ) 7. 關於以下論述：甲、系統中熱儲與冷儲的溫度可以定義出系統的最高效率；乙、當冷儲溫度固定時，熱儲溫度越高，理論熱效率也會隨之增高；丙、要將冷儲中的能量輸送到熱儲中需要額外提功能量，哪些是錯誤的？ (A) 無 (B) 甲、乙 (C) 乙、丙。

( ) 8. 關於卡諾循環之敘述何者正確？ (A) 卡諾循環是一種實用熱機，所有熱機都是以卡諾循環爲基礎所開發 (B) 沒有一個系統會比卡諾循環擁有更高的效率 (C) 卡諾循環中有部分過程是不可逆的。

( ) 9. 永動機的不切實際主要是因爲： (A) 違反熱力學第零定律 (B) 違反熱力學第一定律 (C) 違反熱力學第二定律。

( ) 10. 關於以下論述：甲、永動機必定違反熱力學第二定律；乙、永動機必定違反熱力學第一定律；丙、永動機所聲稱的效率均超過熱力學第二定律鎖定最高熱效率，哪些是錯誤的？ (A) 甲 (B) 乙 (C) 丙。

二、問答題

1. 說明當某個系統違反凱文普朗克定義也違反了克勞修士定義。
2. 考慮廚房中的冰箱運作效率，請問廚房中的溫度越高或者越低的情境下，何者的冰箱的效率會比較高？爲什麼？請用物理原理加以解釋。
3. 在炎炎夏日中，使用冷氣機保持室內涼爽爲何需要電力？請利用熱力學第二定律的觀點加以說明。
4. 某可逆動力循環的熱效率爲 50%，其熱儲溫度爲 827℃，試問其冷儲溫度爲何？
5. 假設你擔任某公司採購人員，需要採購在 300K 環境中操作且能達到 270K 的冷凍設備，共有四家公司提供該公司所生產冷凍設備供您採購參考，其規格如下：

   a. $Q_C = 1{,}000\text{kJ}$，$W = 400\text{kJ}$

   b. $Q_C = 2{,}000\text{kJ}$，$Q_H = 2{,}200\text{kJ}$

   c. $Q_H = 2{,}000\text{kJ}$，$W = 500\text{kJ}$

   d. COP(refrigeration) = 6，$W = 400\text{kJ}$

   請問哪一家的冷凍設備規格違反物理定律？

CHAPTER 05

熵

5.0 導讀與學習目標

本章將延續前一章的熱力學第二定律，在前一章中透過熱力學第二定律的規範讓我們了解什麼樣子的熱力過程會自發發生，或者是說熱力過程會向哪一個狀態變化，但這之中卻少了一個物理量可以用來進行系統的分析。在本章中將介紹一個新的物理量熵 (entropy)，並且用以分析熱力系統。

學習重點

1. 熵的定義
2. 學習如何使用熵搭配能量分析來分析熱力學系統
3. 學習等熵過程與增熵定理

5-1 克勞修士不等式

爲了描述克勞修士不等式 (Clausius Inequality)，我們先考慮一個展示於圖 5-1 中的熱力學系統，該熱力學系統中有一個溫度爲 T_H 的等溫熱儲體，假設某個系統溫度爲 T 且在吸熱 δQ 後會釋放出功 δW，這些熱能是由熱儲中所取得，爲了確保系統與熱儲間的熱傳沒有不可逆性，因此特意在系統與熱儲間假設一中間循環 (intermediate cycle)，這個循環是可逆的並且從熱儲取熱 $\delta Q'$ 並且輸出功 $\delta W'$。引用熱力學第一定律，系統與剛剛假設的中間可逆循環的能量守恆可以用 (5-1) 加以描述。

$$dE_r + dE_{sys} = \delta Q' - (\delta W' + \delta W) \tag{5-1}$$

原先的系統連同後來假設的可逆循環用虛線來界定新的系統邊界，因此 (5-1) 可以寫成 (5-2)；根據熱力學溫標的定義 (5-3)，我們可以將熱傳與溫度的關係寫成 (5-4)。

$$dE_{總} = \delta Q' - \delta W_{總} \tag{5-2}$$

$$\frac{Q_C}{Q_H} = \frac{T_C}{T_H} \tag{5-3}$$

$$\frac{\delta Q'}{T_H} = \frac{\delta Q}{T} \tag{5-4}$$

將 (5-4) 代入 (5-2) 可以得到 (5-5)，當熱力過程完成一個循環之後，也就是對 (5-5) 進行環積分來表示，由於是熱力循環因此內能的環積分爲零 (5-6) 而且熱儲的溫度爲常數，因此 (5-5) 可以寫成 (5-7)。

$$\delta W_{總} = T_H \frac{\delta Q}{T} - dE_{總} = \delta W' + \delta W \tag{5-5}$$

$$\oint dE_{總} = 0 \tag{5-6}$$

$$W_{總} = \oint \delta W_{總} = T_H \oint \frac{\delta Q}{T} \tag{5-7}$$

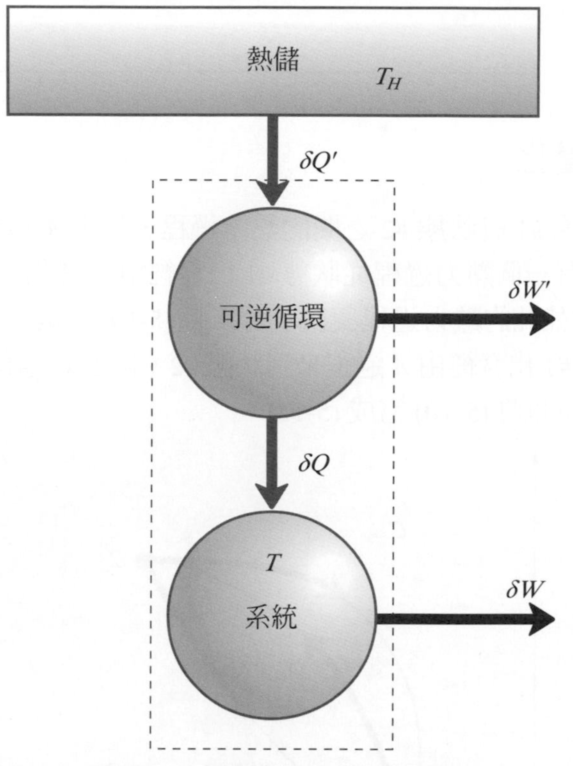

圖 5-1 克勞修士不等式示意圖

讓我們回顧凱文普朗克對於熱力學第二定律的闡述：任何一個系統不能只從單一等溫熱儲體接收能量並且產生功，從圖 5-1 可見該系統只有一個熱儲，如果輸出功 $W_{總}$爲正則會違反凱文普朗克對於熱力學第二定律的定義，因此 $W_{總}$不是爲零就必須小於零才能使系統符合熱力學第二定律的規範，如 (5-8) 所示；由於熱儲的溫度是常數，所以 (5-8) 可以再改寫成 (5-9)。我們再定義 (5-10) 式左側爲一個所謂熱力循環的不可逆度，它的值爲正，如果數字越高就代表不可逆度越高。當 $\sigma_{循環}$大於 0 時，代表熱力循環爲不可逆循環；當 $\sigma_{循環}$等於 0 時，代表可逆熱力循環，至於 $\sigma_{循環}$小於 0 時則違反物理現象且不存在。

$$W_{總} \leq 0 \tag{5-8}$$

$$\oint \frac{dQ}{T} \leq 0 \tag{5-9}$$

$$\oint \frac{dQ}{T} = -s_{循環} \tag{5-10}$$

5-2 熵

5-2-1 熵的變化

圖 5-2 所示爲狀態 #1 與狀態 #2 之間的熱力過程，其中 A、B 與 C 熱力過程均爲可逆 (reversible)，如果有一個熱力過程從狀態 #1 出發經由 A 過程來到狀態 #2，再由 B 過程回到狀態 #1，描述如此的熱力過程與循環可以將 (5-10) 寫成 (5-11)；同樣地，有另外一個熱力過程從狀態 #1 出發經由 A 過程來到狀態 #2，再由 C 過程回到狀態 #1，描述如此的熱力過程與循環可以將 (5-10) 寫成 (5-12)。

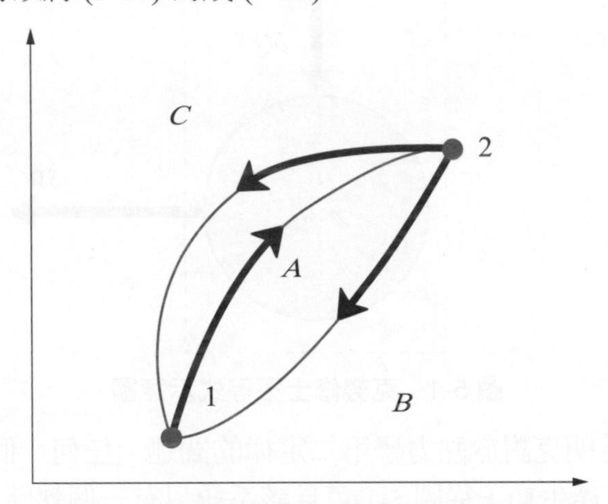

圖 5-2　兩狀態之間的不同熱力過程示意圖

$$\oint \frac{\delta Q}{T} = \int_1^2 \frac{\delta Q}{T}\bigg|_A + \int_2^1 \frac{\delta Q}{T}\bigg|_B = -\sigma_{\text{循環}} = 0 \tag{5-11}$$

$$\oint \frac{\delta Q}{T} = \int_1^2 \frac{\delta Q}{T}\bigg|_A + \int_2^1 \frac{\delta Q}{T}\bigg|_C = -\sigma_{\text{循環}} = 0 \tag{5-12}$$

從 (5-11) 與 (5-12) 兩式比較可以得到 (5-13)，如果說從狀態 #1 到狀態 #2 之間的積分代表某個物理量，那麼這個物理量也就意味著積分路徑暨熱力過程無關，這個物理量是一個狀態函數；因此，我們先用 S 來加以表示，因此可以將狀態 #1 到狀態 #2 之間的變化表示成 (5-14)，下標的表示僅爲提醒在內可逆的系統中；方程式 (5-14) 也可以表示成 (5-15) 與 (5-16) 的形式。這個新物理量主要是用來描述，當一個熱力系統在不受外界干擾下，可以自發性發生熱力過程的特性，這個名詞也是由克勞修士所定義，1923 年德國物理學家普朗克到中國講學時，胡剛復教授爲了這個特殊的名詞創造了一個新字，也就是熵 (entropy)。

$$\int_2^1 \frac{\delta Q}{T}\bigg|_B = \int_2^1 \frac{\delta Q}{T}\bigg|_C \tag{5-13}$$

$$S_2 - S_1 = \int_1^2 \frac{\delta Q}{T}\bigg|_{\text{內可逆}} \tag{5-14}$$

$$dS = \frac{\delta Q}{T}\bigg|_{\text{內可逆}} \tag{5-15}$$

$$\delta Q\big|_{\text{內可逆}} = TdS \tag{5-16}$$

熵是一個狀態函數，因此物質在某種條件下的數值是利用相對數來表示，因此會定義一個所謂的參考點，並且將其熵的值表示成單位重量或是單位莫耳數下的比熵 (specific entropy)。舉例來說，在熱力系統分析中會使用到水特性的表格中 (附錄 A-1) 可以看到，0.01℃飽和水的單位質量比熵為 0 kJ/kg · K，以此為參考點，在其他的條件下的熵值可以在表格中進行查詢。以哪一個條件當成參考點並不會影響到計算的結果，因為兩個狀態間的變化是用差值來表示。在液汽共存的系統中會考量到乾度 (quality) 的問題，在查表時可以使用內插法進行熵值的計算，如 (5-17) 所示。

$$s = (1 - x)\, s_f + x s_g \tag{5-17}$$

範例 5-1

圖 5-3 所示為狀態 #1 與狀態 #2 之間的熱力過程，其中

$\int_1^2 \frac{\delta Q}{T}\Big|_A = -30\,\text{kJ/K}$ 且 $\int_1^2 \frac{\delta Q}{T}\Big|_B = 20\,\text{kJ/K}$，

請問由路徑 A 與路徑 B 所構成的熱力循環是可逆、不可逆還是無法發生？

解 $\oint\left(\frac{\delta Q}{T}\right) = \int_1^2 \frac{\delta Q}{T}\Big|_A + \int_2^1 \frac{\delta Q}{T}\Big|_B = -30 - 20 = -50\,\text{kJ/K} \le 0$，符合克勞修士不等式，

且小於 0，所以 A 與 B 兩路徑所構成的循環是不可逆的。

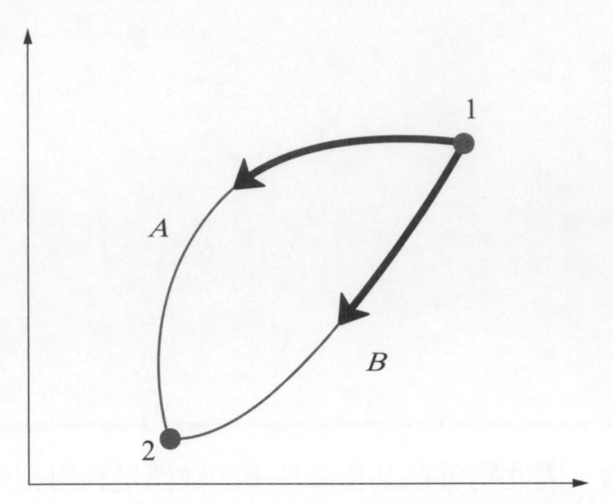

圖 5-3 兩狀態之間的 A 與 B 路徑過程示意圖

隨堂練習

參照圖 5-3，如果 $\int_1^2 \frac{\delta Q}{T}\bigg|_A = 40\,\text{kJ/K}$，$\int_1^2 \frac{\delta Q}{T}\bigg|_B = 30\,\text{kJ/K}$，請問由路徑 A 與路徑 B 所構成的熱力循環是可逆、不可逆還是無法發生？

如同在本書前文所談到的焓係爲了方便所作的表記，熵的定義乃是透過熱傳與溫度比值的積分而得，所有讀者必須要認識到如何使用熵以及爲什麼要用熵去做分析。熱力循環的過程在前一個章節，我們使用 p-v 圖來加以描述，在這裡我們介紹完熵之後，熱力過程可以使用溫熵 (T-S) 圖來加以描述，如圖 5-4 所示爲卡諾循環的溫熵圖。在溫熵圖中，熱力過程的曲線可以呈現內可逆過程的相關物理意義，如圖 5-5 所示爲某內可逆熱力過程的曲線以及其與 S 軸所包圍面積，微小包圍區域面積可以代表 (5-16) 的物理意義，整個面積則可以代表 (5-16) 的積分也就是在內可逆過程中的總熱傳量。

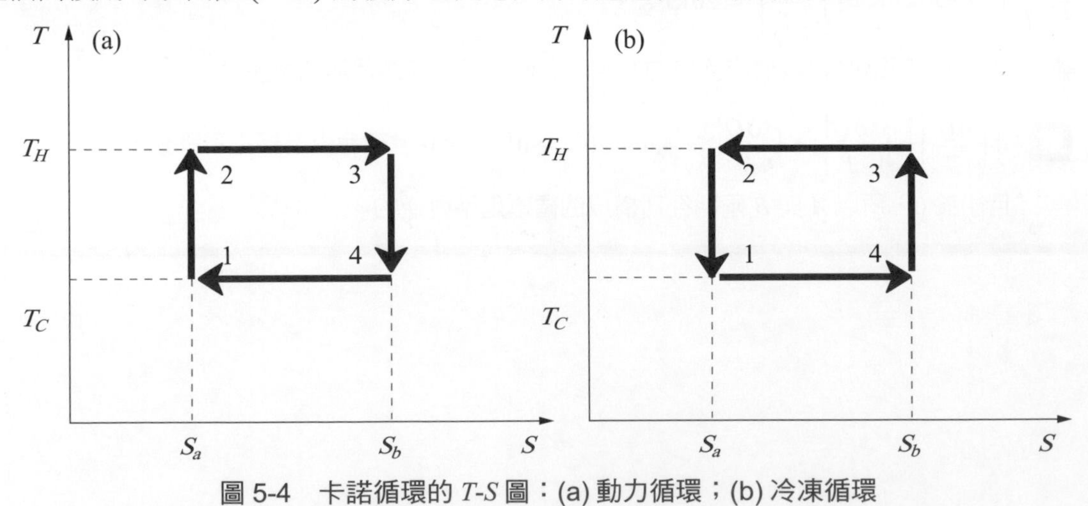

圖 5-4 卡諾循環的 T-S 圖：(a) 動力循環；(b) 冷凍循環

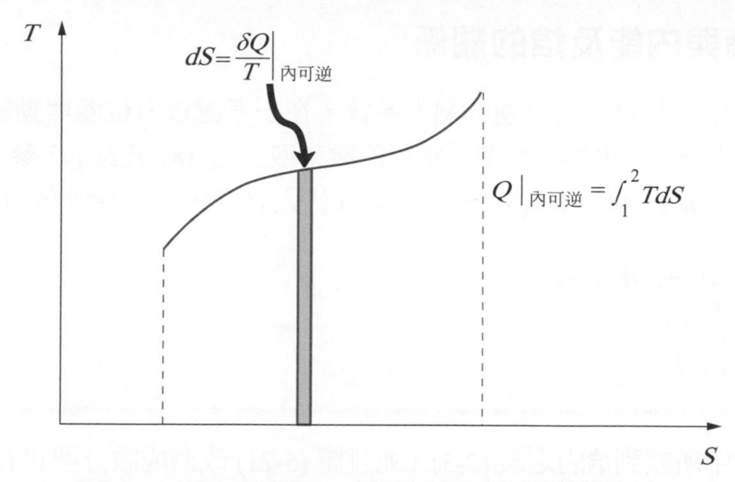

圖 5-5 熱力過程的 T-S 圖以及其包圍面積的意義

在進行熱力系統分析時，繪製系統熱力過程的溫熵 (T-S) 圖對於系統分析有很大的幫助，如圖 5-6 所示為 (a) 液氣兩相區域的溫熵圖以及 (b) 焓熵 (H-S) 圖，透過這些圖的概念配合物質的性質表，可以讓我們在日後進行等熵熱力過程的分析有很大的幫助。

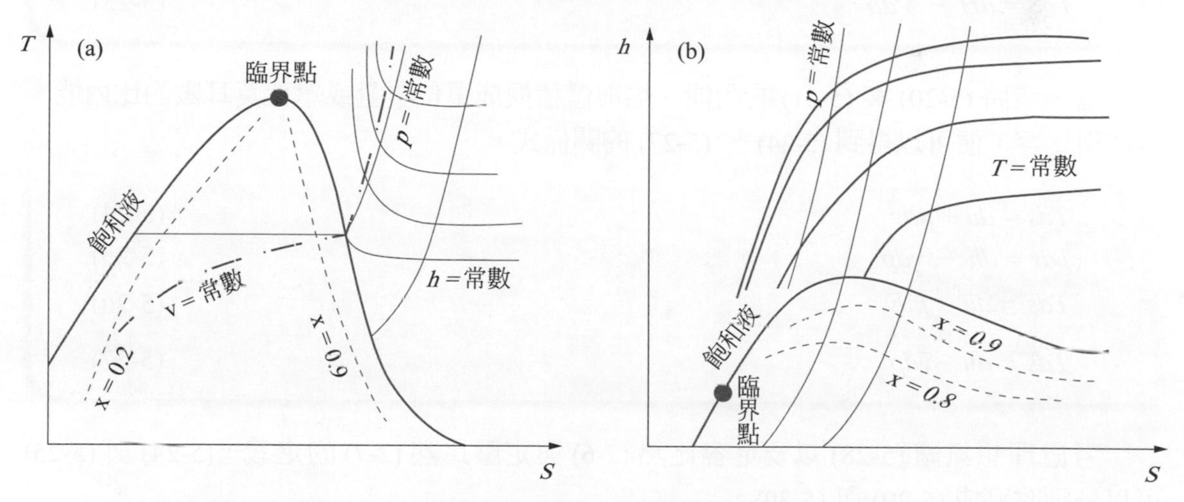

圖 5-6 熱力過程的溫熵 (T-S) 圖以及焓熵 (H-S) 圖

範例 5-2

過熱水蒸氣從溫度 400 K，壓力 0.15 MPa 進行一熱力過程變成溫度 850 K，壓力 0.7 MPa 的狀態，試計算質量比熵的變化。

解 過熱水蒸氣的資料載列於附錄 A-3，查詢狀態 #1 暨壓力 0.15 MPa 的表格，溫度 400 K = 127℃，因此需要進行內插。

$$\frac{127-120}{160-120}=\frac{s_1-7.2693}{7.4665-7.2693}\Rightarrow s_1=7.3038\,\text{kJ/kgK}$$

查詢狀態 #2 暨壓力 0.7 MPa 的表格，溫度 850 K = 577℃，因此需要進行內插。

$$\frac{577-500}{600-500}=\frac{s_2-7.9299}{8.1956-7.9299}\Rightarrow s_2=8.1345\,\text{kJ/kgK}$$

$s_2 - s_1 = 8.1345 - 7.3038 = 0.8307$ kJ/kgK

5-2-2 熵與內能及焓的關係

考慮一個可壓縮物質且內可逆的熱力系統，在不考慮重力位能與動能的假設下，內能、熱傳與功的關係可以用熱力學第一定律的微分型式 (5-18) 來表示，參考方程式 (3-3)，功的形式可以表示成 (5-19)，將 (5-15) 與 (5-19) 代入 (5-18) 可以得到 (5-20)。

$$\delta Q|_{\text{內可逆}} = dU + \delta W|_{\text{內可逆}} \tag{5-18}$$

$$\delta W|_{\text{內可逆}} = pdV \tag{5-19}$$

$$TdS = dU + pdV \tag{5-20}$$

回顧第二章中所談到焓的定義 (2-3)，並且將 (5-21) 改寫成微分型式 (5-22)，將 (5-22) 代入 (5-20) 便可以得到 (5-23)。

$$H = U + pV \tag{5-21}$$

$$dH = dU + d(pV) = dU + pdV + Vdp \tag{5-22}$$

$$TdS = dH - Vdp \tag{5-23}$$

進一步將 (5-20) 與 (5-21) 的內能、焓與體積換成單位質量或單位莫耳數的比內能、比焓與比容，便可以得到 (5-24) ～ (5-27) 的關係式。

$$Tds = du + pdv \tag{5-24}$$

$$Tds = dh - vdp \tag{5-25}$$

$$Td\bar{s} = d\bar{u} - pd\bar{v} \tag{5-26}$$

$$Td\bar{s} = d\bar{h} - \bar{v}dp \tag{5-27}$$

考慮理想氣體 (5-28) 以及定容比熱 (2-6) 與定壓比熱 (2-7) 的定義，(5-24) 與 (5-25) 可以分別改寫成 (5-29) 與 (5-30)。

$$pv = RT \tag{5-28}$$

$$ds = \frac{du}{T} + \frac{p}{T}dv = c_v\frac{dT}{T} + R\frac{dv}{v} \tag{5-29}$$

$$ds = \frac{dh}{T} + \frac{v}{T}dp = c_p\frac{dT}{T} - R\frac{dp}{p} \tag{5-30}$$

將 (5-29) 與 (5-30) 積分，並使用 s_1、s_2 代表兩個狀態下的熵，(5-29) 與 (5-30) 可以表示成 (5-31) 與 (5-32)，如果 c_v 與 c_p 是常數，(5-31) 與 (5-32) 可以再表示成 (5-33)。

$$s_2 - s_1 = \int_{T_1}^{T_2} c_v \frac{dT}{T} + R \ln \frac{v_2}{v_1} \tag{5-31}$$

$$s_2 - s_1 = \int_{T_1}^{T_2} c_p \frac{dT}{T} - R \ln \frac{p_2}{p_1} \tag{5-32}$$

$$\begin{cases} s_2 - s_1 = c_v \ln \dfrac{T_2}{T_1} + R \ln \dfrac{v_2}{v_1} \\ s_2 - s_1 = c_p \ln \dfrac{T_2}{T_1} - R \ln \dfrac{p_2}{p_1} \end{cases} \tag{5-33}$$

爲了使理想氣體的熵可以使用表格來陳列以方便查表，我們會將 0 K 且 1 大氣壓的狀態設爲參考點，如此一來，其他溫度的熵可以用 (5-34) 來計算，代入 (5-32) 後會得到 (5-35) 並可以用來計算不同壓力下的熵，(5-35) 也可以寫成以單位莫耳數爲基礎的公式 (5-36)。另外一方面，不可壓縮物質的熵可用 (5-37) 來加以表示。

$$s^0(T) = \int_0^T \frac{c_p}{T} dT \tag{5-34}$$

$$s_2 - s_1 = s^0(T_2) - s^0(T_1) - R \ln \frac{p_2}{p_1} \tag{5-35}$$

$$\bar{s}_2 - \bar{s}_1 = \bar{s}^0(T_2) - \bar{s}^0(T_1) - \bar{R} \ln \frac{p_2}{p_1} \tag{5-36}$$

$$s_2 - s_1 = c \ln \frac{T_2}{T_1} \tag{5-37}$$

範例 5-3

延續範例 5-2，改利用水的理想氣體特性表來計算熵的變化。

解 過熱水蒸氣的理想氣體資料載列於附錄 C-4，從表中查詢 T_1=400 K、T_2 = 850 K 的熵：
$\bar{s}_1^0 = 198.673\,\text{kJ/kmol}\cdot\text{K}$ 、 $\bar{s}_2^0 = 226.507\,\text{kJ/kmol}\cdot\text{K}$ 。

$$\bar{s}_2 - \bar{s}_1 = \bar{s}^0(T_2) - \bar{s}^0(T_1) - \bar{R} \ln \frac{p_2}{p_1} = 226.507 - 198.673 - 8.314 \ln \frac{0.7}{0.15} = 15.027\ \text{kJ/kmol}\cdot\text{K}$$

$$s_2 - s_1 = \frac{(\bar{s}_2 - \bar{s}_1)}{18} = 0.835\,\text{kJ/kg}\cdot\text{K}$$

透過理想氣體性質表也可以計算出非常接近的結果。

5-2-3 封閉系統的熵

如圖 5-7 所示，考慮某一個熱力系統有兩個狀態，與兩個熱力過程構成一個熱力循環，其中一個是內可逆 (internal reversible)，另外一個是不可逆 (irreversible)，根據 (5-10) 可以將本系統寫成 (5-38)。對於可逆的熱力過程，熵的變化可以寫成 (5-39)，將 (5-39) 代入 (5-38) 可以得到 (5-40)，在 (5-40) 中等號的左側代表兩個狀態的熵變化，右側第一項代表熵的轉移而最後一項是指熵的產生。假如熱傳邊界的溫度是常數時，(5-40) 可以寫成 (5-41)。

$$\int_1^2\left(\frac{\delta Q}{T}\right)\bigg|_{\text{不可逆}}+\int_2^1\left(\frac{\delta Q}{T}\right)\bigg|_{\text{內可逆}}=-\sigma \tag{5-38}$$

$$\int_2^1\left(\frac{\delta Q}{T}\right)\bigg|_{\text{內可逆}}=S_1-S_2 \tag{5-39}$$

$$S_2-S_1=\int_1^2\left(\frac{\delta Q}{T}\right)\bigg|_{\text{邊界}}+\sigma \tag{5-40}$$

$$S_2-S_1=\frac{Q}{T_{\text{邊界}}}+\sigma \tag{5-41}$$

在 (5-40) 中，兩個狀態間的熵變化可以是正值、負值也可以是等於 0，不過 σ 的值不是為正值就是為 0。

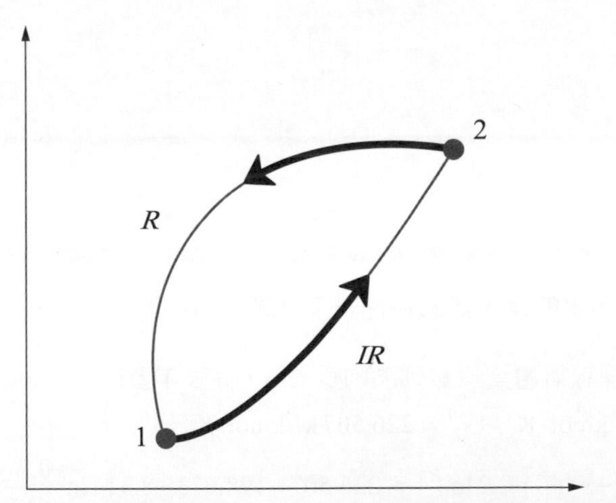

圖 5-7 兩狀態之間的可逆與不可逆路徑過程示意圖

範例 5-4

某活塞系統中有 R-134a 的飽和汽 0℃，絕熱加壓到 0.8MPa，請問最小的需求功為多少？

解 本題的熱傳為零，所以 (5-40) 中熱傳積分項為 0，達到最小的需求功的條件就是該活塞的壓縮過程為可逆 ($\sigma = 0$)，如此一來該壓縮則稱之為等熵壓縮，要解本題首先要查詢初始狀態的內能與熵，飽和 R-134a 蒸氣的性質可以在 B-1 附錄中查詢，當溫度 0℃的飽和蒸汽的內能與熵分別為 $u_1 = 227.06$ kJ/kg 與 $s_1 = 0.9190$ kJ/kg · K。由於是等熵壓縮，所以 $s_2 = 0.919\,0$ kJ/kg · K，再查詢 R-134a 過熱蒸氣的資料，我們查詢 B-3 附錄且壓力為 0.8 MPa 的表，查詢的結果發現 s_2 的值介於 0.9066 與 0.9374 之間，因此需要進行內插求得 u_2。

$$\frac{u_2 - 243.78}{252.13 - 243.78} = \frac{0.9190 - 0.9066}{0.9374 - 0.9066} \Rightarrow \frac{u_2 - 243.78}{8.35} = \frac{0.0124}{0.0308}$$

$u_2 = 247.1417$ kJ/kg

根據熱力學第一定律

$$-\left(\frac{W}{m}\right) = u_2 - u_1 = 247.1417 - 227.06 = 20.0817 \text{ kJ/kg}$$

隨堂練習

練習查詢 R-134a 在 2.3bar 溫度 36℃的熵為何？

5-2-4 增熵原理 (entropy increase principle)

首先考慮孤立系統 (isolated system) (圖 5-8)，孤立系統不會從邊界有任何物質以及能量輸出入，因此在缺少熵的轉移下，系統熵的變化可以表示成 (5-42)，由於熵的產生大於或等於 0(5-43)，所以熵的變化一定大於或等於 0(5-44)。

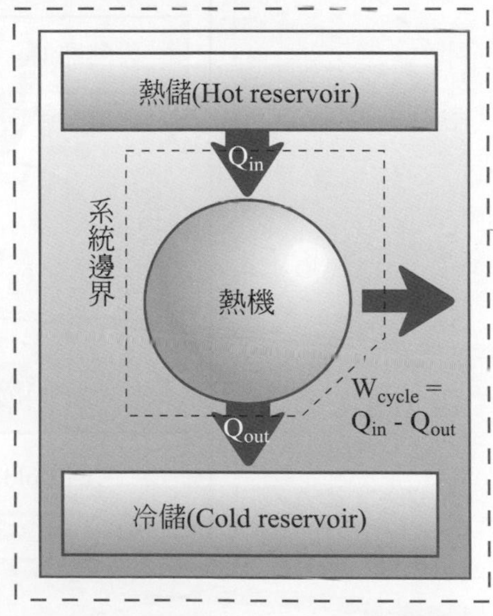

圖 5-8 孤立系統示意圖

$$\Delta S = S_2 - S_1 = \int_1^2 \left(\frac{\delta Q}{T}\right)\Bigg| + \sigma = \sigma \tag{5-42}$$

$$\sigma \geq 0 \tag{5-43}$$

$$\Delta S \geq 0 \tag{5-44}$$

再來考慮系統與環境的整合，如圖 5-9 所示，當然環境的邊界可以延伸至整個宇宙 (universe) 而變成一個孤立系統，如此一來，整體的熵變化可以表示成 (5-45)。任何的熱力過程，系統的熵可以是減少的只要環境熵的增加足夠大；相反的，環境的熵可以是減少的只要系統熵的增加足夠大，也就是說只要系統加上環境熵的變化是正的就符合物理意義，我們要再重申一次，熱力學第二定律沒有告訴我們一個系統的熵不能是減少的，但是它明確地告訴我們在孤立系統中甚至衍伸到宇宙之中，熵不會減少只會增加。熵可以解釋成系統中分子成亂度 (disorder) 的程度，相關的學理在高等熱力學或是物理氣體動力學中會有詳盡的說明。在宇宙之中，無論進行什麼樣式的熱力過程，整個宇宙的熵一定會增加。在一個孤立系統中，熵會不會無窮盡增加？答案是不會的！在不受任何外界干擾的因素下，熵會在系統達到平衡時得到最大值，當平衡時 $dS = 0$。另外一方面，在進行系統分析時，如果發現 σ 是負的，不是演算錯誤就是整個物理系統不存在。

$$\Delta S_{\text{整體}} = \Delta S_{\text{系統}} + \Delta S_{\text{環境}} \geq 0 \tag{5-45}$$

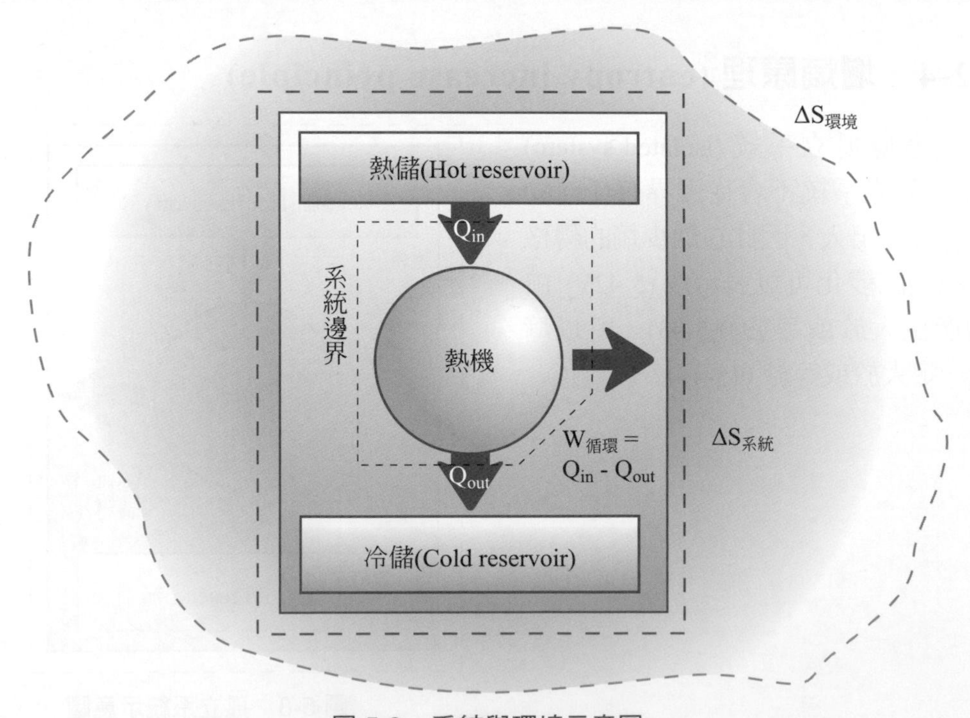

圖 5-9　系統與環境示意圖

範例 5-5

如圖 5-10 所示有 AB 兩杯都是 600 cc 的水，其中 A 杯 80℃而 B 杯 20℃，如果將這兩杯水混在一起，假設這兩杯水都是在孤立系統中，假設水的比熱為 $c = 4.2$ kJ/kg · K 且為不可壓縮流體，請問混合後的溫度為多少，整個系統中的熵變化為何？

解 根據熱力學第一定理，並且將溫度換成熱力學溫標

$$\Delta U|_A + \Delta U|_B = 0$$

$$m_A c(T - 353) + m_B c(T - 293) = 0$$

$$\therefore m_A = m_B \Rightarrow 2T - 646 = 0 \Rightarrow T = 323 \text{ K}$$

因此混合後的溫度為 323 − 273 = 50℃。

原來屬於 A 杯與 B 杯水的熵變化可以用 (5-37) 來加以計算，由於是孤立系統所以沒有與邊界的熱傳，所以整個系統的熵可以用下式加以計算：

$$\Delta S = \Delta S_A + \Delta S_B = \sigma$$

$$\sigma = m_A c \ln\frac{T}{T_A} + m_B c \ln\frac{T}{T_B} = 0.6\times4.2\times\ln\frac{323}{353} + 0.6\times4.2\times\ln\frac{323}{293}$$

$$= -0.2238 + 0.2456 = 0.0218 \text{ kJ/K}$$

原先屬於 A 杯的水熵的變化為 − 0.2238 kJ/K；原先屬於 B 杯的水熵的變化為 0.2456 kJ/K，A 所減少的與 B 所增加的加在一起會發現其值大於 0，這完全符合增熵原理，而多出來的熵主要是由於本物理現象中的不可逆性所產生，試想在這個孤立系統中，將兩杯不一樣溫度的水混合在一起，如果沒有外加能量或者是功，其狀態不會回到原來的狀態，所以熵一定會增加。

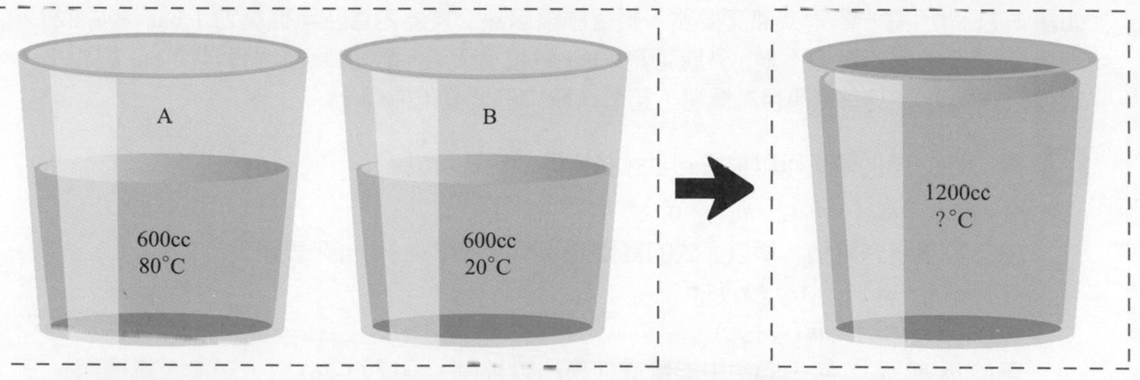

圖 5-10 孤立系統中兩個不同溫度的物質混合

隨堂練習

在一個孤立系統中，有一塊金屬重量 0.3 公斤，比熱 0.42kJ/kg · K，溫度 1200K，置入 1 公升 300K 的水中，水的比熱 4.2kJ/kg · K，求平衡後的溫度與整個孤立系統熵的變化。

5-2-5 控制體積的熵分析

在控制體積的系統中的熵隨時間的變化率可以用 (5-46) 來表示，等號左側微系統中熵隨時間的變化率，等號右側第一項爲熵隨著熱傳的轉移、第二與第三項爲熵隨著質量輸出入的轉移，最後一項則是系統內熵隨時間的產生率。

$$\frac{dS}{dt}=\sum_j \frac{\dot{Q}_j}{T_j}+\sum_{\text{in}} \dot{m}_{\text{in}} s_{\text{in}}-\sum_{\text{out}} \dot{m}_{\text{out}} s_{\text{out}}+\dot{\sigma} \tag{5-46}$$

對於穩態系統而言，其熵隨時間的變化率爲 0，因此可以將 (5-46) 寫成 (5-47)，如果對於大部分具備一入一出的熱力系統來說，(5-47) 可以寫成 (5-48)，如果整體系統是絕熱系統，(5-48) 可以再簡化成 (5-49)。

$$0=\sum_j \frac{\dot{Q}_j}{T_j}+\sum_{\text{in}} \dot{m}_{\text{in}} s_{\text{in}}-\sum_{\text{out}} \dot{m}_{\text{out}} s_{\text{out}}+\dot{\sigma} \tag{5-47}$$

$$s_{\text{out}}-s_{\text{in}}=\frac{1}{\dot{m}}=\sum_j \frac{\dot{Q}_j}{T_j}+\frac{\dot{\sigma}}{\dot{m}} \tag{5-48}$$

$$s_{\text{out}}-s_{\text{in}}=\frac{\dot{\sigma}}{\dot{m}} \tag{5-49}$$

範例 5-6

如圖 5-11 所示為一套管式熱交換器，根據觀察該熱交換器內管空氣從壓力 1 bar 溫度 22℃ 升溫至 52℃並保持壓力不變，外層管為 1 bar 飽和水蒸氣，離開熱交換器變成 1 bar 飽和水，假設系統與外界沒有熱傳且為穩態，整個系統中的熵變化為何？

解 關於熵的變化分析可以根據 (5-55) 將整個系統表示成：

$$0=\dot{m}_1 s_1-\dot{m}_2 s_2+\dot{m}_3 s_3-\dot{m}_4 s_4+\dot{\sigma}$$

由於質量沒有累積，所以上式的質量流率可以只用 $\dot{m}_1$ 與 $\dot{m}_3$ 來表示

$$0=\dot{m}_1(s_1-s_2)+\dot{m}_3(s_3-s_4)+\dot{\sigma}$$

$$\dot{\sigma}=\dot{m}_1(s_2-s_1)+\dot{m}_3(s_4-s_3)$$

至於 $\dot{m}_1$ 與 $\dot{m}_3$ 的關係必須由能量守恆來加以求得，根據 (3-26) 式，由於系統穩態、沒有熱傳，也沒有作功，在不考慮動能與位能的情況下可以將 (3-26) 改寫成下式

$$0=\dot{m}_1 h_1-\dot{m}_2 h_2+\dot{m}_3 h_3-\dot{m}_4 h_4 \text{，} \therefore \frac{\dot{m}_3}{\dot{m}_1}=\frac{h_2-h_1}{h_3-h_4}$$

$$\frac{\dot{\sigma}}{\dot{m}_1}=(s_2-s_1)+\frac{\dot{m}_3}{\dot{m}_1}(s_4-s_3)=(s_2-s_1)+\frac{h_2-h_1}{h_3-h_4}(s_4-s_3)$$

再來進行查表，水的特性在附錄 A-2 中查詢，空氣的特性在 C-1 中查詢

$$\frac{\dot{\sigma}}{\dot{m}_1}=(1.78249-1.68515)+\frac{325.31-290.16}{2675.5-417.46}(1.3026-7.3594)=0.00306\ \text{kJ/kg}\cdot\text{K}$$

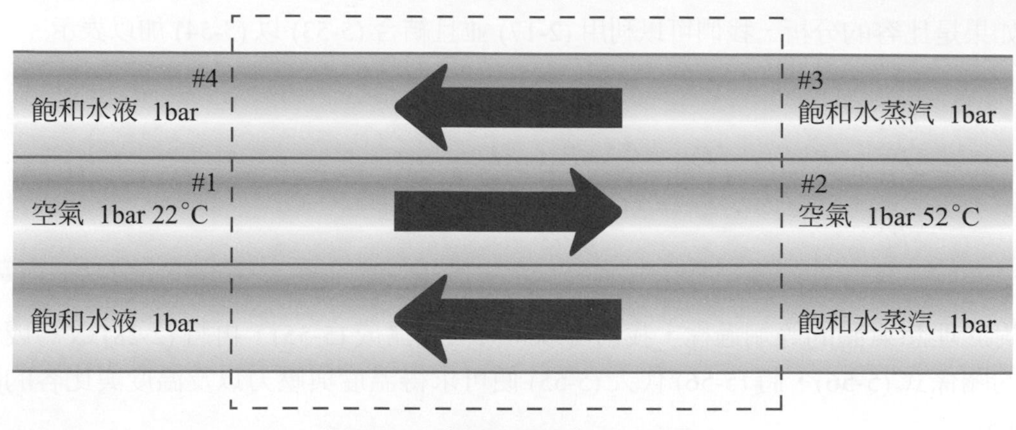

圖 5-11　套管式熱交換器示意圖

5-3 等熵過程

接下來的許多熱機分析、動力系統或者是冷凍循環的分析都會用到一種假設稱之爲等熵過程，等熵過程在實際中不存在，但它是用來分析熱力循環最佳狀態的工具，所謂等熵循環就代表著進行熱力過程時沒有熵的變化。在這邊必須要特別加以討論說明的是關於理想氣體的部分，根據(5-35)，當理想氣體進行等熵過程時可以將(5-35)改寫成(5-50)與(5-51)。

$$s_2 - s_1 = s^0(T_2) - s^0(T_1) - R\ln\frac{p_2}{p_1} = 0 \tag{5-50}$$

$$s^0(T_2) = s^0(T_1) + R\ln\frac{p_2}{p_1} \tag{5-51}$$

這也代表說，如果我們知道狀態 #1 的溫度與壓力以及狀態 #2 的溫度就可以知道狀態 #2 的壓力 (5-52)，因爲 (5-53) 中指數函數都是溫度的函數，所以在理想氣體 B-1 表中我們可以用一個所謂的相對壓力 p_r(relative pressure) 來進行列表，以方便我們查詢理想氣體的資訊，當理想氣體進行等熵過程時，兩個狀態的壓力關係如 (5-53) 所示，當我們知道某　個狀態的壓力時可以透過查表得到另外一個狀態的壓力。

$$\frac{p_2}{p_1} = e^{\frac{s^0(T_2)-s^0(T_1)}{R}} = \frac{e^{\frac{s^0(T_2)}{R}}}{e^{\frac{s^0(T_1)}{R}}} \tag{5-52}$$

$$\frac{p_2}{p_1} = \frac{p_{r,2}}{p_{r,1}} \tag{5-53}$$

如果是比容的分析，我們可以利用 (2-17) 並且結合 (5-53) 以 (5-54) 加以表示。

$$\frac{v_2}{v_1}=\frac{\dfrac{RT_2}{p_2}}{\dfrac{RT_1}{p_1}}=\frac{p_1}{p_2}\frac{RT_2}{RT_1}=\frac{p_{r,1}}{p_{r,2}}\frac{RT_2}{RT_1}=\frac{\dfrac{RT_2}{p_{r,2}}}{\dfrac{RT_1}{p_{r,1}}}=\frac{v_{r,2}}{v_{r,1}} \tag{5-54}$$

對於理想氣體的等熵過程，我們可以將 (5-33) 寫成 (5-55)，再將 (2-28) 改寫成單位質量的關係式 (5-56)，將 (5-56) 代入 (5-55) 便可求得溫度與壓力以及溫度與比容的關係 (5-57)。

$$\begin{cases} 0=c_v\ln\dfrac{T_2}{T_1}+R\ln\dfrac{v_2}{v_1} \\ 0=c_p\ln\dfrac{T_2}{T_1}-R\ln\dfrac{p_2}{p_1} \end{cases} \tag{5-55}$$

$$\begin{cases} c_p=\dfrac{\gamma}{\gamma-1}R \\ c_v=\dfrac{1}{\gamma-1}R \end{cases} \tag{5-56}$$

$$\begin{cases} \dfrac{T_2}{T_1}=\left(\dfrac{p_2}{p_1}\right)^{\frac{(\gamma-1)}{\gamma}} \\ \dfrac{T_2}{T_1}=\left(\dfrac{v_2}{v_1}\right)^{\gamma-1} \end{cases} \tag{5-57}$$

假設γ為常數，壓力與比容的關係可以寫成(5-58)；回顧多變過程以及(3-7)的關係式，我們可以把多變過程的 p-v 圖以及其對應 T-s 圖表示於圖 5-12。當 $n=0$ 時代表等壓過程；當 $n=1$ 時代表等溫過程；當 $n=\pm\infty$ 時代表等容過程而當 $n=\gamma$ 時代表等熵過程。

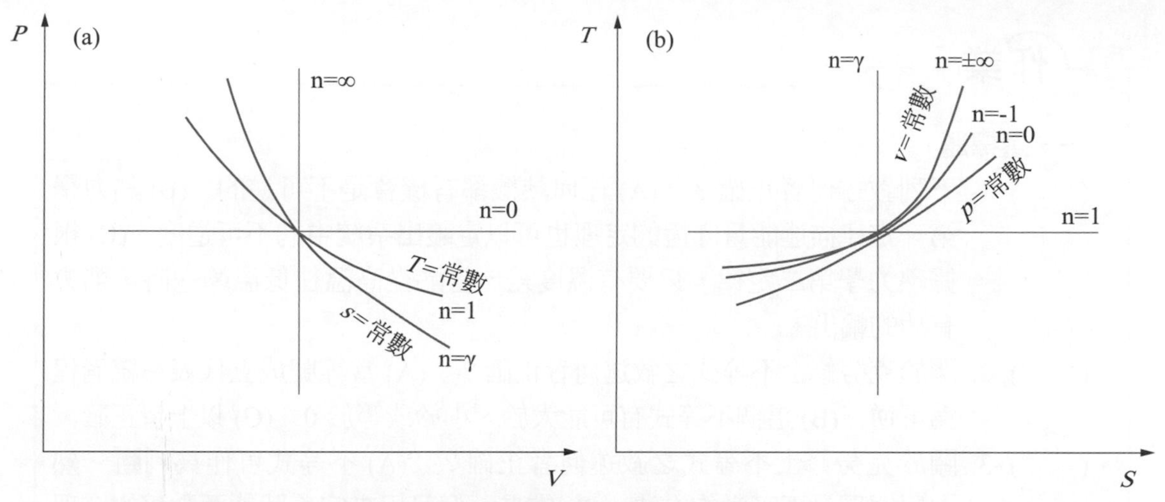

圖 5-12　多變過程之 (a)p-v 與 (b)T-s 圖

本章小結

在本章中闡述了熱力學第二定律的觀念延伸以及熵的用途，從克勞修士不等式開始導引出不可逆的強度，並且定義出熵這一個性質，這個新物理量主要是用來描述，當一個熱力系統在不受外界干擾下，可以自發性發生熱力過程的特性，更要認識到如何使用熵以及為什麼要用熵去做分析。增熵原理告訴我們在一個孤立系統中會自動趨向於平衡，當平衡到達時熵的變化量會趨近於零而且熵也不會無窮盡增加。

$$S = k \ln \Omega \tag{5-58}$$

在微觀物理中熵也可以用來形容無序 (disorder) 的程度，透過波茲曼關係式 (5-58) 可以展現出熵與特定巨觀狀態下粒子有可能的微觀狀態數目的關係或稱之為熱力機率 (thermodynamic probability)(Ω)，其中 k 為波茲曼常數 (Boltzmann constant)($1.38064852 \times 10^{-23}$ J/K)。

作業

一、選擇題

( ) 1. 下列敘述何者正確？ (A) 任何熱機都有機會是不可逆的 (B) 熱力學第一定律描述能量守恆的定理也可以定義出系統中的不可逆度 (C) 根據熱力學第二定律，只要有溫度差，當熱從高溫往低溫輸送時，則會有功的輸出。

( ) 2. 關於克勞修士不等式之敘述何者正確？ (A) 當等號成立代表系統過程爲可逆 (B) 這個不等式有可能大於、小於或等於 0 (C) 以上皆正確。

( ) 3. 關於克勞修士不等式之敘述何者正確？ (A) 不等式可作爲判斷一熱力學循環是否可逆的方法 (B) 它是一個可用來定義狀態函數熵的定理 (C) 以上皆正確。

( ) 4. 關於克勞修士不等式之敘述：甲、δQ 代表微量熱傳導，吸熱爲負，放熱爲正；乙、T 爲系統的熱力溫度，單位爲 K；丙、循環開始時系統的熵必須等於循環結束時的熵，在不可逆的過程中，熵會在系統中產生，爲了使系統回到原始狀態，必須排除比所增加的熵以使系統恢復到原始狀態。何者正確？ (A) 甲乙 (B) 乙丙 (C) 甲丙。

( ) 5. 關於熵之敘述：甲、熵是一個狀態函數；乙、物質的熵是在某種條件下的數值是利用相對數來表示；丙、熵可以使用儀器輕易的直接量取。何者正確？ (A) 甲乙 (B) 甲丙 (C) 乙丙。

( ) 6. 關於熵運算之敘述：甲、熵是物質的內延性質；乙、使用熱力學第一定律微分形式可以將熵與內能及焓整合分析；丙、常見物質在不同壓力與溫度條件下的熵可以透過查表尋得。何者正確？ (A) 甲乙 (B) 甲丙 (C) 乙丙。

( ) 7. 關於增熵定理之敘述：甲、在孤立系統中，熵不是保持恆定就是只能增加；乙、地球可以視爲孤立系統；丙、整個宇宙可以視爲孤立系統。何者正確？ (A) 甲乙 (B) 甲丙 (C) 乙丙。

( ) 8. 關於等熵過程之敘述何者正確？ (A) 等熵過程在實際中不存在 (B) 它是用來分析熱力循環中最佳狀態的工具 (C) 以上皆正確。

( ) 9. 在熱力分析中，如果發現在孤立系統中所發生的過程其熵減少時，此時該如何處置？ (A) 確認計算過程的正確性 (B) 正視並思考分析對象是否無法存在 (C) 以上皆正確。

( ) 10. 關於孤立系統中，增熵定理與過程之敘述：甲、兩杯等重量而溫度不同的水混在一起之後，其熵會增加；乙、當一滴墨水滴到水中時，系統的熵會增加；丙、兩杯等重量而溫度相同的水混在一起之後，其熵會增加。何者正確？ (A) 甲乙 (B) 甲丙 (C) 乙丙。

二、問答題

1. 圖 5-3 所示為狀態 #1 與狀態 #2 之間的熱力過程，其中$\int_1^2 \frac{\delta Q}{T}\bigg|_A = -30\ \text{kJ/K}$且$\int_1^2 \frac{\delta Q}{T}\bigg|_B = 40\text{kJ/K}$，請問由路徑 *A* 與路徑 *B* 所構成的熱力循環是可逆、不可逆還是無法發生？
2. 如果將宇宙視為一個孤立系統，目前當下是否為平衡狀態？我們每天日常生活的所作所為是不是都會使整個宇宙的熵增加？
3. 設想有一個連的部隊共有 108 位士兵於休息時間在草皮上或坐或躺，呈現慵懶分散的狀態；突然哨聲一響部隊集合完畢，每個士兵排排站好成集合隊形，呈現整齊劃一的狀態，請問當哨聲一響之後集合完畢之後，討論整個宇宙的熵的變化。
4. 某活塞系統中有 100℃的飽和水，系統中有一個螺旋槳對內部的水施給功，使得內部的水全部變成 100℃的飽和汽，過程之中活塞可以自由移動，請問需要多少功且熵的變化為何？
5. 延續範例 5-5，在一個孤立系統中有水 600cc，溫度為 20℃，如果瞬間將一個 20 g 重 1000℃的鐵塊放入，假設水與鐵的比熱分別為 4.2 與 0.42 kJ/kg℃，將水與鐵視為不可壓縮，請問混合後的溫度為多少，整個系統中的熵變化為何？
6. 延續範例 5-6，如圖 5-13 所示為一熱交換器，內管流動空氣而封閉式外套中有黏性流體，有一螺旋槳在此黏性流體中攪動而使溫度上升，根據觀察該熱交換器內管空氣從壓力 1 bar 溫度 22℃升溫至 52℃並保持壓力不變，假設系統與外界沒有熱傳且為穩態，整個系統中的熵變化為何？

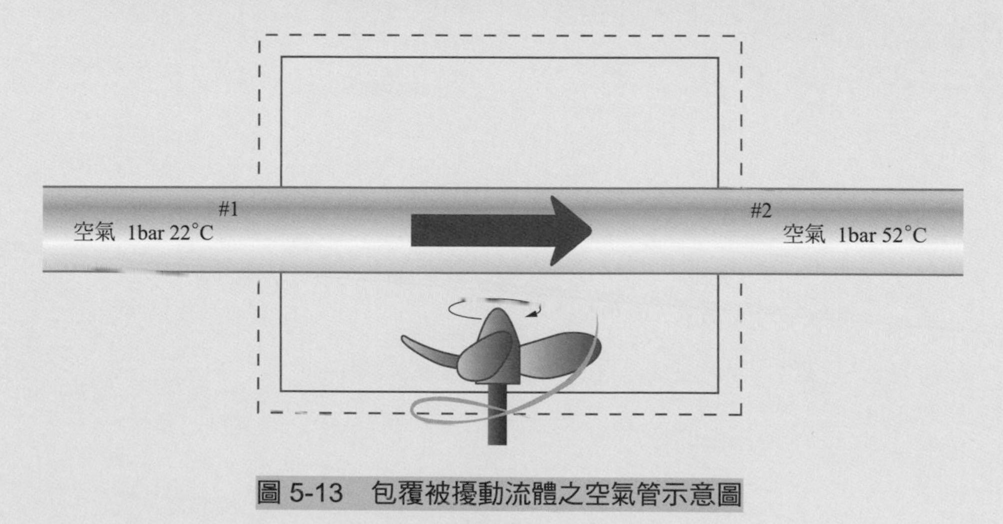

圖 5-13 包覆被擾動流體之空氣管示意圖

可用能

6-0 導讀與學習目標

在熱力學第一定律中我們學到了質量守恆，在熱力學第二定律以及熵的內容中學到了何謂自發性過程以及一個不平衡的孤立系統最終會達到平衡並且達到最大的有限熵，在本章中將整合前述兩個重要的熱力學觀念與學理，進一步分析一套熱力系統究竟可以輸出多少功，有多少能量被浪費，這對於有效地使用能源並且分析出最高效率的策略有很大的幫助，這一種分析被稱之為可用能分析 (Availability or exergy analysis)。

學習重點

1. 認識可用能的定義以及可用能與環境的關係
2. 學習如何計算可用能
3. 封閉與控制體積熱力系統的可用能分析

6-1 可用能的定義

關於可用能，我們從一個封閉的熱力學系統來加以考慮，當一個封閉系統 (closed system) 與環境的性質有差異時，就有輸出功的可能性；該系統開始進行熱力過程，最後該系統 (system) 與環境 (environment) 之間達到平衡時所能輸出的最大功，就稱之爲該系統的可用能 (available energy)。能量守恆暨熱力學第一定律是很重要的觀念，在熱力學第二定律的教材中我們學到，當一個熱力過程存在不可逆性時，總是會損失一少部分的能量且逸散到環境之中，隨著能量的逸散而造成系統熵的增加，不過能量是沒有被消滅的；相反的，可用能會隨著與環境之間逐漸走向平衡而消失，如果當一個系統與環境達到平衡時，該系統的可用能就會降到 0，這個時候的熱力系統的狀態可以稱之爲死態 (dead state)。如果我們只針對能量進行分析是無法完整解決熱力的實際問題，如圖 6-1 所示爲一個均各自儲有能量 100 kJ 的系統，該系統周遭的環境溫度假設都是 27℃。我們首先看圖 6-1(a)，圖中的電瓶所儲存的 100 kJ 可以用來驅動馬達風扇、點亮電燈、甚至啓動汽機車；相對的，如 (b) 所示的水，就算是拿來泡茶都嫌溫度太低，更別說拿來驅動機械裝置，一樣是儲存了 100 kJ 在系統中，爲何有兩種截然不同的狀況？這就是我們要講的可用能的概念。

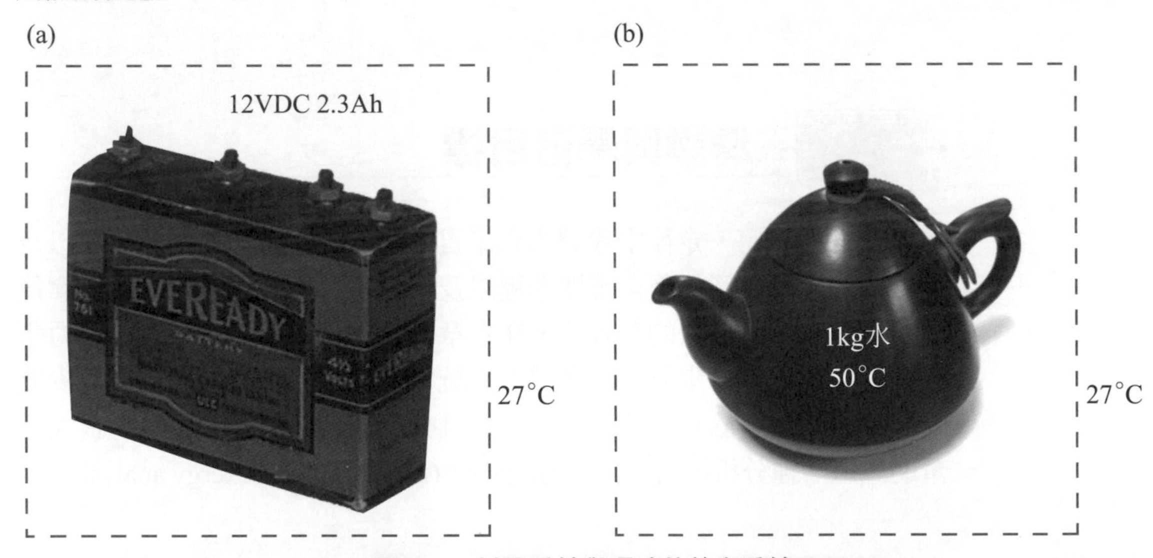

圖 6-1 封閉系統與環境的整合系統

熱力系統的主要功能是要產生功來提供我們應用，我們如果將熱力系統、周邊環境以及我們要探討的可用能 (最大輸出功) 之間的關係用圖 6-2 來表示以進行說明會更加清楚。

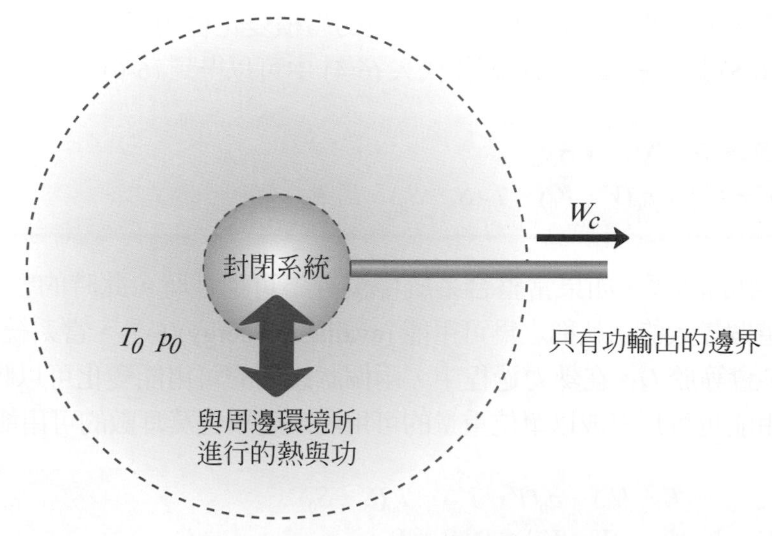

圖 6-2　封閉系統與環境的整合系統

談到環境 (environment) 的特性對於可用能的影響其實非常複雜，因此要進行簡化，一般來說，假設一個環境邊界“足夠大”並且使環境的溫度與壓力都是均勻的，實務上通常就是以壓力 $p_0 = 1$ bar 以及室溫 $T_0 = 25$℃來表示。當環境與其他系統產生作用時，假設存在一個只有功輸出的固定邊界，這個邊界涵蓋了環境以及整個封閉系統，該邊界內的內能、熵與體積因封閉系統進行熱力過程而有所變化，根據 (5-20) 可以將環境的內能變化表示成 (6-1)：

$$\Delta U_{\text{env}} = T_0 \Delta S_{\text{env}} - p_0 \Delta V_{\text{env}} \tag{6-1}$$

若是將前述的熱力系統與周邊的環境一併考慮進去，再應用熱力學第一定律可以將此整合系統描述成 (6-2)：

$$\Delta E_{\text{comb}} = Q_{\text{comb}} - W_{\text{comb}} = -W_{\text{comb}} \tag{6-2}$$

我們再將死態的內能、體積與熵分別表示成 U_0、V_0 與 S_0，則系統的內能變化可以寫成熱力系統的內能變化再加上環境的內能變化，我們再將 (6-1) 代入後可以得到 (6-3)，再將 (6-3) 代回 (6-2) 可以得到功 (6-4)。

$$\Delta E_{\text{comb}} = (U_0 - E) + \Delta U_{\text{env}} = (U_0 - E) + T_0 \Delta S_{\text{env}} - p_0 \Delta V_{\text{env}} \tag{6-3}$$

$$W_{\text{comb}} = (E - U_0) + p_0 \Delta V_{\text{env}} - T_0 \Delta S_{\text{env}} \tag{6-4}$$

在 (6-4) 中環境的熵變化必須由整個整合系統來考量，也就是說整合系統的熵變化包含了熱力系統的變化以及環境的變化，由於整個整合系統邊界上沒有熱傳，因此在系統中只剩下因爲不可逆性所造成的熵增加，所以整合系統的熵變化可以表示成 (6-5)；另外一方面，整合系統的邊界是固定的，所以環境的體積變化會剛好是熱力系統體積變化的負數，因此將 (6-5) 以及體積變化的關係代入 (6-4) 中可以得到 (6-6)。

$$\Delta S_{comb} = (S_0 - S) + \Delta S_{env} = \sigma_{comb} \tag{6-5}$$

$$W_{comb} = (E - U_0) + p_0(V - V_0) - T_0(S - S_0) - T_0\sigma_{comb} \tag{6-6}$$

考量 (6-6) 中的關係，如果當整合系統中沒有不可逆性時，此時的整合系統可以輸出最大的功，這個最大的功就稱之爲可用能 (available energy)(6-7)，當系統不考慮動能與重力位能時，E 會等於 U。在熱力過程中，兩個狀態間的可用能變化可以將 (6-7) 改寫成 (6-8)；當然可用能也可以寫成以單位重量的可用能或是單位莫耳數的可用能。

$$A = W_{comb,max} = (E - U_0) + p_0(V - V_0) - T_0(S - S_0) \tag{6-7}$$

$$\begin{cases} A_1 = (E_1 - U_0) + p_0(V_1 - V_0) - T_0(S_1 - S_0) \\ A_2 = (E_2 - U_0) + p_0(V_2 - V_0) - T_0(S_2 - S_0) \end{cases}$$

$$\Rightarrow A_2 - A_1 = (E_2 - E_1) + p_0(V_2 - V_1) - T_0(S_2 - S_1) \tag{6-8}$$

範例 6-1

有一密閉容器中裝有壓力 8 bar，溫度為 1000 K 的空氣，在不考慮重力的情況下，請問其可用能為何？假設環境溫度為 $T_0 = 300$ K，壓力 $p_0 = 1$ bar。

解 先將 (6-7) 寫成單位重量的公式，不考慮動能與重力位能且假設空氣為理想氣體。

$$a = (u - u_0) + p_0(v - v_0) - T_0(s - s_0)$$

首先我們先在附錄 C-1 中查詢溫度 1000 K 與 300 K 的空氣內能：

$u = 758.94$，$u_0 = 214.07 \Rightarrow u - u_0 = 758.94 - 214.07 = 544.87$ kJ/kg

由於是理想氣體，所以：$p_0 v_0 = \dfrac{\overline{R}}{M} T_0 \quad pv = \dfrac{\overline{R}}{M} T$

$$p_0(v - v_0) = p_0\left(\frac{\overline{R}T}{Mp} - \frac{\overline{R}T_0}{Mp_0}\right) = \frac{\overline{R}}{M}\left(\frac{p_0}{p}T - T_0\right) = \frac{8.314}{28.97}\left(\frac{1}{8}1000 - 300\right) = -50.22 \text{ kJ/kg}$$

關於熵必須使用 (5-58)，並且在附錄 C-1 中查詢

$$T_0(s - s_0) = T_0\left[s^0(T) - s^0(T_0) - R\ln\frac{p}{p_0}\right] = 300\left[2.96770 - 1.70203 - \frac{8.314}{28.97}\ln\frac{8}{1}\right]$$

$$= 200.67 \text{ kJ/kg}$$

$$\Rightarrow a = (u - u_0) + p_0(v - v_0) - T_0(s - s_0) = 544.87 - 55.22 - 200.67 = 288.98 \text{ kJ/kg}$$

隨堂練習

可用能與環境有很大的關係，延續範例 6-1，相同的密閉容器，如果是放置在環境溫度 230K，壓力 1bar 的環境下，其可用能爲何？

系統中內能的變化可以依照熱力學第一定律寫成 (6-9)，回顧 (5-40) 並且將 (6-9) 與 (5-40) 代入 (6-8) 中可以得到 (6-10)，在 (6-10) 中的第一項屬於隨著熱傳所發生的可用能移轉、第二項則是隨著功的作用所發生的可用能移轉，最後一項則是稱爲不可逆度 (irreversibility)，不可逆度的增加會導致可用能的減少，不可逆度的值一定是大於等於 0。

$$E_2 - E_1 = \int_1^2 \delta Q - W \tag{6-9}$$

$$A_2 - A_1 = (E_2 - E_1) + p_0(V_2 - V_1) - T_0(S_2 - S_1)$$

$$= \int_1^2 \delta Q - W + p_0(V_2 - V_1) - T_0\left(\int_1^2 \left(\frac{\delta Q}{T}\right)_{\text{boundary}} + \sigma\right)$$

$$= \int_1^2 \left(1 - \frac{T_0}{T_{\text{boundary}}}\right)\delta Q - [W - p_0(V_2 - V_1)] - T_0\sigma \tag{6-10}$$

$$\frac{dA}{dt} = \sum_j \left(1 - \frac{T_0}{T_j}\right)\dot{Q}_j - \left(\dot{W} - p_0\frac{dV}{dt}\right) - T_0\dot{\sigma} \tag{6-11}$$

範例 6-2

如圖 6-3 所示，某一熱交換器的壁面接觸溫度 1000 K 的工作流體，另外一面接觸 500 K 的工作流體，如果熱傳通量為 50 kJ/m，請問進行如此的熱傳導時，單位長度的壁面所產生的不可逆度為何？假設環境溫度為 $T_0 = 300$ K，壓力 $p_0 = 1.014$ bars。

解 參考方程式 (6-11)，假設該熱交換器系統穩態，所以可以將 (6-11) 寫成：

$$0 = \left(1 - \frac{T_0}{T_{\text{in}}}\right)\dot{Q}_{\text{in}} - \left(1 - \frac{T_0}{T_{\text{out}}}\right)\dot{Q}_{\text{out}} - \dot{I}$$

$$0 = \left(1 - \frac{300}{1000}\right)50 - \left(1 - \frac{300}{500}\right)50 - \dot{I}$$

$$\dot{I} = 35 - 20 = 15 \text{ kJ/m}$$

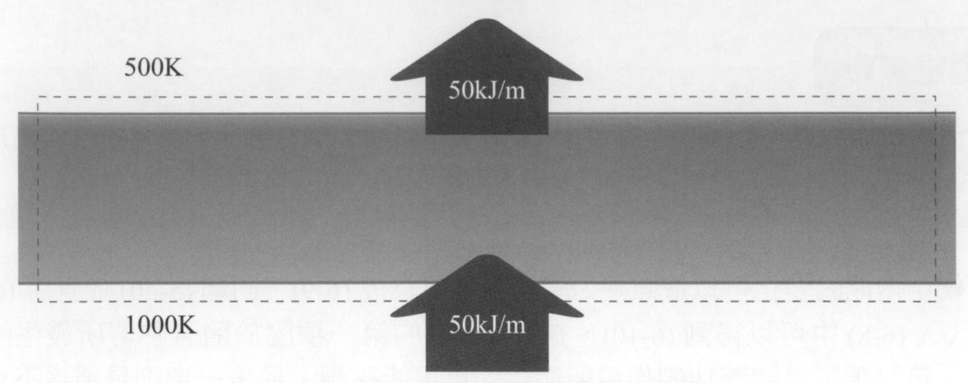

圖 6-3 某一熱交換器的壁面之熱傳導

隨堂練習

延續範例 6-2，如果該熱傳是在 999K 與 1000K 中進行而環境條件都一樣時，且熱通量一樣時，不可逆度爲何？

即使是單純通過邊界發生熱傳，可用能會在此過程中發生可用能減少的情況，而可用能減少的多寡與溫度的差異以及熱傳量都有關係。

如果綜整熱力學第一定律的觀念、熵的觀念以及可用能的觀念，面對一個很簡單從高溫往低溫的邊界熱傳，我們可以用圖 6-4 來表示。

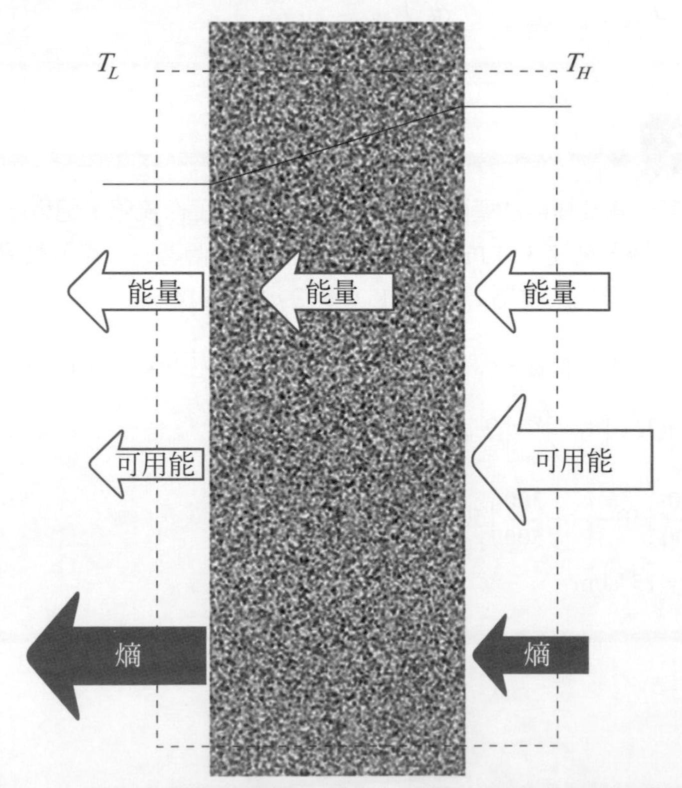

圖 6-4 簡單邊界熱傳過程中溫度、能量、熵與可用能的變化

範例 6-3

有一活塞系統中裝有 100℃的飽和水，活塞可以自由移動，有兩個場合需要進行討論：(a) 可逆過程並藉由熱傳；(b) 絕熱並且藉由螺旋槳作功，使得活塞系統中的飽和水變成飽和蒸汽，假設活塞中的溫度與壓力都保持固定，請問其可用能變化為何？透過熱傳與透過螺旋槳作功的可用能轉換為何？假設環境溫度為 $T_0 = 300$ K，壓力 $p_0 = 1.014$ bars。

解 可用能變化：

$$\Delta a = (u_g - u_f) + p_0(v_g - v_f) - T_0(s_g - s_f)$$

$$= (2506.5 - 418.94) + \frac{1.014 \times 10^5 (1.673 - 1.0435 \times 10^{-3})}{1000} - 300(7.3549 - 1.3069)$$

$$= 2087.56 + 169.5363 - 1814.4$$

$$= 442.6963 \text{ kJ/kg}$$

(a) 藉由熱傳

我們在剛剛所計算的內能變化是 2087.56kJ/kg，不過當活塞移動時會有功產生，所先把功計算出來才能算出有多少熱傳。

$$\frac{W}{m} = \frac{1.014 \times 10^5 (1.673 - 1.0435 \times 10^{-3})}{1000} = 169.5363 \text{ kJ/kg}$$

總需要熱傳為 2087.56 + 169.5363 = 2257.10 kJ/kg，所以藉由熱傳的可用能變化：

$$\left(1 - \frac{T_0}{T}\right)\frac{Q}{m} = \left(1 - \frac{300}{373.15}\right)2257.10 = 442.47 \text{ kJ/kg}$$

要注意的是，在可逆過程中，並不會有不可逆度存在，所以可用能的變化會全部由熱傳所造成的可用能變化所達成，理論上前面所計算出來的可用能變化為 442.6393 而後者為 442.47，其差距主要是來自於查表與計算所產生的微小誤差。

(b) 藉由作功

如果是藉由絕熱而由螺旋槳作功，則需要對系統作功 2087.56 kJ/kg，所以藉由作功所造成的可用能變化：

$$\frac{W}{m} = p_0(v_g - v_f) = \frac{-2087.56 - 1.014 \times 10^5 (1.673 - 1.0435 \times 10^{-3})}{1000} = 2257.10 \text{ kJ/kg}$$

不可逆度

$$\frac{I}{m} = -442.6393 - (-2257.10) = 1814.46 \text{ kJ/kg}$$

不可逆度也可以用

$$\frac{I}{m} = T_0 \frac{\sigma}{m} = 300(7.3459 - 1.3069) = 1811.7 \text{ kJ/kg}$$

其差距主要是來自於查表與計算所產生的微小誤差。

6-2 控制體積的可用能

與控制體積中的質量、能量與功的分析類似，我們可以將控制體積中流動可用能整理成 (6-12)，其中內能的部分改變成焓 (內能加上流功)，在控制體積中的可用能變化可以寫成 (6-13) 而兩個狀態之間的可用能變化可以寫成 (6-13)，(6-14) 與 (6-11) 最大的差別在於 (6-13) 中多了流動可用能的進出入。

$$a_f = h - h_0 - T_0(s - s_0) + \frac{\widetilde{V}^2}{2} + gz \tag{6-12}$$

$$a_{f,1} - a_{f,2} = h_1 - h_2 - T_0(s_1 - s_2) + \frac{\widetilde{V}_1^2 - \widetilde{V}_2^2}{2} + g(z_1 - z_2) \tag{6-13}$$

$$\frac{dA}{dt} = \sum_j \left(1 - \frac{T_0}{T_j}\right)\dot{Q}_j - \dot{W} + \sum_{\text{in}} \dot{m}_{\text{in}} a_{f,\text{in}} - \sum_{\text{out}} \dot{m}_{\text{out}} a_{f,\text{out}} - \dot{I} \tag{6-14}$$

$$\dot{I} = T_0 \dot{\sigma} \tag{6-15}$$

範例 6-4

有一蒸氣渦輪系統如圖 6-5 所示，假設蒸氣進入渦輪系統時的壓力是 30 bar、溫度 440℃、流體速度為 180 m/s；蒸氣離開渦輪系統時成為 100℃的飽和蒸汽，其速度為 90m/s。整個渦輪系統可以產生 630 kJ/kg 的功，假設渦輪系統邊界為 260℃，周圍環境的溫度與壓力分別為 25℃與 1 bar。求可用能的變化以及可用能的消失 (不可逆度)。

解 如圖 6-5 所示為蒸氣經過本渦輪系統狀態變化的溫熵圖，探討可用能的變化以及可用能的消失，我們必須先知道該系統的熱傳量以及熵的變化，此時必須使用熱力學第一定律加以計算。假設本系統為穩態而且不考慮重力位能的差異，我們可以使用 (3-26) 並且加以簡化：

$$\frac{dE}{dt} = \dot{Q} - \dot{W} + \sum_{\text{in}} \dot{m}_{\text{in}} \left(h_{\text{in}} + \frac{\widetilde{V}_{\text{in}}^2}{2} + gz_{\text{in}}\right) - \sum_{\text{out}} \dot{m}_{\text{out}} \left(h_{\text{out}} + \frac{\widetilde{V}_{\text{out}}^2}{2} + gz_{\text{out}}\right)$$

$$\Rightarrow \frac{\dot{Q}}{m} = \frac{\dot{W}}{m} + (h_{\text{out}} - h_{\text{in}}) + \frac{1}{2}(\widetilde{V}_{\text{out}}^2 - \widetilde{V}_{\text{in}}^2)$$

經過附錄 A-1 與 A-3 查表可得熱傳與焓的變化

$$\frac{\dot{Q}}{m} = 630\frac{\text{kJ}}{\text{kg}} + (2676.1 - 3321.5)\frac{\text{kJ}}{\text{kg}} + \frac{1}{2}\frac{(90^2 - 180^2)}{1000}\frac{\text{kJ}}{\text{kg}} = -27.55\frac{\text{kJ}}{\text{kg}}$$

$$s_{out} - s_{in} = 7.3549 - 7.0520 = 0.3029 \text{ kJ/kg} \cdot \text{K}$$

可用能變化使用 (6-13) 加以計算

$$a_{f,\text{in}} - a_{f,\text{out}} = h_{\text{in}} - h_{\text{out}} - T_0(s_{\text{in}} - s_{\text{out}}) + \frac{\tilde{V}_{\text{in}}^2 - \tilde{V}_{\text{out}}^2}{2}$$

$$= \frac{3321.5 - 2676.1 - 298(-0.3029) + 0.5(180^2 - 90^2)}{1000} = 747.8142 \text{ kJ/kg}$$

不可逆度可以從 (6-14) 加以計算

$$\frac{dA}{dt} = \sum_j \left(1 - \frac{T_0}{T_j}\right)\dot{Q}_j - \dot{W} + \sum_{\text{in}} \dot{m}_{\text{in}} a_{f,\text{in}} - \sum_{\text{out}} \dot{m}_{\text{out}} a_{f,\text{out}} - \dot{I}$$

$$\frac{\dot{I}}{\dot{m}} = \left(1 - \frac{T_0}{T}\right)\frac{\dot{Q}}{\dot{m}} - \frac{\dot{W}}{\dot{m}} + a_{f,\text{in}} - a_{f,\text{out}}$$

$$= \left(1 - \frac{298}{533}\right)(-27.55) - 630 + 747.8142 = 105.6674 \text{ kJ/kg}$$

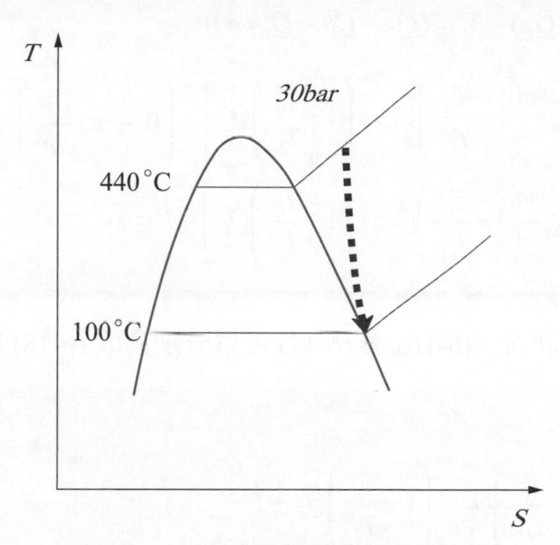

圖 6-5 蒸氣渦輪機狀態變化 T-s 圖

6-3 第二定律效率

我們在之前有提到效率的定義，以熱機系統來說其熱效率爲輸出功與淨熱傳的比值，在之前也有提到使用熱力學溫標來界定一個熱力系統的最高效率，一旦越過最高效率就會違反熱力學第二定律；而在本段文中將以可用能的觀點來說明第二定律。如果我們將一個熱力系統進行簡化，如圖 6-6 所示，在系統邊界上只剩下熱源熱傳輸入系統邊界 (Q_S)、邊界熱散失 (Q_L)、使用端邊界被使用的熱傳 (Q_U)，這些對應邊界的溫度分別爲 T_S、T_L 與 T_U，另外假設該系統沒有對外作功，系統中的能量變化以及可用能的變化分別可以用 (6-16) 以及 (6-17) 來加以表示。

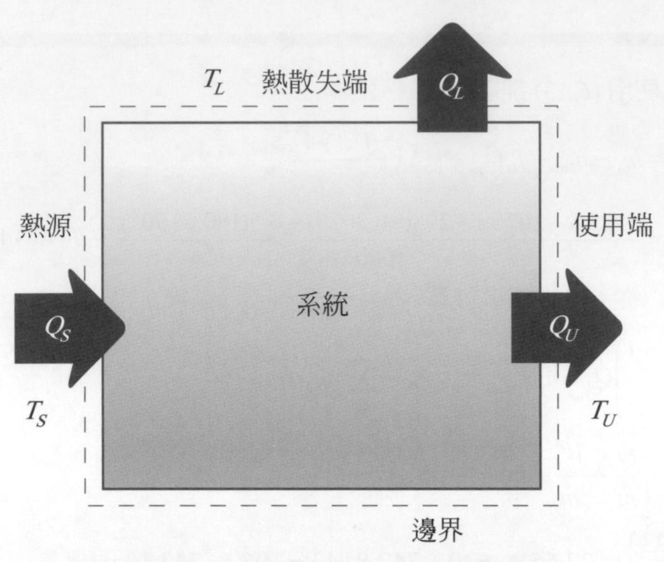

圖 6-6　以熱傳描述熱力系統關係圖

$$\frac{dE}{dt}=(\dot{Q}_S-\dot{Q}_U-\dot{Q}_L)-\dot{W}=(\dot{Q}_S-\dot{Q}_U-\dot{Q}_L)=0 \tag{6-16}$$

$$\frac{dA}{dt}=\left[\left(1-\frac{T_0}{T_S}\right)\dot{Q}_S-\left(1-\frac{T_0}{T_U}\right)\dot{Q}_U-\left(1-\frac{T_0}{T_L}\right)\dot{Q}_L\right]-\left[W-p_0\frac{dV}{dt}\right]-\dot{I}$$

$$=\left[\left(1-\frac{T_0}{T_S}\right)\dot{Q}_S-\left(1-\frac{T_0}{T_U}\right)\dot{Q}_U-\left(1-\frac{T_0}{T_L}\right)\dot{Q}_L\right]-\dot{I}=0 \tag{6-17}$$

假設系統是穩態的狀況，(6-16) 與 (6-17) 可以分別寫成 (6-18) 與 (6-19)：

$$\dot{Q}_S=\dot{Q}_U+\dot{Q}_L \tag{6-18}$$

$$\left(1-\frac{T_0}{T_S}\right)\dot{Q}_S=\left(1-\frac{T_0}{T_U}\right)\dot{Q}_U-\left(1-\frac{T_0}{T_L}\right)\dot{Q}_L+\dot{I} \tag{6-19}$$

回到最初對於效率的定義可以寫成 (6-20)，不過如果是以可用能的觀念來加以定義，則該效率應該是以伴隨熱源熱傳進系統的可用能作為分母，使用端熱傳出可用能作為分子，因此可以將新的效率 (Ξ) 定義寫成 (6-21)，並且可以連結原先熱效率與使用可用能來定義效率的關係。

$$\eta = \frac{\dot{Q}_U}{\dot{Q}_S} \tag{6-20}$$

$$\Xi = \frac{\left(1-\frac{T_0}{T_U}\right)\dot{Q}_U}{\left(1-\frac{T_0}{T_S}\right)\dot{Q}_S} = \frac{\left(1-\frac{T_0}{T_U}\right)}{\left(1-\frac{T_0}{T_S}\right)}\eta \tag{6-21}$$

範例 6-5

某家用熱水器燃燒天然氣 (甲烷低熱值 50 MJ/kg，並且假設燃燒溫度為 2200 K)，假設出水流量 (比熱 4.18 kJ/kgK) 為每分鐘 16 公升，初始溫度為 25℃上升到溫度為 55℃；在此情況下天然氣每分鐘消耗 0.05 公斤，假設環境溫度 27℃，請問該熱水器的第二定律效率與熱效率的關係？

解 首先計算水溫上升所需要的能量

$$\dot{H} = \dot{m}sT = 16\frac{L}{\text{min}} \times \frac{1}{60}\frac{\text{min}}{\text{sec}} \times 1\frac{\text{kg}}{L} \times 4.18\frac{\text{kJ}}{\text{kg}\cdot\text{K}} \times (328-298)\text{K} = 33.4\ \text{kJ/sec}$$

天然氣輸入能量

$$0.05\frac{\text{kg}}{\text{min}} \times \frac{1}{60}\frac{\text{min}}{\text{sec}} \times 50\frac{\text{MJ}}{\text{kg}} = 41.67\frac{\text{kJ}}{\text{sec}}$$

因此熱效率

$$\eta = \frac{\dot{Q}_U}{\dot{Q}_S} = \frac{33.4}{41.67} = 80.15\%$$

假設天然氣的火焰溫度為 2200 K，再將數值代入 (6-21) 中

$$\Xi = \frac{\left(1-\frac{T_0}{T_U}\right)}{\left(1-\frac{T_0}{T_S}\right)}\eta = \frac{1-\frac{300}{328}}{1-\frac{300}{2200}}\eta = 0.098\eta = 0.098 \times 0.8015 = 7.85\%$$

隨堂練習

利用第二定律效率來解釋爲何超臨界燃煤電廠會比較節省燃料？

為了討論使用端的溫度對於第二定律效率的關係，我們將 (6-21) 繪製成圖 6-7，假設環境溫度為 300 K 且以燃燒溫度 2200 K 的甲烷進行說明，另外在圖面上也標定了幾個工業上的應用。從這張圖可以告訴我們如果熱力系統要將可用能轉移到使用端的比例越高，則使用端的溫度必須得越接近熱源溫度。更具體地來講，一樣是燃燒天然氣，如果是將天然氣用來製造 200℃的蒸氣，這些蒸氣可以用來推動渦輪機並產生功或是電力，也代表著這些工作流體就有較大的可用能；反過來說，如果是用來加熱 55℃的熱水，這些熱水是否還可以拿來作功？從這一點就可以看出第二定律效率所描述的物理現象。

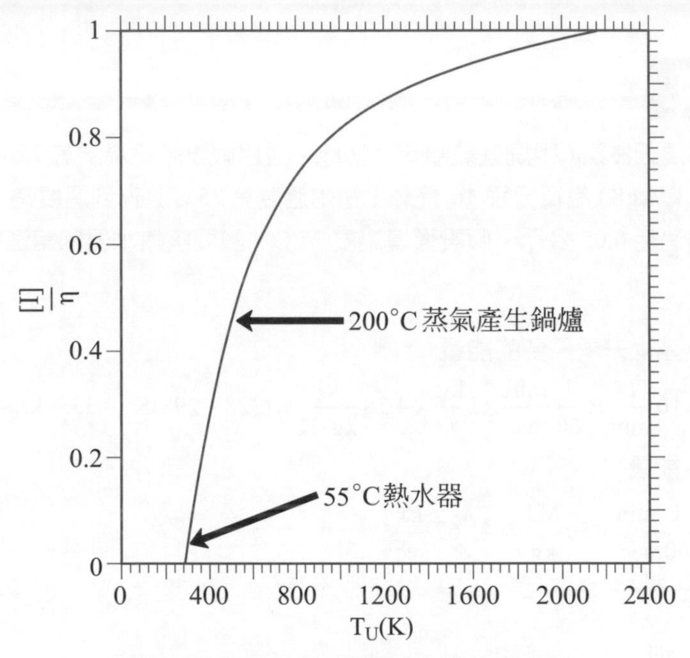

圖 6-7　第二定律效率與熱效率關係圖

本章小結

在本章中告訴我們一個很重要的觀念，光是做能量分析並無法完整的呈現一個熱力系統的功能，一個熱力系統究竟會產生多少功主要與系統本身的特性與環境的狀態有關係。透過本章也介紹了第二定律效率，第二定律效率是以可用能為出發點所導因出來的系統參數，這個參數告訴我們：熱力系統要將可用能轉移到使用端的比例越高，則使用端的溫度必須得越接近熱源溫度；第二定律效率的數值不會大於 100%，因此可以用來評斷一個熱力系統究竟在熱效率上到底還有多少的可改善空間。

作業

一、選擇題

( ) 1. 下列敘述何者正確？ (A) 當一個封閉系統與環境的性質有差異時，就有輸出功的可能性 (B) 系統開始進行熱力過程，最後該系統與環境之間達到平衡時所能輸出的最大功，就稱之爲該系統的可用能 (C) 以上皆正確。

( ) 2. 關於可用能的敘述下列敘述何者正確？ (A) 當一個系統與環境達到平衡時，該系統的可用能就會降到 0，這個時候的熱力系統的狀態可以稱之爲死態 (B) 可用能的多寡與環境無關，單純是系統內部的性質 (C) 以上皆非。

( ) 3. 關於可用能之敘述：甲、在過程中能量不會被創造與消滅，但是可用能會；乙、在不可逆系統中，部分能量會散失在環境中而造成可用能增加；丙、等溫過程中，可用能與內能可以交換且不會消失。何者正確？ (A) 甲乙 (B) 甲丙 (C) 乙丙。

( ) 4. 關於可用能之敘述：甲、可用能是獨立的，與環境無關；乙、可用能是一個狀態函數；丙、可用能的破壞可以使用單一消滅方程式描述，不須完整考量整個循環路徑。何者正確？ (A) 甲乙 (B) 甲丙 (C) 乙丙。

( ) 5. 關於熱交換器中可用能變化之敘述：甲、溫差越小可用能消失越小；乙、溫差越大可用能消失越小；丙、可用能的破壞與消失與溫差無關。何者正確？ (A) 乙 (B) 甲 (C) 丙。

( ) 6. 關於第二定律效率之敘述下列敘述何者正確？ (A) 第二定律效率不會超過 100% (B) 第二定律效率可以用來判斷一個系統在熱效率上到底還有多少改善空間 (C) 以上皆對。

( ) 7. 下列敘述何者正確？ (A) 一樣重量的 200oC 水氣與 55oC 的熱水，以可用能的觀點來說，前者較高 (B) 相同的系統在較低溫的環境下其可用能越低 (C) 以上皆非。

( ) 8. 在一個活塞系統中有 100oC 飽和水，分別使用可逆熱傳與絕熱螺旋槳輸入能量使其達到飽和蒸氣，下列敘述何者錯誤？ (A) 可用能變化與方法無關 (B) 兩種過程其可用能轉換都是相同的 (C) 以上皆非。

( ) 9. 關於可用能變化之敘述：甲、使用端溫度與第二定律效率無關；乙、使用端溫度越接近熱源溫度則第二定律效率越高；丙、可用能的破壞與消失與溫差無關。何者正確？ (A) 乙 (B) 甲 (C) 丙。

(　　)10. 關於使用超臨界燃煤電廠會比較節省燃料之議題，下列何者正確？(A) 必須將水加壓到超臨界，因此耗費更多能源　(B) 與一般電廠相同，無法減少燃料的消耗　(C) 第二定律效率與使用溫度有關，超臨界電廠的工作流體溫度較高，因此第二定律效率較高。

二、問答題

1. 延續範例 6-1，如果將空氣換成二氧化碳，重新演練一次查表與計算。
2. 可用能是否可能是負值？
3. 假設環境壓力 0.1 MPa，溫度 30℃，試求 6 MPa，500℃的水蒸氣有多少可用能？
4. 延續作業第五章第 5 題，如果假設 T_0 = 300 K，請問其不可逆度為何？
5. 延續範例 6-2，想想看光是一個邊界的熱傳就會發生不可逆度，請問如何可以減少不可逆度的發生？
6. 壓力 30 bar 溫度 400℃的過熱蒸氣經過某球閥後壓力下降到 10 bar，假設過程的焓值不變 (throttling process)，請問其不可逆度為何？(假設環境為 1 大氣壓 25℃)

蒸汽動力循環

7-0 導讀與學習目標

本章將談到使用水做爲工作流體來進行發電或作功的熱力循環，如此的熱力裝置就是我們熟知的蒸汽機，在整個熱力循環過程中，工作流體歷經過熱蒸汽、飽和蒸汽、液汽共存、過冷液以及飽和液的狀態，這種循環又稱之爲朗肯循環 (Rankine Cycle)，在本章中將以朗肯循環爲中心進行介紹，將蒸汽機中的複雜零組件簡化爲理論模型，並藉以進行熱力循環分析，透過這樣的分析可以建立讀者基本的分析技能以奠定相關工程基礎。

學習重點

1. 認識朗肯循環及其基本分析
2. 了解過熱、再熱、蒸氣再生對於朗肯循環的效應
3. 結合可用能的觀念進行分析

7-1 前言

依靠水蒸氣做爲工作流體的機械對人類來說扮演相當重要的角色，自從西元一世紀汽轉球被製造以來 (如圖 7-1 所示)，就一直有使用蒸氣來驅動工具的案例，直到瓦特 (James Watt, 1736-1819) 改良紐康門蒸汽機 (Newcomen steam engine) 之後，許多工廠的人力逐漸被蒸氣所推動的機械所取代，整個影響牽涉到人類社會生活型態的重大改變，又被稱之爲工業革命的開端，自此人類進入蒸汽時代。蒸汽機既然成爲重要的動力來源，爲了取得蒸汽，因此開始以煤炭取代了傳統的木材成爲最重要的燃料。無論是農業、礦業、建築業以及交通運輸也都獲得了很大的改變。以交通運輸來說，在這一段時間，以軌道運輸與蒸汽船的發展最爲突出。1829 年史帝芬森的火箭號 (Rocket)(圖 7-2) 贏得利物浦與曼徹斯特鐵路公司所舉辦的雨丘競賽 (Rainhill Trials)，在當時火箭號並非第一輛蒸氣火車，而是當時贏得獎項的最佳設計。除了鐵路運輸之外，航運上也有了突破性的改變，由美國人羅伯特富爾敦 (Robert Fulton) 於 1807 年製成一艘帶螺旋槳的汽船克勒蒙號 (Clermont)。這艘汽船在哈得遜河上的紐約與奧爾巴尼之間航行，全程 154 英里，只用了 32 小時；當然廣爲人知的鐵達尼號 (RMS Titanic)(圖 7-3) 也是由燃燒煤炭的蒸汽機所驅動，該船共配置兩部往復式四汽缸蒸氣膨脹引擎再搭配一部低壓蒸氣渦輪而共可輸出 46,000 匹馬力的動力。

圖 7-1　汽轉球

圖 7-2 史帝芬森之火箭號蒸汽火車

圖 7-3 鐵達尼號

現代化用來發電的蒸汽機主要是藉由燃燒、核能加熱或者是太陽能加熱將工作流體 (水) 加熱汽化或是達到過熱的狀態，再由蒸氣推動渦輪以驅動發電機，蒸氣經過冷凝器凝結後回到鍋爐內加熱而完成循環，冷凝器通常需要外部冷卻水來進行冷卻，對於水源豐沛的地區來說，直接使用海水或是河水是最方便的做法，不過有些火力發電廠或核能電廠會使用冷卻塔來進行冷卻而減少水源的使用，如圖 7-4 所示，如果我們將各部系統簡化後可以用圖 7-5 來加以簡單表示。在本章中，我們將只針對蒸汽機的核心進行探討，因此我們可以再把系統簡化成如圖 7-6 所示的循環，而描述這種循環的熱力循環稱之爲朗肯循環 (Rankine Cycle)。

圖 7-4　現代化火力發電廠

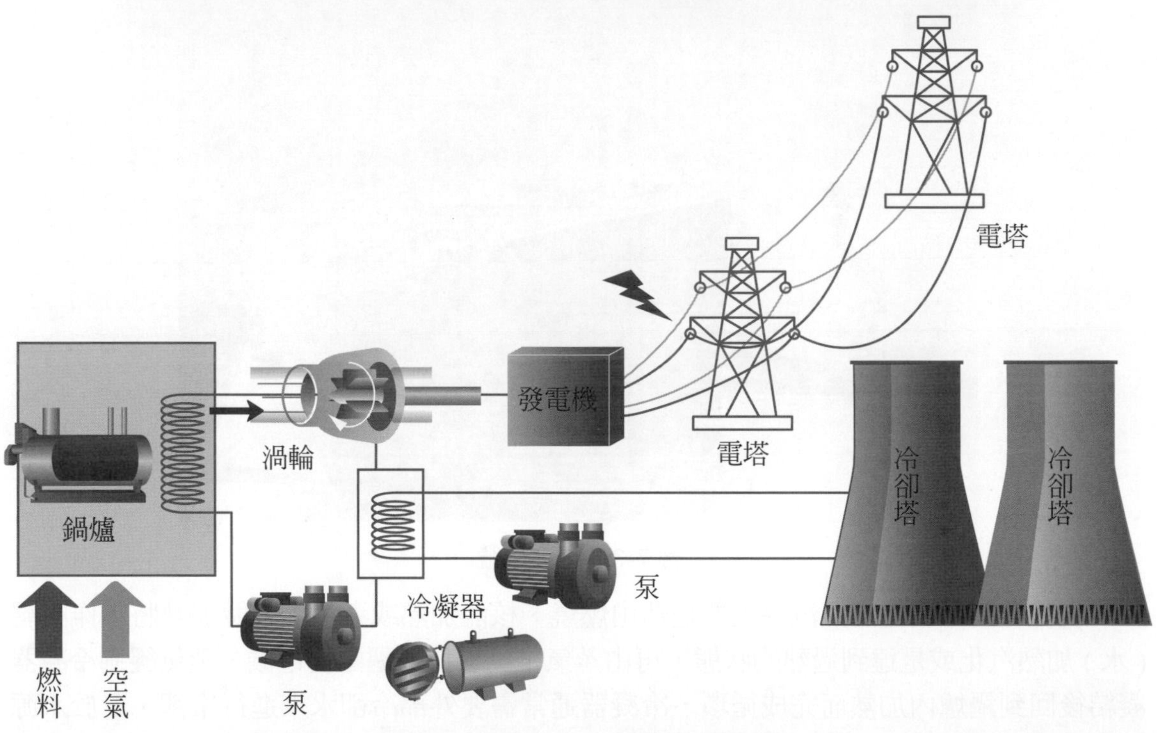

圖 7-5　現代化蒸汽機系統示意圖

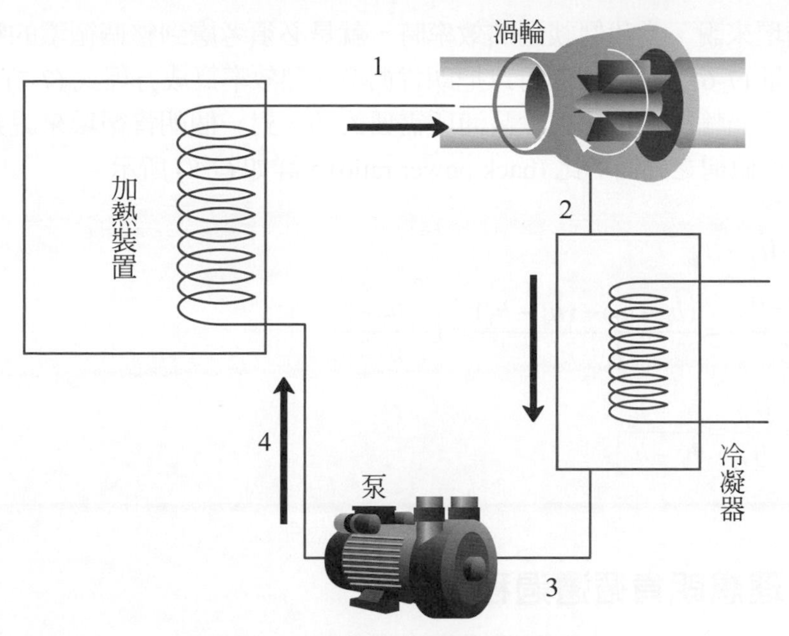

圖 7-6 簡化蒸汽循環系統意圖

7-2 朗肯循環

7-2-1 基本運作原理

在蒸汽循環中，我們將用幾個方程式來描述各個點以及工作流體經過各元件後的能量變化，方程式中的下標所參照的數字就如同圖 7-6 中所標定的數字。針對各個元件來說，我們都可以把它當作是一個控制體積的子系統，這個子系統必須得遵守能量守恆，以渦輪來說，如果我們把渦輪獨立出來成爲一個子系統，在此子系統中爲穩態而且忽略熱傳，不考慮流體速度以及重力位能時，方程式 (3-26) 可以寫成方程式 (7-1)。相同的，我們可以把工作流體在冷凝器的熱傳、泵浦做的功以及在鍋爐內的熱傳分別用 (7-2)、(7-3)、(7-4) 與 (7-5) 來加以表示。對壓縮液態水來說，其比容可以當成定值，所以對於泵浦的功輸入也可以用 (7-5) 來加以計算。

$$\dot{W}_t = \dot{m}(h_1 - h_2) \tag{7-1}$$

$$\dot{Q}_{\text{out}} = \dot{m}(h_2 - h_3) \tag{7-2}$$

$$\dot{W}_p = \dot{m}(h_4 - h_3) \tag{7-3}$$

$$\dot{Q}_{\text{in}} = \dot{m}(h_1 - h_4) \tag{7-4}$$

$$\left.\frac{\dot{W}_p}{\dot{m}}\right|_{\text{等熵}} = v_3(p_4 - p_3) \tag{7-5}$$

對朗肯循環來說，當我們談到熱效率時，就是必須考慮到整個循環的整體功輸出以及所輸入的能量 (7-6)，所以我們可以把朗肯循環的熱效率寫成方程式 (7-7)，所謂的整體功輸出是定義為渦輪的輸出功扣除泵浦所需要的功，對一個朗肯循環來說泵浦所需要的功與輸出功的比值稱之為回功比 (back power ratio)，詳如 (7-8) 所示。

$$\dot{W}_{循環} = \dot{W}_t - \dot{W}_p \tag{7-6}$$

$$\eta = \frac{\dot{W}_t - \dot{W}_p}{\dot{Q}_{\text{in}}} = \frac{(h_1 - h_2) - (h_4 - h_3)}{h_1 - h_4} = 1 - \frac{h_2 - h_3}{h_1 - h_4} \tag{7-7}$$

$$\text{BWR} = \frac{\dot{W}_p}{\dot{W}_t} = \frac{h_4 - h_3}{h_1 - h_2} \tag{7-8}$$

7-2-2 理想朗肯循環過程

如果我們不考慮各元件中的不可逆性以及整個系統與環境的熱散失，我們可以把理想朗肯循環繪製出溫熵圖，如圖 7-7 所示，其中共有四個熱力過程：

(1) 1 → 2：工作流體在渦輪中等熵膨脹到冷凝器的壓力

(2) 2 → 3：在冷凝器中等壓將熱傳遞至外界並且讓工作流體冷凝

(3) 3 → 4：工作流體在泵浦中壓縮到壓縮液態水的狀態

(4) 4 → 1：在鍋爐中等壓將熱傳遞至工作流體並完成整個循環

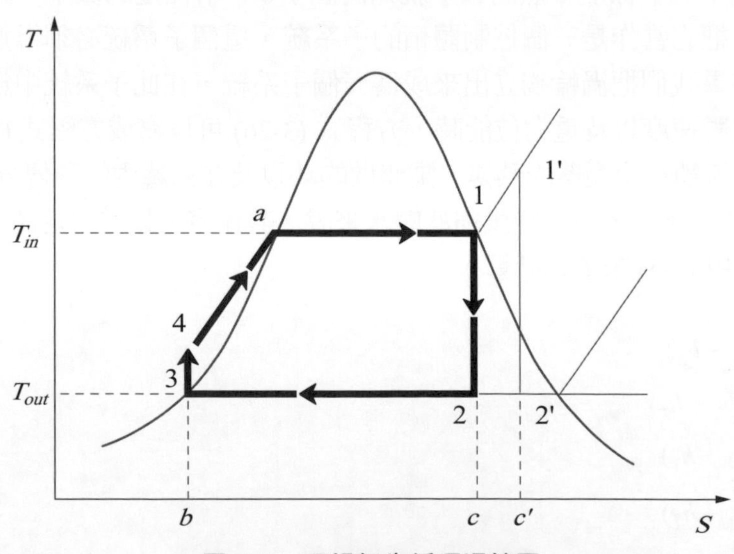

圖 7-7 理想朗肯循環溫熵圖

假設過程可逆，在圖 7-7 中所框下的區域面積具有熱傳量的物理意義，首先我們考慮鍋爐中所輸入的熱傳量，我們可以根據 (5-16) 把該熱傳輸入量表示成 (7-9) 並且把在冷凝器的熱傳輸出表示成 (7-10)，要注意的是，在鍋爐中工作流體的溫度會有所變化，爲了方便描述熱效率我們先用 $\overline{T}_{in}$ 代表鍋爐中的平均溫度，接下來我們就可以將熱效率表示成 (7-11)。

$$\left.\frac{\dot{Q}_{in}}{\dot{m}}\right|_{內可逆} = \int T_{in} ds = \overline{T}_{in}(s_1 - s_4) \tag{7-9}$$

$$\left.\frac{\dot{Q}_{out}}{\dot{m}}\right|_{內可逆} = \int T_{out} ds = \overline{T}_{out}(s_1 - s_4) \tag{7-10}$$

$$\eta = \left.\frac{(Q_{in}/\dot{m}) - (Q_{out}/\dot{m})}{(Q_{in}/\dot{m})}\right|_{內可逆} = 1 - \frac{\overline{T}_{out}}{\overline{T}_{in}} \tag{7-11}$$

如此一來就代表著溫熵所包圍的面積與熱傳量有關，參考圖 7-7 中點 1、c、b、4、a 與 1 所框的面積就代表著鍋爐輸入循環的熱而點 2、c、b、3 與 2 所框的面積就代表著冷凝器中離開循環的熱，因此點 1、2、3、4、a 與 1 所框的面積就代表著功的輸出。既然在溫熵圖中朗肯循環各個熱力狀態所包圍的面積就代表著輸出功的大小，因此我們可以透過鍋爐加熱讓工作流體的溫度達到 1′ 點，如此一來朗肯循環的封閉路徑所包圍的面積就會更大，那就代表著功的輸出功率也會更大。這種將渦輪入口提高到過熱 (superheat) 狀態是一種可以提升效能的方法。如果從 (7-11) 來看，理想朗肯循環與平均鍋爐的溫度以及冷凝器的溫度有關係，當鍋爐的操作壓力越高，其平均溫度也越高 (如圖 7-8 所示)；相反的，如果冷凝器的操作壓力越低則溫度也就越低 (如圖 7-9 所示)，朗肯循環的熱效率就會越高。一組鍋爐的溫度不可能無限制上升，通常會受制於燃燒產物的溫度所限制，當然冷凝器的溫度則會受到環境溫度所限制。

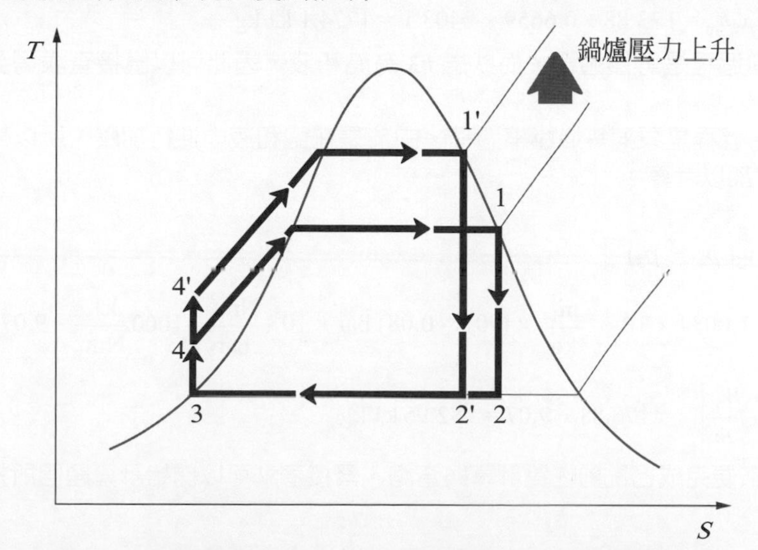

圖 7-8　鍋爐操作壓力上升使平均溫度上升且熱效率增加

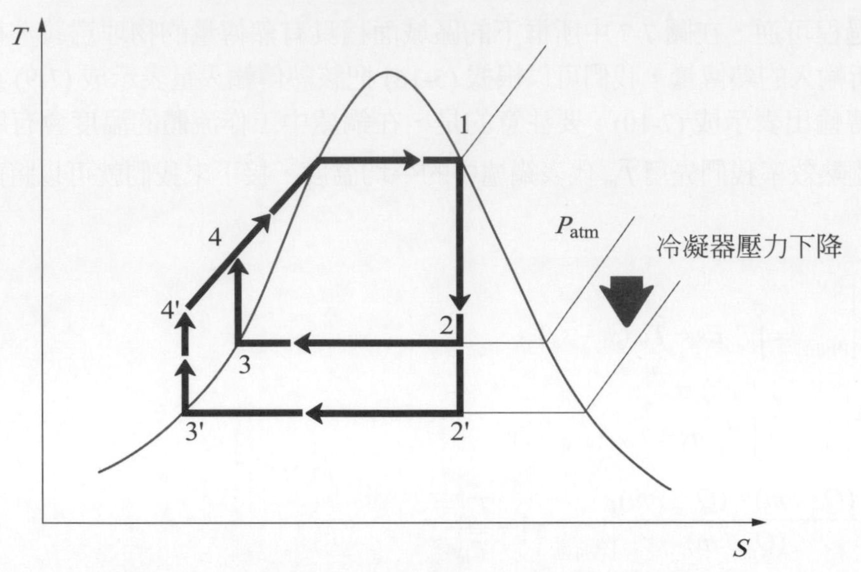

圖 7-9 冷凝器壓力降低使溫度也降低可使熱效率增加

範例 7-1

在某朗肯循環中，90 bar 的飽和蒸汽進入渦輪，在冷凝器中壓力保持在 0.08 bar，如果該循環可以輸出 100 MW，且經過渦輪與泵浦的過程為等熵過程，求該循環的熱效率、回功比、蒸氣流量、鍋爐的熱傳量、冷凝器的熱傳量，冷凝器的冷卻水進水口 20℃，如果要保持出水口的水溫不超過 30℃則冷卻水流量應該要多大？

解 參考圖 7-10 中 1 → 2 → 3 → 4 → a → 1 的循環，首先從附錄 A-2 查詢 90 bar 飽和汽的特性 $h_1 = 2742.1$ kJ/kg，$s_1 = 5.6772$ kJ/kgK。

1 → 2 的過程是等熵過程，因此從壓力 0.08bar 中進行內插求得 #2 的乾度。

$$x_2 = \frac{5.6772 - 0.5926}{8.2287 - 0.5926} = 0.6659$$

$$h_2 = h_f + x_2 h_{fg} = 173.88 + 0.6659 \times 2403.1 = 1774.1 \text{ kJ/kg}$$

2 → 3 的過程是等壓過程，而狀態 #3 為飽和液，因此可以直接查表得到 $h_3 = 173.88$ kJ/kg。

3 → 4 的過程是泵浦等熵壓縮過程，由於是在飽和液中進行加壓，所以輸入的功可以用 (7-5) 加以計算：

$$\left.\frac{\dot{W}_p}{\dot{m}}\right|_{熵} = v_3(p_4 - p_3)$$

$$= 1.0084 \times 10^{-3}\ \frac{\text{m}^3}{\text{kg}} \times (90 - 0.08)\ \text{bar} \times 10^5\ \frac{\text{Nm}^2}{\text{bar}} \div 1000\ \frac{\text{kJ}}{\text{Nm}} = 9.07 \text{ kJ/kg}$$

$$h_4 = h_3 + \left.\frac{\dot{W}_p}{\dot{m}}\right|_{熵} = 173.88 + 9.07 = 182.95 \text{ kJ/kg}$$

如此一來便完成各點的性質計算與查詢，緊接著就可以開始計算題目所指定的各個參數。

(a) 熱效率

使用方程式 (7-7)

$$\eta = 1-\frac{h_2-h_3}{h_1-h_4} = 1-\frac{1774.1-173.88}{2742.1-182.95} = 0.3747 = 37.47\%$$

(b) 回功比

使用方程式 (7-8)

$$\text{BWR} = -\frac{h_4-h_3}{h_1-h_2} = \frac{182.95-173.88}{2742.1-1774.1} = 9.37\times10^{-3} = 0.93\%$$

(c) 蒸氣流量

方程式 (7-1) 與 (7-6) 可以寫成

$$\frac{\dot{W}_t}{\dot{m}} = (h_1-h_2) = 2742.1-1774.1 = 968 \text{ kJ/kg}$$

$$\frac{\dot{W}_{循環}}{\dot{m}} = \frac{\dot{W}_t}{\dot{m}} - \frac{\dot{W}_p}{\dot{m}} = 968-9.07 = 958.93 \text{ kJ/kg}$$

本朗肯循環的總功輸出為 100 MW(MJ/s)，所以可以反推出工作流體的流量：

$$\dot{m} = 100000 = \frac{\text{kJ}}{\text{s}} \div 958.93\frac{\text{kJ}}{\text{kg}} = 104.28\frac{\text{kg}}{\text{s}}$$

(d) 鍋爐的熱傳量

使用方程式 (7-4)

$$\dot{Q}_{\text{in}} = \dot{m}(h_1-h_4) = 104.28\frac{\text{kg}}{\text{s}}(2742.1-182.95)\frac{\text{kJ}}{\text{kg}} = 266868.2\frac{\text{kJ}}{\text{s}} = 266.87 \text{ MW}$$

(e) 冷凝器的熱傳量

使用方程式 (7-2)

$$\dot{Q}_{\text{out}} = \dot{m}(h_2-h_3) = 104.28\frac{\text{kg}}{\text{s}}(1774.1-173.88)\frac{\text{kJ}}{\text{kg}} = 166870.94\frac{\text{kJ}}{\text{s}} = 166.87 \text{ MW}$$

(f) 冷凝器的冷卻水流量

除了使用比熱與溫差加以計算水溫上升的吸熱變化之外，我們也可以利用附錄 A-2 來進行查表以查出不同飽和水在 20℃與 30℃的焓並且進而反推冷卻水的流量。

$$\dot{m}_{\ cooling} = 166870.94\frac{\text{kJ}}{\text{s}} \div (125.79-83.96) = 3989.26\frac{\text{kJ}}{\text{s}} \cong 14361.4\frac{\text{ton}}{\text{hr}}$$

朗肯循環的計算分析雖然較為繁瑣，但是都有標準的程序與解法可以依循，只要按部就班小心地計算一定可以把題目正確地解出。

7-2-3 朗肯循環的不可逆度

在朗肯循環中，我們僅考慮渦輪與泵浦的不可逆度，排除了渦輪對外的熱傳之外，實際的蒸氣絕熱膨脹都會伴隨著熵的增加；另外一方面，泵浦在運作時也會因爲摩擦的因素使得過程會有熵的增加，如果將熵的增加考慮到理想朗肯循環中，我們就可以把朗肯循環繪製成圖 7-10 所示，所以 1 → 2 的過程會被 1 → 2′ 所取代而 3 → 4 的過程會被 3 → 4′ 所取代，進行熱力分析時，渦輪的等熵效率與泵浦的等熵效率分別可以使用 (7-12) 與 (7-13) 來表示。

$$\eta_t = \frac{h_1 - h_{2'}}{h_1 - h_2} \tag{7-12}$$

$$\eta_p = \frac{h_4 - h_3}{h_{4'} - h_3} \tag{7-13}$$

$$\eta_p = \frac{\left.\dfrac{\dot{W}_p}{\dot{m}}\right|_{\text{等熵}}}{\left.\dfrac{\dot{W}_p}{\dot{m}}\right|_{\text{real}}} \Rightarrow \left.\frac{\dot{W}_p}{\dot{m}}\right|_{\text{real}} = \frac{v_3(p_4 - p_3)}{\eta_p} \tag{7-14}$$

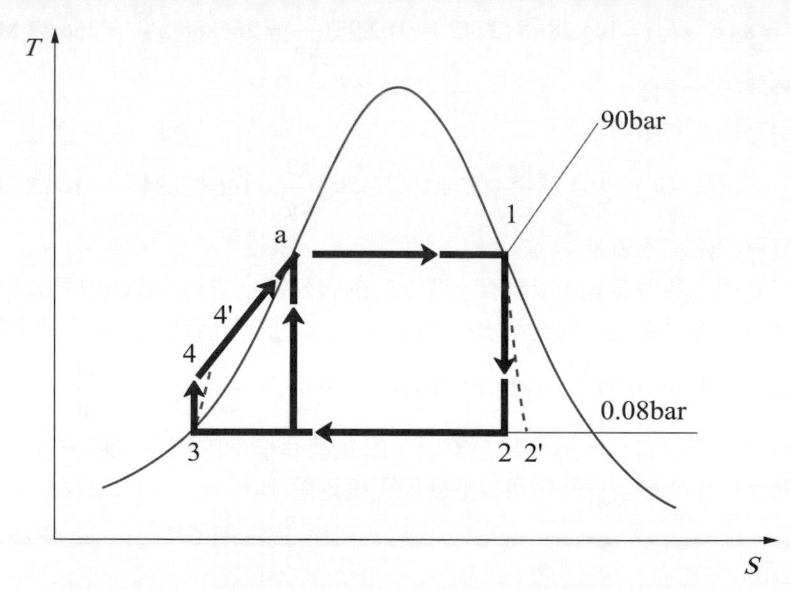

圖 7-10 考慮渦輪與泵浦不可逆度後的朗肯循環溫熵圖

範例 7-2

延續範例 7-1，假如將渦輪與泵浦的等熵效率 80% 考慮進去，重新計算該循環的熱效率、回功比、蒸氣流量、鍋爐的熱傳量、冷凝器的熱傳量，冷凝器的冷卻水進水口 20℃，如果要保持出水口的水溫不超過 30℃則冷卻水流量應該要多大？

解 參考圖 7-10 中 $1 \rightarrow 2' \rightarrow 3 \rightarrow 4' \rightarrow a \rightarrow 1$ 的循環，狀態 #1 的性質如同範例 7-1 一樣，$h_1 = 2742.1$ kJ/kg，$s_1 = 5.6772$ kJ/kgK。接下來求狀態 #2′ 的性質，要求狀態 #2′ 要先有狀態 #2 的性質，所以我們先從範例 7-1 將狀態 #2 的性質列出 $h_2 = 1774.1$kJ/kg，使用方程式 (7-12)

$$\eta_t = \frac{h_1 - h_{2'}}{h_1 - h_2} \Rightarrow 0.8 = \frac{2742.1 - h_{2'}}{2742.1 - 1774.1} \Rightarrow h_{2'} = 1967.7 \text{ kJ/kg}$$

狀態 #3 的性質與範例 7-1 中一樣，$h_3 = 173.88$ kJ/kg。

$$\left.\frac{\dot{W}_p}{\dot{m}}\right|_{\text{real}} = \frac{v_3(p_4 - p_3)}{\eta_p} = \frac{9.07}{0.8} = 11.34 \text{ kJ/kg}$$

$$h_{4'} = h_3 + \left.\frac{\dot{W}_p}{\dot{m}}\right|_{\text{real}} = 173.88 + 11.34 = 185.22 \text{ kJ/kg}$$

(a) 熱效率

使用方程式 (7-7)

$$\eta = 1 - \frac{h_{2'} - h_3}{h_1 - h_{4'}} = 1 - \frac{1967.7 - 173.88}{2742.1 - 185.22} = 0.2984 = 29.84\%$$

(b) 回功比

使用方程式 (7-8)

$$\text{BWR} = \frac{h_{4'} - h_3}{h_1 - h_{2'}} = \frac{185.22 - 173.88}{2742.1 - 1967.7} = 0.0146 = 1.46\%$$

(c) 蒸氣流量

方程式 (7-1) 與 (7-6) 可以寫成

$$\frac{\dot{W}_t}{\dot{m}} = (h_1 - h_{2'}) = 2742.1 - 1967.7 = 774.4 \text{ kJ/kg}$$

$$\frac{\dot{W}_{\text{循環}}}{\dot{m}} = \frac{\dot{W}_t}{\dot{m}} - \frac{\dot{W}_p}{\dot{m}} = 774.4 - 11.34 = 763.06 \text{ kJ/kg}$$

本朗肯循環的總功輸出為 100 MW(MJ/s)，所以可以反推出工作流體的流量：

$$\dot{m} = 100000\frac{\text{kJ}}{\text{s}} \div 763.06\frac{\text{kJ}}{\text{kg}} = 131.05\frac{\text{kg}}{\text{s}}$$

(d) 鍋爐的熱傳量

使用方程式 (7-4)

$$\dot{Q}_{\text{in}} = \dot{m}(h_1 - h_{4'}) = 131.05\frac{\text{kg}}{\text{s}}(2742.1 - 185.22)\frac{\text{kJ}}{\text{kg}} = 335079.12\frac{\text{kJ}}{\text{s}} = 335.08 \text{ MW}$$

(e) 冷凝器的熱傳量

使用方程式 (7-2)

$$\dot{Q}_{out} = \dot{m}(h_{2'} - h_3) = 131.05\frac{kg}{s}(1967.7 - 173.88)\frac{kJ}{kg} = 235080.11\frac{kJ}{s} = 235.08\ MW$$

(f) 冷凝器的冷卻水流量

除了使用比熱與溫差加以計算水溫上升的吸熱變化之外，我們也可以利用附錄 A-2 來進行查表以查出不同飽和水在 20℃與 30℃的焓並且進而反推冷卻水的流量。

$$\dot{m}_{cooling} = 235080.11\frac{kJ}{s} \div (125.79 - 83.96)\frac{kJ}{kg} = 5619.89\frac{kg}{s} \cong 2023.16\frac{tpm}{hr}$$

很顯然，如果將泵浦與渦輪的耗損考量進去，整個朗肯循環的效率會下降，而且鍋爐與冷凝器需要處理的熱傳量也都會上升。

7-3 朗肯循環的性能提升

7-3-1 再熱

提高溫度是增加效率的方法，但是如果溫度太高則會造成渦輪系統壽命的減少，不僅如此管路的要求也會變高，因此再熱 (reheat) 是朗肯循環中較為簡易且能有效提升朗肯循環輸出的方法，其作法係將渦輪分成兩段，當蒸氣進入渦輪第一段後再回到鍋爐中進行再加熱的動作，讓工作流體回到較高溫的狀態再進到第二段渦輪，其架構示意與溫熵圖分別如圖 7-11 與圖 7-12 所示。

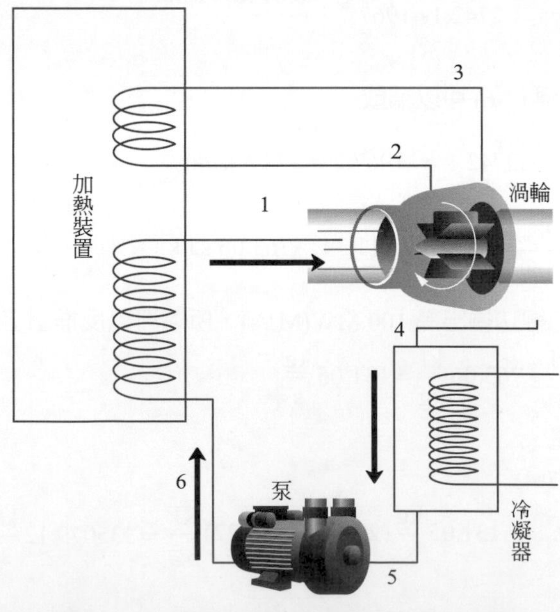

圖 7-11　擁有再加熱的朗肯循環示意圖

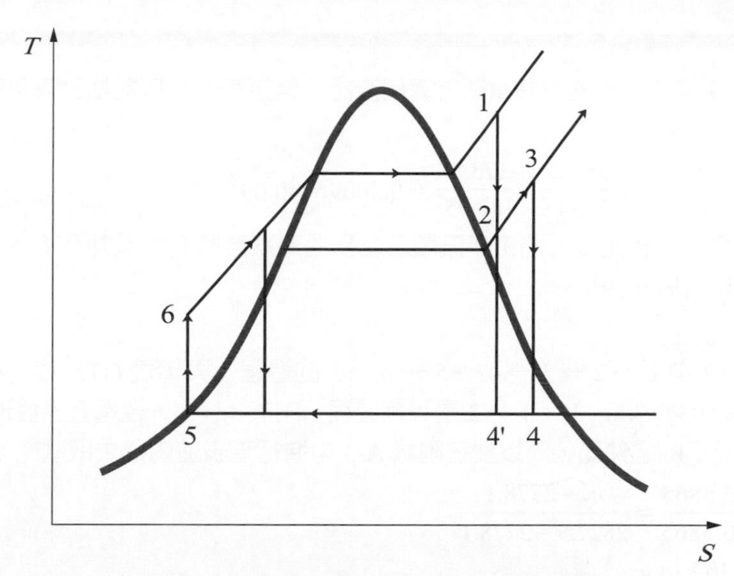

圖 7-12 擁有再加熱的朗肯循環溫熵圖

範例 7-3

延續範例 7-1，情境 (1) 如果系統狀態 #1 加熱到 480℃；情境 (2) 系統中安裝再加熱裝置，該再加熱裝置的操作壓力為 10 bar，透過再加熱裝置將工作流體溫度提高到 440℃，經過渦輪與泵浦的過程為等熵過程，重新計算該循環的熱效率。

解 情境 (1)

執行過熱 (superheat) 並且參考圖 7-12 中 $1 \to 4' \to 5 \to 6 \to 1$ 的過程，因此必須從附錄 A-3 中查表，90 bar 介於 80bar 與 100 bar 之間，所以必須內插求得狀態 #1 的性質：$h_1 = 3334.9$ kJ/kg，$s_1 = 6.5934$ kJ/kg · K。$1 \to 4'$ 是等熵過程，由於 $s_4' = s_1$，經過查表發現狀態 #4′ 是在 0.08 bar 狀況下的液汽共存區，所以要在附錄 A-2 中進行查表求取狀態 #4′ 的乾度與焓。

$$x_{4'} = \frac{6.5934 - 0.5926}{8.2287 - 0.5926} = 0.7858$$

$$h_4' = h_f + x_4' h_{fg} = 173.88 + 0.7858 \times 2403.1 = 2062.24 \text{ kJ/kg}$$

狀態 #5 為飽和液，因此可以直接查表得到 $h_5 = 173.88$ kJ/kg。

$5 \to 6$ 的過程是泵浦等熵壓縮過程，由於是在飽和液中進行加壓，所以輸入的功可以用 (7-5) 加以計算：

$$\left.\frac{\dot{W}_p}{\dot{m}}\right|_{等熵} = v_5(p_6 - p_5) = 1.0084 \times 10^{-3}\ \frac{\text{m}^3}{\text{kg}} \times (90 - 0.08)\text{bar} \times 10^5\ \frac{\text{N/m}^2}{\text{bar}} \div 1000 \frac{\text{kJ}}{\text{Nm}}$$
$$= 9.07 \text{ kJ/kg}$$

$$h_6 = h_5 + \left.\frac{\dot{W}_p}{\dot{m}}\right|_{等熵} = 173.88 + 9.07 = 182.95 \text{ kJ/kg}$$

如此一來便完成各點的性質重新計算與查詢，緊接著就可以開始計算熱效率

使用方程式 (7-7)

$$\eta = 1 - \frac{h_{4'} - h_5}{h_1 - h_6} = 1 - \frac{2062.24 - 173.88}{3334.9 - 182.95} = 0.4009 = 40.09\%$$

本題與範例 7-1 相比較，將工作流體加溫到過熱狀態時有助於熱效率的提升，其值從 37.47% 增加到 40.09%。

情境 (2)

參考圖 7-12 中 $1 \to 2 \to 3 \to 4 \to 5 \to 6 \to 1$ 的過程，與情境 (1) 一樣，$h_1 = 3334.9$ kJ/kg，$s_1 = 6.5934$ kJ/kg · K。$1 \to 2$ 是等熵過程，由於 $s_2 = s_1$，經過查表發現狀態 #2 是在 10 bar 狀況下的過熱區，所以要在附錄 A-3 中進行查表並內插求取狀態 #2 的性質：

$$\frac{6.5934 - 6.5865}{6.6940 - 6.5865} = \frac{h_2 - 2778.1}{2827.9 - 2778.1}$$

$h_2 = 2781.30$ kJ/kg。

狀態 #3 的性質：$h_3 = 3349.3$ kJ/kg，$s_3 = 7.5883$ kJ/kg · K

$3 \to 4$ 是等熵過程，由於 $s_4 = s_3$，經過查表發現狀態 #4 是在 0.08 bar 狀況下的液氣共存區，所以要在附錄 A-2 中進行查表求取狀態 #4 的乾度與焓。

$$x_4 = \frac{7.5883 - 0.5926}{8.2287 - 0.5926} = 0.9161$$

$h_4 = h_f + x_4 h_{fg} = 173.88 + 0.9161 \times 2403.1 = 2375.36$ kJ/kg

$h_5 = 173.88$ kJ/kg

$h_6 = 182.95$ kJ/kg

$$\eta = \frac{(h_1 - h_2) + (h_3 - h_4) - (h_6 - h_5)}{(h_1 - h_6) + (h_3 - h_2)}$$

$$= \frac{(3334.9 - 2781.30) + (3349.3 - 2375.36) - (182.95 - 173.88)}{(3334.9 - 182.95) + (3349.3 - 2781.30)} = 0.4082 = 40.82\%$$

使用再加熱其熱效率提升到 40.82%。

7-3-2 超臨界朗肯循環

我們在討論純物質的性質時有提到超臨界流體的狀態，如果當純物質的溫度與壓力超過臨界值之後就會變成一種均相的狀態，既不屬於氣態也不屬於液態的超臨界態。水的臨界點壓力與溫度分別約為 217.8 bar 與 647 K，如果朗肯循環的加熱過程中將溫度與壓力均提升到水的臨界點以上就稱之為超臨界朗肯循環，其溫熵圖如圖 7-13 所示，如果配合再加熱裝置也可以再進一步提升超臨界朗肯循環的熱效率，其溫熵圖如圖 7-14 所示。國內台灣電力股分有限公司的火力發電廠中已經開始建置超臨界火力發電廠；除此之外，國外核能發電也有類似的開發，使用超臨界水作為工作流體的反應爐稱之為超臨界水反應爐 (Supercritical water reactor, SCWR)，它屬於第四代核反應爐，使用超臨界水作為減速劑與冷卻劑對於核反應來說可以減少空泡的效應，所謂的空泡效應係指在爐中的工作

流體管路內沸騰所造成的氣泡，空泡效應會造成水流壓損與熱傳的損失，其空泡效應更會使核反應爐的運作穩定度受到影響。

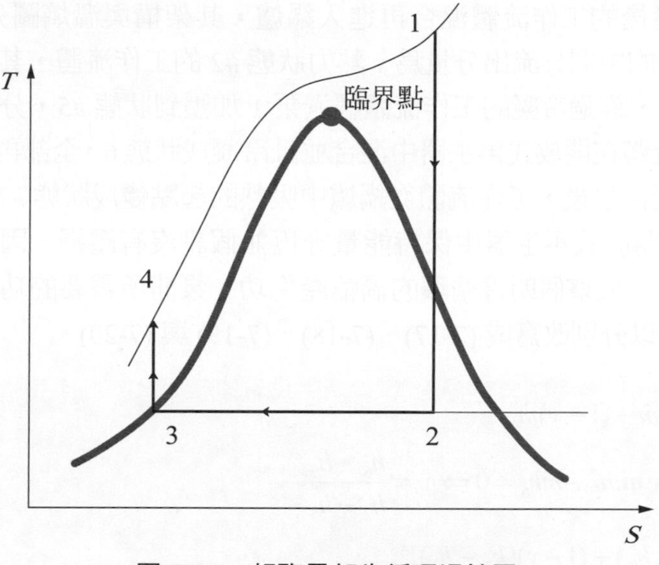

圖 7-13　超臨界朗肯循環溫熵圖

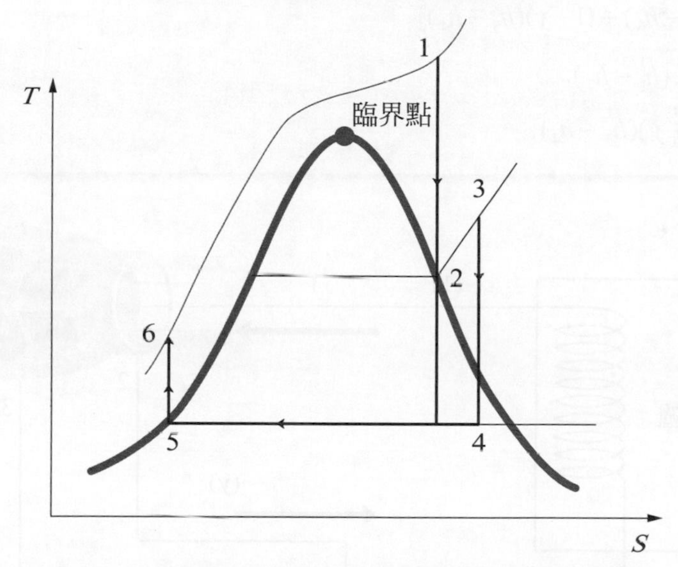

圖 7-14　具備再加熱裝置的超臨界朗肯循環溫熵圖

7-3-3　再生

回顧圖 7-7，工作流體在鍋爐中從狀態 #1 到狀態 #4 之間吸熱，如果我們從渦輪段的中間分流一部分的工作流體來加熱離開冷凝器的工作流體，使工作流體從鍋爐中吸熱的起始狀態介於狀態 #4 與狀態 #a 之間，這一種提升效率的方法就稱之爲再生 (regeneration)。朗肯循環的再生可以分成兩種：開放式伺水加熱再生與封閉式伺水加熱再生。

(一) 開放式伺水加熱再生

開放式伺水加熱再生是從渦輪段的中間分流一部分的工作流體，使其與離開冷凝器並且經過泵浦加壓後的工作流體混合再進入鍋爐，其架構與溫熵圖分別如圖 7-15 與圖 7-16 所示，渦輪段的中間分流出分量爲 y 熱力狀態 #2 的工作流體，其餘流體繼續經過渦輪再進入冷凝器中，經過冷凝的工作流體經過泵 1 加壓到狀態 #5，分流出來的工作流體與狀態 #5 的工作流體在開放式再生器中混合並且冷凝成狀態 6，全部再藉由泵 2 將狀態 #6 泵至狀態 #7；經過再生後，工作流體從鍋爐中吸熱的起點變成狀態 #7。質量分流比可用 (7-15) 來表示，在開放式再生器中保持能量守恆並假設沒有壓損，因此可以用 (7-16) 來表示 y 的值，如此一來整個朗肯循環的渦輪產生功、泵浦所需要的功，鍋爐中的熱傳以及冷凝器的熱傳可以分別改寫成 (7-17)、(7-18)、(7-19) 與 (7-20)。

$$\dot{m}_2 + \dot{m}_3 = y\dot{m} + (1-y)\dot{m} \tag{7-15}$$

$$y\dot{m}h_2 + (1-y)\dot{m}h_5 - \dot{m}h_6 = 0 \Rightarrow y = \frac{h_6 - h_5}{h_2 - h_5} \tag{7-16}$$

$$\dot{W}_t = \dot{m}[(h_1 - h_2) + (1-y)(h_2 - h_3)] \tag{7-17}$$

$$\dot{W}_p = \dot{m}[(h_7 - h_6) + (1-y)(h_5 - h_4)] \tag{7-18}$$

$$\dot{Q}_{\text{in}} = \dot{W}_t = \dot{m}(h_1 - h_7) \tag{7-19}$$

$$\dot{Q}_{\text{out}} = \dot{m}[(1-y)(h_3 - h_4)] \tag{7-20}$$

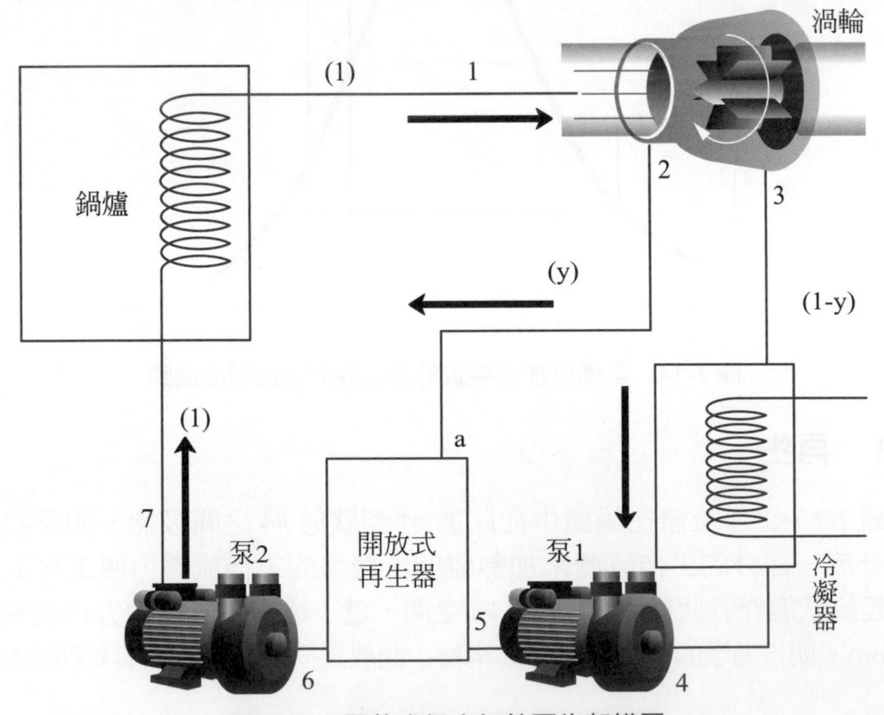

圖 7-15　開放式伺水加熱再生架構圖

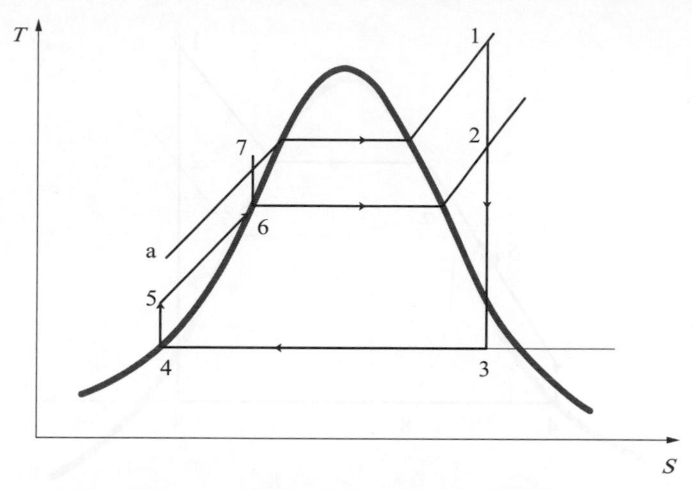

圖 7-16 開放式伺水加熱再生溫熵圖

(二) 封閉式伺水加熱再生

前文所敘述開放式再生器的本質就是一個混合器，而封閉式再生器通常是用一個殼管式熱交換器裝置來加以實現，分流出來的工作流體經過封閉式再生器之後會回到朗肯循環的冷凝器中與最後離開渦輪的工作流體會合，其架構與溫熵圖分別如圖 7-17 所示；封閉式再生器的能量守恆可以由 (7-21) 來表示並且可以用以解出 y 的值。在封閉式伺水加熱再生朗肯循環中，工作流體在鍋爐中加熱的起始狀態會變成狀態 #6。

$$y\dot{m}(h_2 - h_7) + \dot{m}(h_5 - h_6) = 0 \Rightarrow y = \frac{h_6 - h_5}{h_2 - h_7} \quad (7\text{-}21)$$

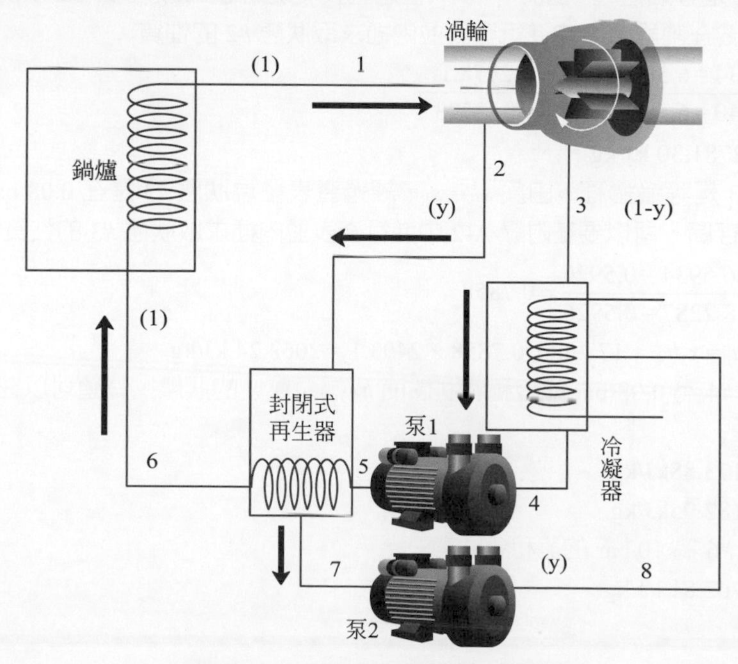

圖 7-17 封閉式伺水加熱架構圖

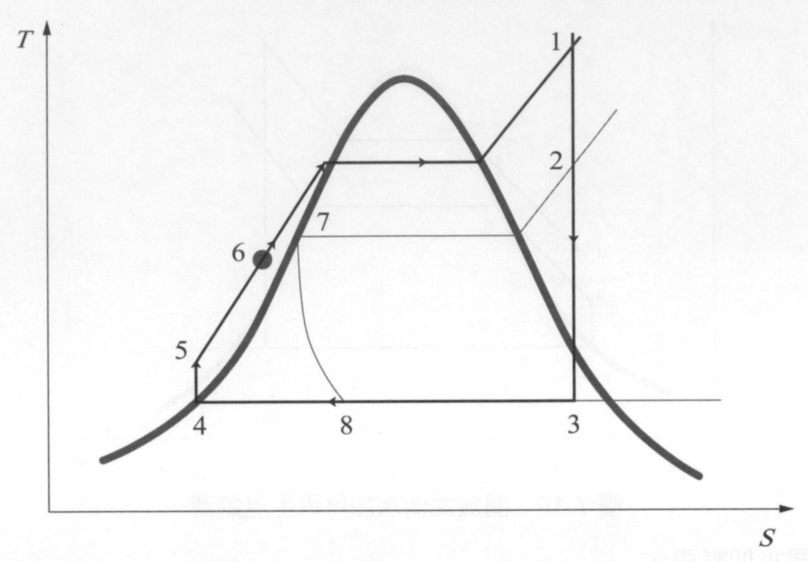

圖 7-18 封閉式伺水加熱再生溫熵圖

範例 7-4

延續範例 7-1 與 7-3，狀態 #1 已經被加熱到 480℃，經過渦輪與泵浦的過程為等熵過程，如果系統從渦輪段中分流出部分工作流體進行再生：(1) 開放式伺水加熱再生，工作流體離開再生器時成為 10 bar 飽和水；(2) 以前一小題相同的分流量，如果是經由封閉式伺水加熱再生，重新計算該循環的熱效率。

解 (1) 狀態 #1 的特性 $h_1 = 3334.9$ kJ/kg，$s_1 = 6.5934$ kJ/kg · K。狀態 #2 的壓力為 10 bar $1 \to 2$ 是等熵過程，由於 $s_2 = s_1$，經過查表發現狀態 #2 是在 10 bar 狀況下的過熱區，所以要在附錄 A-3 中進行查表並內插求取狀態 #2 的性質：

$$\frac{6.5934-6.5865}{6.6940-6.5865}=\frac{h_2-2778.1}{2827.9-2778.1}$$

$h_2 = 2781.30$ kJ/kg。

$2 \to 3$ 是等熵過程，由於 $s_3 = s_1$，經過查表發現狀態 #3 是在 0.08 bar 狀況下的液氣共存區，所以要在附錄 A-2 中進行查表並內插求取狀態 #3 的性質：

$$x_3=\frac{6.5934-0.5926}{8.2287-0.5926}=0.7858$$

$h_3 = h_f = x_3 h_{fg} = 173.88 + 0.7858 \times 2403.1 = 2062.24$ kJ/kg

狀態 #4 為 0.08 bar 的飽和液狀態而 h_5 為泵壓後的狀態，其值可以在範例 7-1 中查詢

$h_4 = 173.88$kJ/kg

$h_5 = 182.95$kJ/kg

狀態 #6 為 10 bar 的飽和液狀態

$h_6 = 762.81$ kJ/kg

狀態 #7 的性質，因泵浦為等熵壓縮，所以可以使用比容與壓力差加以計算較為簡便

$h_7 = h_6 = v_6(p_7 - p_6) = 762.81 + 1.1273 \times 10^{-3}(9000 - 1000) = 771.83$ kJ/kg

分流量可以使用 (7-16) 加以計算

$$y = \frac{h_6 - h_5}{h_2 - h_5} = \frac{762.81 - 182.95}{2781.3 - 182.95} = 0.2232$$

渦輪的輸出功與泵浦的需求功可以由 (7-17) 與 (7-18) 加以計算，而熱傳入量可以用 (7-19) 加以計算

$$\frac{\dot{W}_t}{\dot{m}} = (h_1 - h_2) + (1 - y)(h_2 - h_3) = (3334.9 - 2781.3) + (1 - 0.2232)(2781.3 - 2062.24)$$

$$= 1112.17 \text{ kJ/kg}$$

$$\frac{\dot{W}_p}{\dot{m}} = (h_7 - h_6) + (1 - y)(h_5 - h_4) = (771.83 - 762.82) + (1 - 0.2232)(182.95 - 173.88)$$

$$= 16.06 \text{ kJ/kg}$$

$$\frac{\dot{Q}_{\text{in}}}{\dot{m}} = (h_1 - h_7) = 3334.9 - 771.83 = 2563.07 \text{ kJ/kg}$$

熱效率

$$\eta = \frac{\frac{\dot{W}_t}{\dot{m}} - \frac{\dot{W}_p}{\dot{m}}}{\frac{\dot{Q}_{\text{in}}}{\dot{m}}} = \frac{1112.17 - 16.06}{2563.07} = 0.4277 = 42.77\%$$

透過開放式伺水再生可以讓範例 7-3 中的效率 40.09% 多 2.68%。

(2) 封閉式伺水再生與開放式伺水再生的計算流程相仿，惟分流量、泵浦需求功與熱傳量的計算有所不同，茲就針對差異處進行計算。

根據方程式 (7-21)，我們以相同的分流量來推估 h_6

$$y = \frac{h_6 - h_5}{h_2 - h_7} \Rightarrow 0.2232 = \frac{h_6 - 182.95}{2781.3 - 771.83}$$

$h_6 = 631.46$ kJ/kg

熱傳入量與泵浦耗工

$$\frac{\dot{Q}_{\text{in}}}{\dot{m}} = (h_1 - h_6) = 3334.9 - 631.46 = 2703.44 \text{ kJ/kg}$$

熱效率

$$\left.\frac{\dot{W}_p}{\dot{m}}\right|_{\text{等熵}} - v_3(p_3 - p_4)$$

$$= 1.0084 \times 10^{-3} \ \frac{\text{m}^3}{\text{kg}} \times (90 - 0.08) \text{ bar} \times 10^5 \ \frac{\text{N/m}^2}{\text{bar}} \div 1000 \ \frac{\text{kJ}}{\text{Nm}} = 9.07 \ \frac{\text{kJ}}{\text{kg}}$$

$$\eta = \frac{\frac{\dot{W}_t}{\dot{m}} - \frac{\dot{W}_p}{\dot{m}}}{\frac{\dot{Q}_{\text{in}}}{\dot{m}}} = \frac{1112.17 - 9.07}{2703.44} = 0.4083 = 40.83\%$$

透過封閉式伺水再生可以讓範例 7-3 中的效率 40.09% 多 0.74%。

本章小結

朗肯循環是人類從工業革命以來重要的熱力循環，它也代表著蒸汽機的重要熱力循環，在本章中從最簡單的理想朗肯循環，考慮了過熱、再加熱與再生對於系統效率與性能的提升分析，也加入了泵浦渦與輪機的等熵效率問題對於系統的影響。就實際系統而言，遠比書本中所傳授的基本解法複雜許多，但是透過本書的學習可以讓工程師了解整個朗肯循環的幾個重要且可以提升性能的方法。

作業

一、選擇題

(　　) 1. 下列敘述何者正確？ (A) 蒸汽機是由瓦特所發明 (B) 蒸氣機在工業革命時扮演驅動者的角色 (C) 朗肯循環與燃料的性質有關。

(　　) 2. 下列何者與朗肯循環有關係：甲、太陽熱力發電；乙、地熱蒸氣循環；丙、水力發電廠；丁、核能發電廠。何者正確？ (A) 甲乙 (B) 甲丙 (C) 甲乙丁。

(　　) 3. 下列何者適用朗肯循環？ (A) 渦輪發動機 (B) 核能電廠 (C) 光伏電池。

(　　) 4. 關於朗肯循環之敘述：甲、鍋爐的溫度不可能無限制上升，通常會受制於燃燒產物的溫度所限制，當然冷凝器的溫度則會受到環境溫度所限制乙、理想朗肯循環與平均鍋爐的溫度以及冷凝器的溫度有關係，當鍋爐的操作壓力越高，其平均溫度也越高；丙、冷凝器的操作壓力越低則溫度也就越低，朗肯循環的熱效率就會越高。何者正確？ (A) 甲乙 (B) 甲丙 (C) 甲乙丙。

(　　) 5. 下列敘述何者正確？ (A) 朗肯循環適用於存在工作流體相變化的熱力系統中 (B) 朗肯循環無法處理超臨界循環的問題 (C) 朗肯循環只能適用以水為工作流體的熱力系統。

(　　) 6. 關於朗肯循環之敘述：甲、工作流體在渦輪中等熵膨脹到冷凝器的壓力；乙、在冷凝器中等壓將熱傳遞至外界並且讓工作流體冷凝；丙、工作流體在泵浦中壓縮到壓縮液態水的狀態；丁、在鍋爐中等壓將熱傳遞至工作流體。何者正確？ (A) 甲乙丁 (B) 甲乙丙 (C) 甲乙丙丁。

( ) 7. 下列敘述何者正確？ (A) 朗肯循環適用於存在工作流體相變化的熱力系統中 (B) 朗肯循環無法處理超臨界循環的問題 (C) 朗肯循環只能適用以水為工作流體的熱力系統。

( ) 8. 關於再熱之敘述：甲、再熱的作法係將渦輪分成兩段，當蒸氣進入渦輪第一段後再回到鍋爐中進行再加熱的動作，讓工作流體回到較高溫的狀態再進到第二段渦輪；乙、直接提高鍋爐出口溫度的效果會比使用再熱還要來的有優勢；丙、過度提高鍋爐出口溫度不僅僅挑戰系統的壓力極限，為了創造更高的溫度輸出，鍋爐的污染排放也會上升。何者正確？ (A) 甲乙 (B) 甲丙 (C) 乙丙。

( ) 9. 關於超臨界朗肯循環之敘述：甲、超臨界指的是工作流體在超臨界狀態下受熱；乙、超臨界朗肯循環亦適用於核能發電廠；丙、超臨界朗肯循環亦可結合再熱系統使效率更高。何者正確？ (A) 甲乙 (B) 甲丙 (C) 甲乙丙。

( )10. 關於朗肯循環之再生技術敘述，何者正確？ (A) 朗肯循環的再生可以分成兩種：開放式伺水加熱再生與封閉式伺水加熱再生 (B) 再生系統比再熱系統簡易 (C) 封閉式伺水加熱再生必定優於開放式伺水加熱再生。

二、問答題

1. 在某地熱區，使用 R-134a 作為有機朗肯循環 (Organic Rankine Cycle, ORC) 的工作流體，經過地熱加熱後產生壓力 10 bar，溫度 90℃的過熱蒸氣，該朗肯循環的冷凝器維持在壓力 7 bar，請問該朗肯循環的效率為何？
2. 在某朗肯循環中，壓力 100 bar 的飽和蒸汽進入渦輪，在冷凝器中壓力保持在 0.1 bar，如果該循環總功可以輸出 100 MW，且經過渦輪與泵浦的過程為等熵過程，求該循環的熱效率、回功比、蒸氣流量、鍋爐的熱傳量、冷凝器的熱傳量，冷凝器的冷卻水進水口的水溫 20℃，如果要保持出水口的水溫不超過 30℃則冷卻水流量應該要多大？
3. 延續第 2 題，如果將進入渦輪的蒸氣在鍋爐中進行過熱 (superheat) 並使溫度上升到 480℃，請問熱效率有何改變？
4. 延續第 3 題，如果將泵浦與渦輪的等熵效率 80% 考慮進去，請問熱效率有何改變？
5. 延續第 4 題，考慮泵浦與渦輪的等熵效率 80% 的狀況下，系統中再安裝再加熱裝置，該再加熱裝置的操作壓力為 10 bar，透過再加熱裝置將工作流體溫度提高到 480℃，重新計算該循環的熱效率。
6. 延續第 5 題，如果系統從渦輪段中分流出部分工作流體進行再生：(1) 開放式伺水加熱再生，工作流體離開再生器時成為壓力 10 bar 飽和水；(2) 以前一小題相同的分流量，如果是經由封閉式伺水加熱再生，重新計算該循環的熱效率。

氣體動力循環

8-0 導讀與學習目標

在路上跑的汽機車對我們來說是一種方便且司空見慣的交通工具，大部分的交通工具主要是依靠往復式內燃機來進行驅動，這些往復式內燃機吸入空氣搭配燃料燃燒來進行功的輸出，相關的熱力循環將在本章中呈現並討論；除此之外，飛機所使用的航空發動機也是內燃機的一種，它也是使用氣體動力循環的一種熱力裝置。在本章中將介紹往復式內燃機所使用空氣標準奧圖循環、狄賽爾循環以及航空發動機所使用布雷登循環，透過範例將使學生學習如何進行這些氣體動力循環系統的熱力分析。

學習重點

1. 學習奧圖與狄賽爾循環
2. 學習如何評估氣體動力系統的性能與效率
3. 認識布雷登循環與複循環系統的應用

8-1 往復式內燃機循環

8-1-1 簡介

基本內燃機的基本原理可以閱讀本公司吳志勇等作者合著內燃機一書，一般來說如圖 8-1 所示，四行程往復式內燃機燃燒室的容積會隨著活塞的位置改變而改變，因此，系統邊界也會隨著活塞而改變位置，當活塞到達下死點的燃燒室體積除以活塞到達上死點時燃燒室餘隙的體積稱之爲壓縮比 (compression ratio, CR)，而活塞所掃過的容積就稱之爲排氣量 (displacement volume)。對於傳統汽油引擎來說燃料與空氣混合氣，會從進氣汽門進入燃燒室中，經過活塞壓縮接近上死點時，火星塞點火引燃燃料與空氣混合氣，膨脹的氣體將活塞往下推而產生動力衝程，經過下死點後活塞會往上移動，此時排氣汽門打開讓廢氣排出；另外一方面，如果是柴油引擎，壓縮過程就只有空氣，接近上死點時則將燃料噴入自我引火 (autoignition) 而開始動力行程，其餘過程與汽油引擎類似。往復式引擎的汽缸內壓力與活塞位置關係如圖 8-2 所示，由於汽缸內的壓力隨時在改變，所以在此定義一個參數，稱之爲平均有效壓力 (mean effective pressure, MEP) 來描述往復式內燃機的性能，它的定義就是每個循環的淨輸出功與排氣量的比值，如 (8-1) 所示。

$$\text{MEP} = \frac{W_{循環}}{V_{排氣量}} \tag{8-1}$$

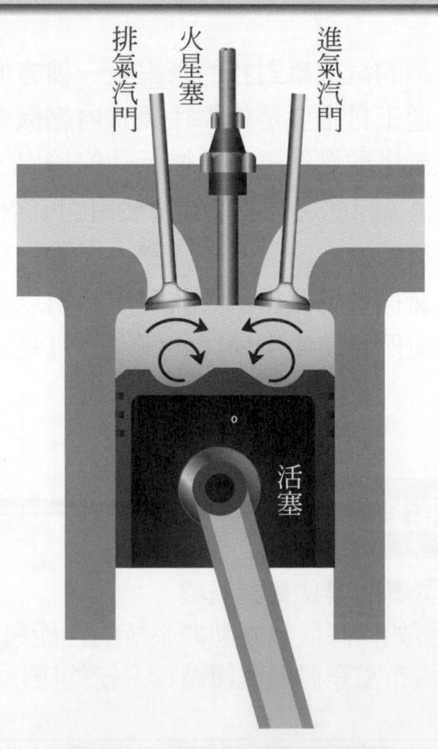

圖 8-1　基本內燃機示意圖

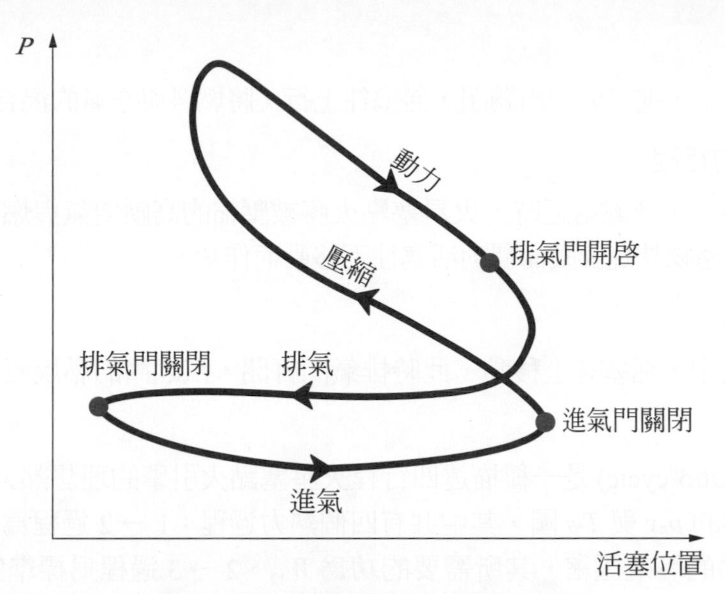

圖 8-2 汽缸壓力與活塞位置關係圖

爲了有效簡化對於這類往復式活塞引擎的描述與熱力分析，我們定義空氣標準熱力分析的假設條件：

1. 系統中只有固定質量的理想氣體做爲工作流體
2. 沒有進排氣的過程，過程中只有定容熱傳
3. 沒有燃燒過程，只有外部熱源熱傳進系統邊界
4. 假設所有的過程都是可逆的

在往復式內燃機循環的內容中，我們將針對奧圖循環與狄賽爾循環進行討論與分析，以前文所述的假設爲前提，奧圖循環與狄賽爾循環的差別就僅在於等容或是等壓熱傳的方式了。

8-1-2 標準奧圖循環

德國人尼可拉斯．奧圖 (Nicolaus Otto) 於 1876 年發明四行程引擎，該四行程引擎之熱力循環就是目前廣爲人知的奧圖循環 (Otto cycle)，實現奧圖循環的引擎即火星塞點火 (Spark-ignition, SI) 內燃機，使用一火星塞 (spark plug) 引燃被壓縮的燃料空氣混合氣體，使其發生爆炸膨脹並且推動活塞作功的裝置，它是目前大部分在路上行駛車輛的動力型式之一，不只應用於車輛也應用於船艇、飛機以及各種農業機械等裝置，作爲動力供應單元。一般來說，標準火星塞點火內燃機含有四個行程：

(一) 進氣行程

在進氣行程中呈現進氣門開啓而排氣門關閉的狀態，空氣與燃料混合氣會藉由活塞往下行所產生的眞空而吸入氣缸內。

(二) 壓縮行程

在壓縮行程中，進排氣門均關閉，活塞往上行，將燃料與空氣的混合氣體進行壓縮。

(三) 點火與動力行程

當活塞上移至上死點附近時，火星塞點火將被壓縮的高壓空氣與燃料混合氣引燃，火焰傳播並且使產物快速膨脹而驅動活塞往下移動而作功。

(四) 排氣行程

在排氣行程中，活塞往上移動，此時排氣門打開，汽缸內的燃燒廢氣隨著活塞往上推而排出汽缸。

奧圖循環 (Otto cycle) 是一種描述四行程火星塞點火引擎的理想熱力循環，如圖 8-3 所示為奧圖循環的 p-v 與 T-s 圖，其中共有四個熱力過程：1 → 2 過程為標準空氣從活塞下死點至上死點的等熵壓縮，其所需要的功為 W_{12}、2 → 3 過程為標準空氣在活塞上死點時等容從外界環境吸收能量，其所進行的熱傳量為 Q_{23}、3 → 4 過程為標準空氣從活塞上死點至下死點的等熵膨脹，其所產生的功為 W_{34}，4 → 1 過程為標準空氣在活塞下死點等容向外界環境釋放能量，其所進行的熱傳量為 Q_{41}。奧圖循環是一個封閉系統 (closed system)，如果不考慮工作流體的動能與位能，因此可以將各個熱力過程的功或者是熱傳的量表示成 (8-2)、(8-3)、(8-4) 與 (8-5)。

$$W_{12} = u_2 - u_1 \tag{8-2}$$

$$Q_{23} = u_3 - u_2 \tag{8-3}$$

$$W_{34} = u_3 - u_4 \tag{8-4}$$

$$Q_{41} = u_4 - u_1 \tag{8-5}$$

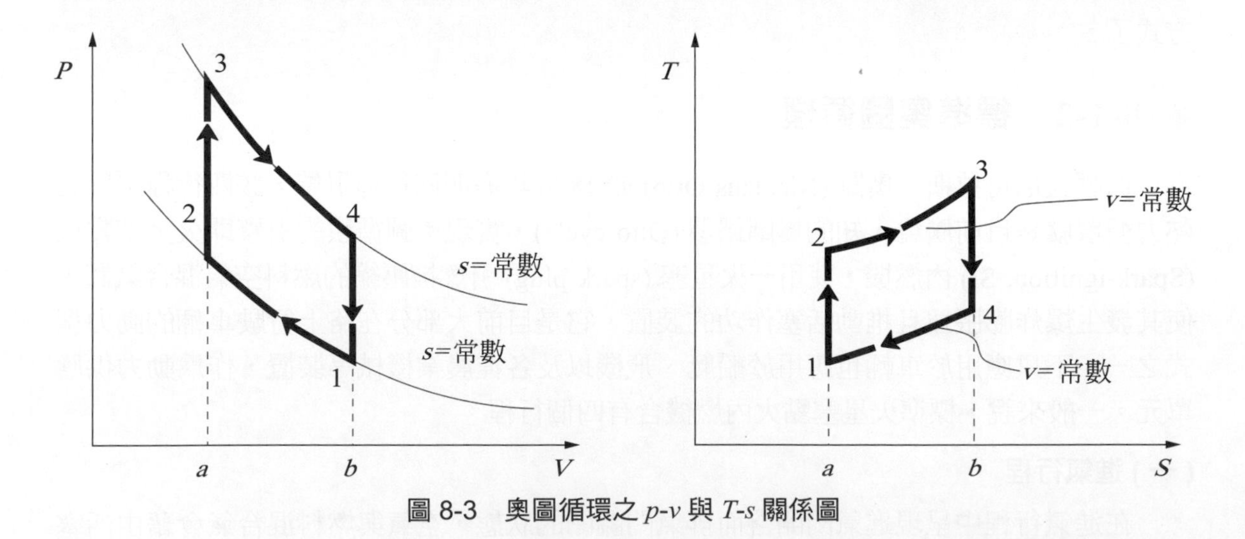

圖 8-3 奧圖循環之 p-v 與 T-s 關係圖

每個循環能夠發出來的功會等於膨脹行程所產生的功扣除壓縮工作流體所需要的功，因此每個循環能發出來的功可以表示成 (8-6)；另外一方面，根據熱力學第一定律，每個循環的功與熱傳量的關係可以表示成 (8-7)，至於熱效率則可以表示成 (8-8)。

$$W_{循環} = m(W_{34} - W_{12}) = m[(u_3 - u_4) - (u_2 - u_1)] \tag{8-6}$$

$$Q_{循環} = m(Q_{23} - Q_{41}) = m[(u_3 - u_2) - (u_4 - u_1)] \tag{8-7}$$

$$\eta = \frac{(u_3 - u_2) - (u_4 - u_1)}{u_3 - u_2} = 1 - \frac{u_4 - u_1}{u_3 - u_2} \tag{8-8}$$

由於 1 → 2 與 3 → 4 都是等熵過程，根據 (3-13)，我們可以將 1 → 2 與 3 → 4 過程的溫度變化表示成 (8-9)，假設等容比熱的值爲常數時，內能的差會等於等容比熱與溫度差的乘積，因此奧圖循環的熱效率可以用 (8-10) 表示。根據 (8-10)，奧圖循環的理論熱效率與壓縮比有關，當壓縮比越高則理論熱效率也會越高，理論熱效率與壓縮比的關係如圖 8-4 所示。

$$\begin{cases} \dfrac{T_2}{T_1} = \left(\dfrac{V_1}{V_2}\right)^{\gamma-1} = CR^{\gamma-1} \\ \dfrac{T_4}{T_3} = \left(\dfrac{V_3}{V_4}\right)^{\gamma-1} = CR^{-(\gamma-1)} \end{cases} \tag{8-9}$$

$$\eta = 1 - \frac{T_1(T_4/T_1 - 1)}{T_2(T_3/T_2 - 1)} = 1 - \frac{T_1}{T_2} = 1 - \frac{1}{CR^{\gamma-1}} \tag{8-10}$$

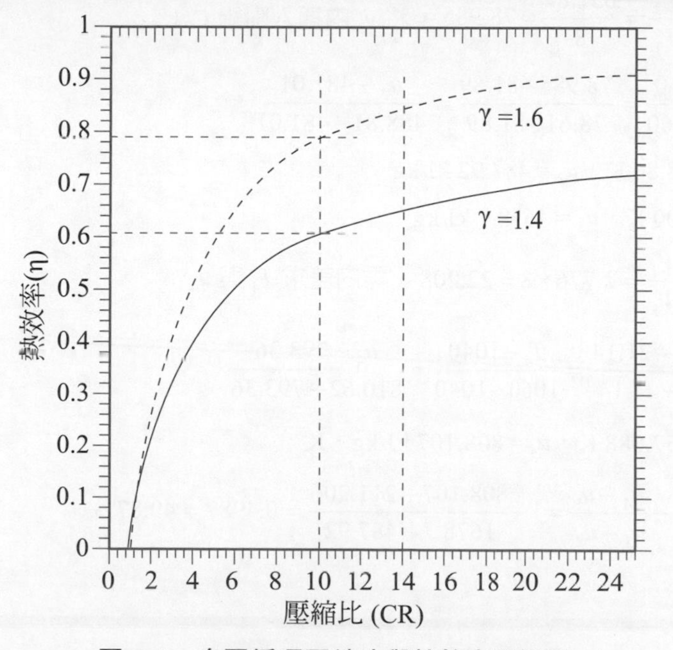

圖 8-4 奧圖循環壓縮比與熱效率關係圖

雖然壓縮比越高效率越好，但是增加幅度會越來越小，雖然壓縮比提高有助於提升熱效率，但是過高的熱效率將會引發燃燒的問題，例如：汽油引擎爆震。根據方程式(8-10)所敘述，內燃機的熱效率與比熱比 (specific heat ratio) 也有關係，大部分的氣體之比熱比在 1.3-1.4 之間，如果內燃機運作時的惰性氣體爲氦氣或氬氣等單原子氣體時，其比熱比將可達到 1.6，如果使用單原子氣做爲惰性氣體時，奧圖循環的效率將會有效地提升，然而該種內燃機僅能在地面上作爲固定式動力系統所使用，由於惰性氣體昂貴，且必須輸入氧氣，以及回收惰性氣體的裝置，因此只能作爲固定式動力系統，並且需要回收惰性氣體重複利用；使用單原子氣體作爲內燃機之惰性氣體取代氮氣的另外一個好處就是可以解決氮氧化物 (NO_x) 的問題。

範例 8-1

一個標準空氣奧圖循環引擎，假設其排氣量為 600cc，壓縮比為 8，從溫度 298 K 壓力 1 bar 開始運作，假設該引擎的最高溫度可以達到 2000 K，求熱效率並且求平均有效壓力 MEP。

解 (a) 依據 (2-29) 熱效率可以表示成 $\eta = 1 - \dfrac{u_4 - u_1}{u_3 - u_2}$，使用附錄 C-1 進行查表與內插計算

$T_1 = 298\text{K}$

$$\frac{298-295}{300-295} = \frac{u_1 - 206.91}{214.07-206.91} = \frac{v_1 - 647.9}{621.2-647.9}$$

$$\begin{cases} u_1 = 211.206 \text{ kJ/kg} \\ v_1 = 631.88 \end{cases}$$

$v_2 = v_1 \dfrac{V_2}{V_1} = \dfrac{631.88}{8} = 78.985$，將 v_2 內插入附錄 C-1

$$\frac{T_2 - 660}{670-660} = \frac{78.985-81.89}{78.61-81.89} = \frac{u_2 - 481.01}{488.81-481.01}$$

$T_2 = 668.86$ K，$u_2 = 487.92$ kJ/kg

$T_3 = 2000$ K，$u_3 = 1678.7$ kJ/kg

$v_4 = v_3 \dfrac{V_4}{V_3} = 2.776 \times 8 = 22.208$，再內差求 T_4 與 u_4

$$\frac{22.208-21.14}{22.39-21.14} = \frac{T_4 - 1040}{1060-1040} = \frac{u_4 - 793.36}{810.62-793.36}$$

$T_4 = 1057.088$ K，$u_4 = 808.107$ kJ/kg · K

$$\therefore \eta = 1 - \frac{u_4 - u_1}{u_3 - u_2} = 1 - \frac{808.107-211.206}{1678.7-487.92} = 0.4987 = 49.87\%$$

(b) 要計算平均有效壓力必須算出每個循環的輸出功，所以要先算出汽缸內空氣的質量，因為是理想氣體所以可以使用 (2-17)

$$pV = n\bar{R}T = \frac{m}{M}\bar{R}T$$

$$m = \frac{pVM}{\bar{R}T} = \frac{1\times10^5\times0.0006\times28.97}{8.314\times298}\div1000 = 7.02\times10^{-4}\text{kg}$$

使用方程式 (8-6)

$$W_{循環} = m[(u_3-u_4)-(u_2-u_1)]$$
$$= 7.02\times10^{-4}[(1678.7-808.107)-(487.92-211.206)] = 0.4169\ \text{kJ}$$

$$\text{MEP} = \frac{W_{循環}}{V_{排氣量}} = \frac{0.4169}{(0.0006-0.0006/8)}\times1000\ \frac{\text{Nm}}{\text{kJ}}\div100000\ \frac{\text{bar}}{\text{N/m}^2} = 7.941\ \text{bar}$$

8-1-3 標準狄賽爾循環

德國人魯道夫．狄賽爾 (Rudolf Diesel) 於 1892 年發明柴油引擎 (Diesel Engine)，如圖 8-5 所示。柴油引擎可以應用於發電機、汽車、大客車、卡車、各種農耕機械、重負荷工程用機械以及船舶等；柴油引擎具有轉速較低時即有扭力大的特點，為了符合高壓縮比以及高爆炸壓力的需求，柴油引擎的本體結構相當堅固，因此其重量會比較重也是柴油引擎的缺點之一。柴油內燃機與火星塞點火內燃機一樣可以區分成四行程以及二行程引擎，四行程壓燃式內燃機與四行程火星塞點火引擎一樣具有含有四個行程：進氣、壓縮、動力、與排氣行程，在進氣與壓縮行程中，只有空氣被導入汽缸並且被壓縮，等活塞接近上死點時，燃料直接油噴嘴噴入汽缸中，由於空氣被壓縮時溫度會上升，當燃料進入燃燒室後會被高溫高壓空氣所引燃，壓燃式內燃機不需要在空氣進氣時與燃料混合也不需要火星塞以及點火線圈進行點火的工作，因壓燃式四行程內燃機的燃燒時機係由噴油時機所決定。

圖 8-5 狄賽爾循環之 p-v 與 T-s 關係圖

柴油引擎的運作可以用狄賽爾循環 (diesel cycle) 進行描述。狄賽爾循環 (Diesel cycle) 有別於奧圖循環 (Otto cycle)，如圖 8-6 所示爲奧圖循環的 p-v 與 T-s 圖，其中共有四個熱力過程：1 → 2 過程爲標準空氣從活塞下死點至上死點的等熵壓縮，2 → 3 過程爲標準空氣在活塞上死點時等壓從外界環境吸收能量，3 → 4 過程爲標準空氣從活塞上死點至下死點的等熵膨脹，4 → 1 過程爲標準空氣在活塞下死點等容向外界環境釋放能量。

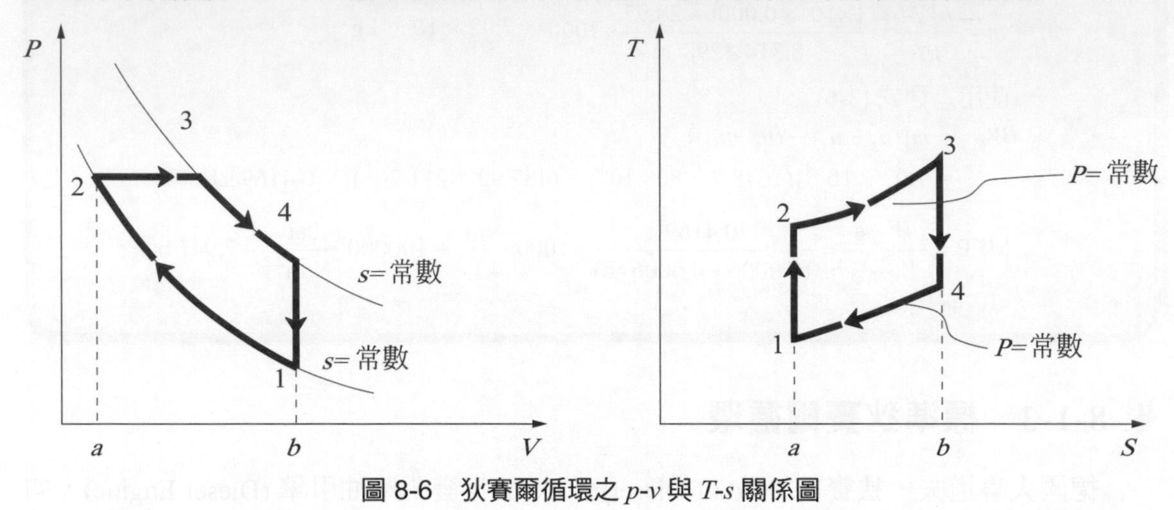

圖 8-6　狄賽爾循環之 p-v 與 T-s 關係圖

由於 2 → 3 過程是在等壓中發生，因此在此過程中除了熱傳之外尚有功發生，這個功可以用方程式 (8-11) 表示，因此在 2 → 3 過程中的熱傳量可以表示成 (8-12)；與奧圖循環類似的效率定義方式，該引擎的熱效率可以表示成 (8-13)。

$$\frac{W_{2\to3}}{m} = p_2(v_3 - v_2) \tag{8-11}$$

$$Q_{2\to3} = (u_3 - u_2) + p(v_3 - v_2) = h_3 - h_2 \tag{8-12}$$

$$\eta = 1 - \frac{u_4 - u_1}{h_3 - h_2} = 1 - \frac{c_v(T_4 - T_1)}{c_p(T_3 - T_2)} \tag{8-13}$$

將理想氣體等熵過程的關係式 (3-13) 代入 (8-13) 進行整理可以得到熱效率關係式 (8-14)：

$$\begin{cases} \dfrac{T_2}{T_1} = \left(\dfrac{V_1}{V_2}\right)^{\gamma-1} = CR^{\gamma-1} \\ \dfrac{T_4}{T_3} = \left(\dfrac{V_3}{V_4}\right)^{\gamma-1} = \left(\dfrac{V_2}{V_4}\dfrac{V_3}{V_2}\right)^{\gamma-1} = \left(\dfrac{V_2}{V_1}\dfrac{V_3}{V_2}\right)^{\gamma-1} = \left(\dfrac{CR_{\text{off}}}{CR}\right)^{\gamma-1} \end{cases} \tag{8-14}$$

CR_{off} 爲停氣比 (Cutoff ratio)，其實質意義代表著狄賽爾循環燃燒前後的容積比值，並且定義爲 V_3/V_2。

$$\eta = 1 - \frac{1}{CR^{\gamma-1}}\left[\frac{CR_{\text{off}}^{\gamma}-1}{\gamma(CR_{\text{off}}-1)}\right] \tag{8-15}$$

狄賽爾循環的熱效率除了壓縮比 (Compression ratio) 之外，尚有停氣比 (Cutoff ratio) 的參數在其中，奧圖循環的停氣比爲 1，而狄賽爾循環的停氣比均會大於 1，如圖 8-7 所示，當壓縮比一樣時，狄賽爾循環的熱效率會比奧圖循環的熱效率爲低。由於狄賽爾循環引擎的燃料與空氣並非預混 (premixed)，因此可以大幅度地提高壓縮比，因此才會有柴油引擎比汽油引擎熱效率高的說法。

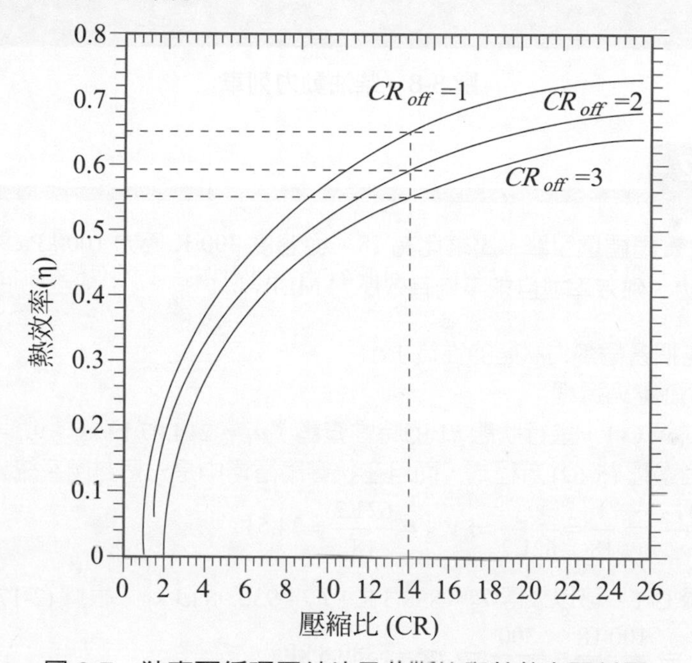

圖 8-7　狄賽爾循環壓縮比及截斷比與熱效率關係圖

柴油引擎具備高扭力的特性而且具有結構強固可靠的特性，因此大型車輛、機械、列車甚至是大型船艦與潛艇都可以看到它的蹤跡，如圖 8-8 爲美國州際貨運列車所使用的柴油電力車頭，在沒有電氣化的鐵道區間，柴油引擎是火車動力的主體，對於火車來說除了負載較輕的柴聯車使用液壓變速聯結車輪之外，高負載的車種通常使用柴油引擎發電後驅動車輪馬達行駛，如果使用液壓變速聯結會導致變速箱無法負荷而打滑。

圖 8-8　柴油動力列車

範例 8-2

一個標準空氣狄賽爾循環引擎，壓縮比為 18，從溫度 300 K 壓力 100 kPa 開始運作，停氣比 2.2，求輸出功、熱效率並且求平均有效壓力 MEP。

解 我們必須先把各個熱力狀態的性質求出

1 → 2 的等熵壓縮過程

首先根據附錄 C-1，進行狀態 #1 的特性查詢：$u_1 = 214.07$ kJ/kg；$v_{r,1} = 621.2$。使用理想氣體等熵過程 (5-62) 方程式，而且在狄賽爾循環中是一個封閉系統。

$$\frac{V_2}{V_1} = \frac{v_2}{v_1} = \frac{v_{r,2}}{v_{r,1}} \Rightarrow \frac{1}{18} = \frac{v_{r,2}}{621.2} \Rightarrow v_{r,2} = \frac{621.2}{18} = 34.51$$

內插回附錄 C-1，可以求得 $T_2 = 898.3$ K，$h_2 = 930.98$ kJ/kg，根據 (2-17)：

$$\frac{p_1}{p_2}\frac{v_1}{v_2} = \frac{T_1}{T_2} \Rightarrow \frac{100}{p_2}\frac{18}{1} = \frac{300}{898.3} \Rightarrow p_2 = 5389.8 \text{ kPa}$$

2 → 3 的等壓過程

$$CR_{\text{off}} = \frac{V_3}{V_2} = \frac{T_3}{T_2} \Rightarrow 2.2 = \frac{T_3}{898.3} \Rightarrow T_3 = 1976.26 \text{ K}$$

根據附錄 C-1，使用內插求出狀態 #3 的性質

$$\frac{1976.26-1950}{2000-1950} = \frac{h_3-2189.7}{22552.1-2189.7} = \frac{v_{r,3}-3.022}{2.776-3.022}$$

$h_3 = 2222.47$ kJ/kg

$v_{r,3} = 2.893$

3 → 4 的等熵過程

$$\frac{v_{r,4}}{v_{r,3}} = \frac{V_4}{V_3} = \frac{V_4}{V_2}\frac{V_2}{V_3} = \frac{V_1}{V_2}\frac{1}{CR_{\text{off}}} \Rightarrow v_{r,4} = v_{r,3}\frac{V_1}{V_2}\frac{1}{CR_{\text{off}}}$$

$$\Rightarrow v_{r,4} = 2.893 \times 18 \div 2.2 = 23.67$$

根據附錄 C-1，使用內插求出狀態 #4 的性質

$$\frac{23.67 - 23.72}{22.39 - 23.72} = \frac{T_4 - 1020}{1040 - 1020} = \frac{u_4 - 776.1}{793.36 - 776.1}$$

$u_4 = 776.75$ kJ/kg

$T_4 = 1020.75$ K

功

$$\frac{W_{\text{循環}}}{m} = (h_3 - h_2) - (u_4 - u_1) = (2222.47 - 930.98) - (776.75 - 214.07) = 728.81 \text{ kJ/kg}$$

熱效率

$$\eta = 1 - \frac{u_4 - u_1}{h_3 - h_2} = 1 - \frac{776.75 - 214.07}{2222.47 - 930.98} = 0.564 = 56.4\%$$

MEP

由於本題目沒有提供排氣量，因此只能使用比容來進行計算，根據理想氣體方程式

$$v_1 = \frac{RT}{p_1} = \frac{\frac{8314}{28.97}\frac{\text{Nm}}{\text{kg}\cdot\text{K}}300\text{K}}{100000\,\text{N/m}^2} = 0.861\,\text{m}^3/\text{kg}$$

$$\text{MEP} = \frac{728.81\,\text{kJ/kg}}{(0.861 - 0.861/18)\text{m}^3/\text{kg}} = 896\,\text{kPa}$$

8-2 布雷登循環

8-2-1 簡介

1872 年喬治．布雷登 (George Brayton) 開發了一具特殊往復式引擎並且依循布雷登循環的方式進行運作；現代的飛機使用渦輪扇引擎 (turbofan engine) 作為動力的核心，如圖 8-9 所示，渦輪扇引擎是由風扇以及氣渦輪引擎結合而成，這種引擎讓我們可以在國與國之間旅行變得更加便捷與經濟；過去噴射式飛機剛推出時主要是以氣渦輪引擎為主，如圖 8-10 所示就是早期氣渦輪引擎所驅動的第一架民用飛機。隨著氣渦輪機技術的發展，除了前述驅動飛機的渦輪扇引擎之外，尚有區間客機所使用渦輪螺旋槳引擎 (turbo propeller engine) 以及驅動直升機的渦輪軸引擎 (turboshaft)。氣渦輪機除了應用在飛行器上，它也可以用來做為地面發電以及驅動船艦所使用，例如：苗栗通霄發電廠。

圖 8-9　飛機渦輪扇引擎

圖 8-10　第一架使用氣渦輪引擎的民用飛機 (De Havilland Comet)

8-2-2 理想布雷登循環

氣渦輪機所進行的熱力循環稱之爲布雷登循環，首先我們先看理想空氣布雷登循環的主要假設：

1. 工作流體假設爲理想氣體，分析時使用空氣理想氣體性質。
2. 輸入的熱以熱交換器達成，取代掉實際所使用的燃燒器，將燃燒的問題排除在外，也不考慮燃燒後產物與空氣之間的差異性。

布雷登循環可以區分成封閉式與開放式兩種，封閉式系統中，經過渦輪的空氣會再經過一個熱交換器把熱傳到環境中，一般來說實際應用的布雷登循環都是將渦輪出來的氣體直接排入環境中，因此經過簡化後開放式布雷登循環模型可以用圖 8-11 來表示，布雷登循環的過程可用圖 8-12 進行說明，圖中所顯示的是布雷登循環的壓容 *p-v* 與溫熵 *T-s* 圖，其中共有四個熱力過程：1 → 2 過程爲標準空氣等熵壓縮行程，2 → 3 過程爲標準空氣在等壓狀態下從外界環境吸收能量，3 → 4 過程爲標準空氣的等熵膨脹，4 → 1 過程爲標準空氣在等壓下向外界環境釋放能量。其中渦輪所產生的功以及壓縮機所需要的功可以分別用方程式 (8-16) 與 (8-17) 來表示，整個循環的輸出功等於渦輪所產生的功扣除壓縮機所需要功，並且如 (8-18) 所示。

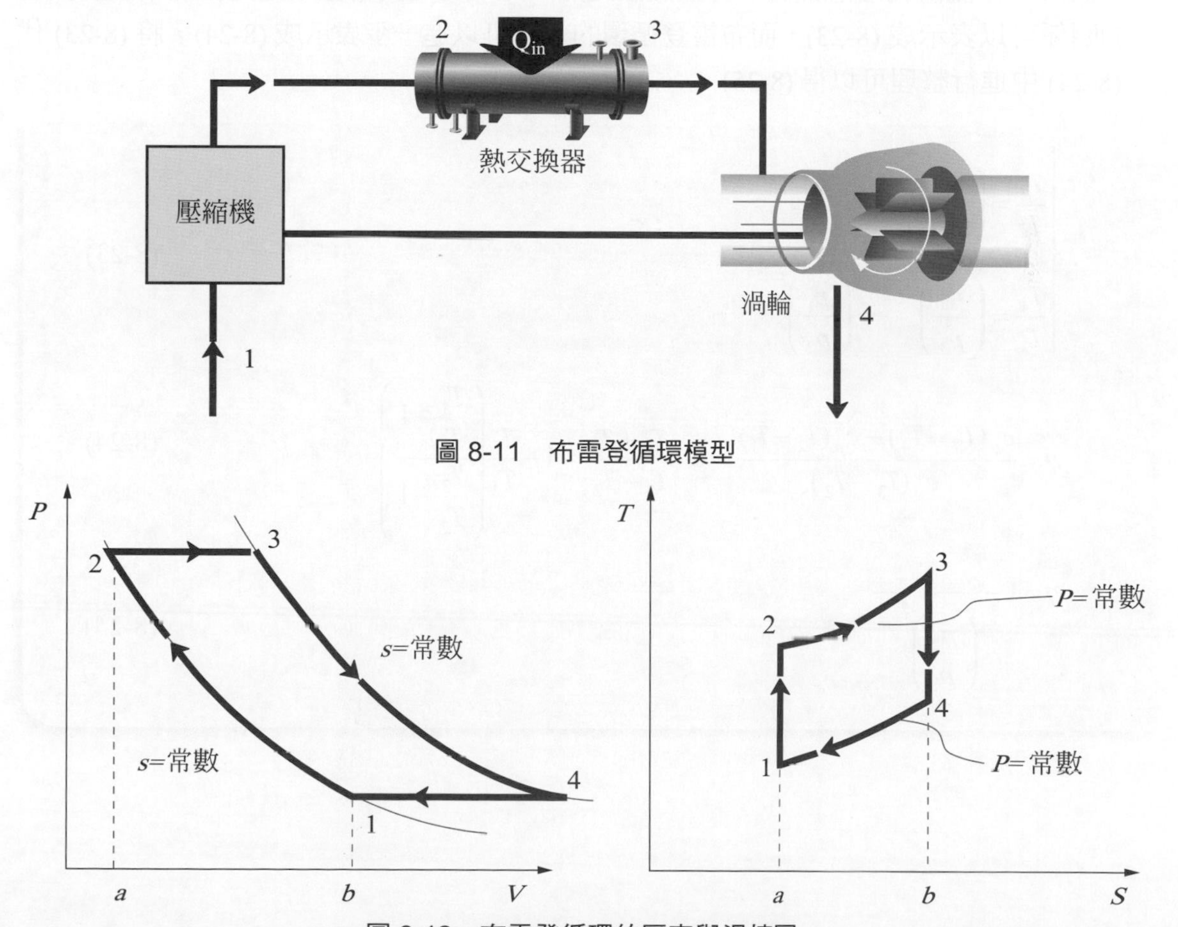

圖 8-11 布雷登循環模型

圖 8-12 布雷登循環的壓容與溫熵圖

$$\dot{W}_t = \dot{m}(h_3 - h_4) \quad (8\text{-}16)$$

$$\dot{W}_c = \dot{m}(h_2 - h_1) \quad (8\text{-}17)$$

$$\dot{W}_{\text{循環}} = \dot{W}_t - \dot{W}_c = \dot{m}[(h_3 - h_4) - (h_2 - h_1)] \quad (8\text{-}18)$$

在熱傳方面，從熱交換器所輸入的熱能以及排放出系統之外的熱能分別如 (8-19) 與 (8-20) 所示，因此布雷登循環的熱效率以及回功比可以用 (8-21) 與 (8-22) 加以表示：

$$\dot{Q}_{\text{in}} = \dot{m}(h_3 - h_2) \quad (8\text{-}19)$$

$$\dot{Q}_{\text{out}} = \dot{m}(h_4 - h_1) \quad (8\text{-}20)$$

$$\eta = \frac{\dot{W}_t - \dot{W}_c}{\dot{Q}_{\text{in}}} = \frac{(h_3 - h_4) - (h_2 - h_1)}{h_3 - h_2} \quad (8\text{-}21)$$

$$\text{BWR} = \frac{\dot{W}_c}{\dot{W}_t} = \frac{h_2 - h_1}{h_3 - h_4} \quad (8\text{-}22)$$

假設工作流體爲理想氣體，並且假設比熱與比熱比均爲常數，因此循環中溫度與壓力的關係可以表示成 (8-23)，而布雷登循環的效率可以進一步表示成 (8-24)，將 (8-23) 代入 (8-24) 中進行整理可以得 (8-25)。

$$\begin{cases} \dfrac{T_2}{T_1} = \left(\dfrac{p_2}{p_1}\right)^{\frac{\gamma-1}{\gamma}} \\ \dfrac{T_4}{T_3} = \left(\dfrac{p_4}{p_3}\right)^{\frac{\gamma-1}{\gamma}} = \left(\dfrac{p_1}{p_2}\right)^{\frac{\gamma-1}{\gamma}} \end{cases} \quad (8\text{-}23)$$

$$\eta = \frac{c_p(T_3 - T_4) - c_p(T_2 - T_1)}{c_p(T_3 - T_2)} = 1 - \frac{T_4 - T_1}{T_3 - T_2} = 1 - \frac{T_1}{T_2}\left(\frac{\dfrac{T_4}{T_1} - 1}{\dfrac{T_3}{T_2} - 1}\right) \quad (8\text{-}24)$$

$$\eta = 1 - \frac{T_1}{\left(\dfrac{p_2}{p_1}\right)^{\frac{\gamma-1}{\gamma}}} \quad (8\text{-}25)$$

假設比熱比為 1.4，在布雷登循環中壓縮機內的壓縮比與熱效率關係如圖 8-13 所示，也就是說當壓縮機的設計壓縮比上升時，將有助於提升氣渦輪機的熱效率。

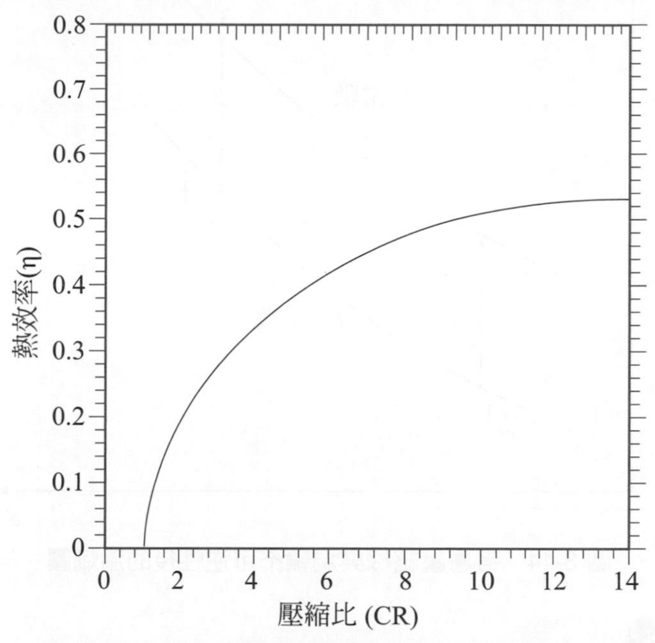

圖 8-13　布雷登循環壓縮機壓縮比與熱效率關係圖

8-2-3　布雷登循環的不可逆性

不可逆性在布雷登循環的各個元件中都會出現，在此不考慮管路中壓損所造成的不可逆性時，主要的不可逆性來自於壓縮機與渦輪，如果將壓縮機與渦輪的不可逆性考慮進去後，如圖 8-14 所示，1 → 2 與 3 → 4 的等熵過程就會改變成 1 → 2′ 與 3 → 4′ 的過程；壓縮機與渦輪的等熵效率可以分別用 (8-26) 與 (8-27) 來表示。

$$\eta_c = \frac{\left.\frac{\dot{W}_c}{\dot{m}}\right|_{\text{等熵}}}{\left.\frac{\dot{W}_c}{\dot{m}}\right|_{\text{real}}} = \frac{h_2 - h_1}{h_{2'} - h_1} \tag{8-26}$$

$$\eta_t = \frac{\left.\frac{\dot{W}_t}{\dot{m}}\right|_{\text{real}}}{\left.\frac{\dot{W}_t}{\dot{m}}\right|_{\text{等熵}}} = \frac{h_3 - h'_4}{h_3 - h_4} \tag{8-27}$$

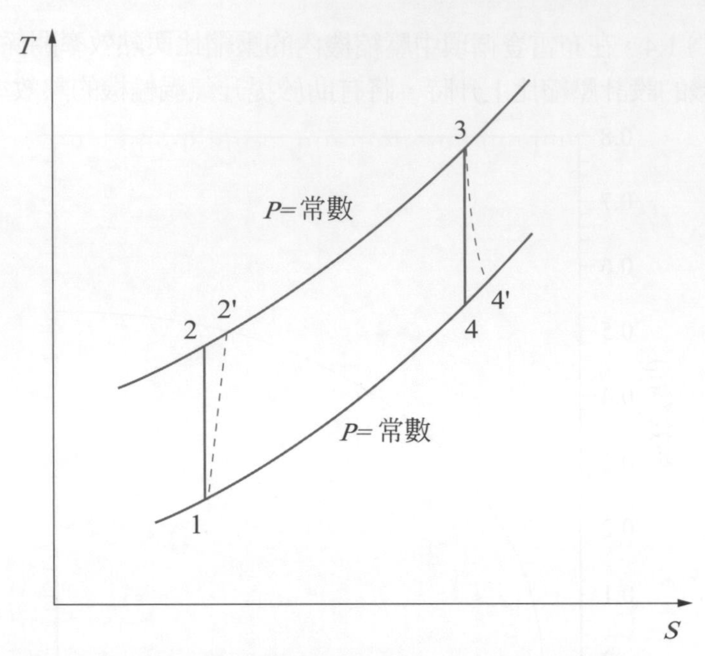

圖 8-14　考慮壓縮機與渦輪不可逆性後的溫熵圖

範例 8-3

空氣進入布雷登循環時的流量、壓力與溫度分別是 6 kg/s、1 bar、300 K，壓縮機的壓縮比 10，渦輪入口處溫度 1380 K，如果壓縮機與渦輪都是等熵過程，請問該循環的熱效率、回功比與淨輸出功為何？如果壓縮機與渦輪的等熵效率都是 80%，重新計算循環的熱效率、回功比與淨輸出功。

解　壓縮機與渦輪都是等熵過程

我們必須先把各個熱力狀態的性質個別求出，首先看狀態 #1，從附錄 C-1 查表可得 $h_1 = 300.19\text{kJ/kg}$，$p_{r,1}=1.386$。

1 → 2 的過程是等熵壓縮，依照理想氣體的特性，我們可以使用 (5-61) 來計算狀態 #2 的性質。

$$\frac{p_2}{p_1} = \frac{p_{r,2}}{p_{r,1}} \Rightarrow \frac{10}{1} = \frac{p_{r,2}}{1.386} \Rightarrow p_{r,2} = 13.86$$

內插回附錄 C-1

$$\frac{h_2 - 575.59}{586.04 - 575.59} = \frac{13.86 - 13.50}{14.38 - 13.50} \Rightarrow h_2 = 579.365 \text{ kJ/kg}$$

狀態 #3 直接查表可得 $h_3 = 1491.44$ kJ/kg，$p_{r,3} = 424.2$。

3 → 4 等熵過程

$$\frac{p_3}{p_4} = \frac{p_{r,3}}{p_{r,4}} \Rightarrow \frac{10}{1} = \frac{424.2}{p_{r,4}} \Rightarrow p_{r,4} = 42.42$$

內插回附錄 C-1

$$\frac{h_4-789.11}{800.03-789.11}=\frac{42.42-41.31}{43.35-41.31}\Rightarrow h_4=795.04\ \text{kJ/kg}$$

熱效率

使用方程式 (8-21)

$$\eta=\frac{(h_3-h_4)-(h_2-h_1)}{h_3-h_2}=\frac{(1491.44-795.04)-(579.365-300.19)}{1491.44-581.77}=0.4574=45.74\%$$

回功比

使用方程式 (8-22)

$$\text{BWR}=\frac{\dot{W}_c}{\dot{W}_t}=\frac{h_2-h_1}{h_3-h_4}=\frac{579.365-300.19}{1491.44-795.04}=0.40$$

淨輸出功

使用方程式 (8-18)

$$\dot{W}_{\text{循環}}=\dot{W}_c-\dot{W}_t=\dot{m}[(h_3-h_4)-(h_2-h_1)]$$

$$=6[(1491.44-795.04)-(579.365-300.19)]=2503.35\ \text{kW}$$

壓縮機與渦輪都是具有等熵效率 80%

參考圖 8-14，並且使用方程式 (8-26) 與 (8-27) 計算實際的功，首先看渦輪的部分

$$\eta_t=\frac{\left.\frac{\dot{W}_t}{\dot{m}}\right|_{\text{real}}}{\left.\frac{\dot{W}_t}{\dot{m}}\right|_{\text{等熵}}}\Rightarrow 0.8=\frac{\left.\frac{\dot{W}_t}{\dot{m}}\right|_{\text{real}}}{696.4}\Rightarrow\left.\frac{\dot{W}_t}{\dot{m}}\right|_{\text{real}}=557.12\ \text{kJ/kg}$$

再來討論壓縮機的部分

$$\eta_c=\frac{\left.\frac{\dot{W}_c}{\dot{m}}\right|_{\text{等熵}}}{\left.\frac{\dot{W}_c}{\dot{m}}\right|_{\text{real}}}\Rightarrow 0.8=\frac{281.58}{\left.\frac{\dot{W}_c}{\dot{m}}\right|_{\text{real}}}\Rightarrow\left.\frac{\dot{W}_c}{\dot{m}}\right|_{\text{real}}=\frac{281.58}{0.8}=351.975\ \text{kJ/kg}$$

$$h_{2'}=h_1+\left.\frac{\dot{W}_c}{\dot{m}}\right|_{\text{real}}=300.19+351.975=652.17\ \text{kJ/kg}$$

接下來計算實際的熱輸入量，使用 (8-19)

$$\frac{\dot{Q}_{\text{in}}}{\dot{m}}=h_3-h_{2'}=1491.44-652.17=839.27\ \text{kJ/kg}$$

重新計算相關參數

熱效率

$$\eta=\frac{\dot{W}_t-\dot{W}_c}{\dot{Q}_{\text{in}}}=\frac{557.12-351.98}{839.27}=24.44\%$$

回功比

$$BWR = \frac{\dot{W}_c}{\dot{W}_t} = \frac{351.98}{557.12} = 0.6318$$

淨輸出功

$$\frac{\dot{W}_{循環}}{\dot{m}} = \frac{\dot{W}_t - \dot{W}_c}{\dot{m}} = (557.12 - 351.98) = 205.14\,\text{kJ/kg}$$

$$\dot{W}_{循環} = 6 \times 205.14 = 1230.84\ \text{kW}$$

8-3 氣渦輪機循環的性能提升

8-3-1 再生

布雷登循環的工作流體經過渦輪後即排入大氣，離開渦輪的空氣仍然具有特定的溫度，如果用一個熱交換器將這些餘溫與離開壓縮機的空氣進行熱交換，達到預熱 (preheat) 的效果時，這個熱交換器就稱之為再生器 (regenerator)；具有再生器的布雷登循環如圖 8-15 所示意，其溫熵圖如圖 8-16 所示。在狀態 #2 的空氣進入再生器後會被預熱到 #*a* 的狀態，本來熱交換器需要提供熱讓狀態 #2 成為狀態 #3，經過預熱後，只需要將 #*a* 提昇到狀態 #3，如 (8-28) 所示，所以可以減少熱能的輸入就可以達到原來的效果，在淨功不變的情況下，減少熱能的輸入就能增加熱效率。一個好的再生器可以讓 *a* 點的溫度趨近於狀態 #3 的溫度而達到可逆的狀態，在不可能的情況下我們必須定義出再生器的效率 (regenerator effectiveness)，如 (8-29) 所描述。

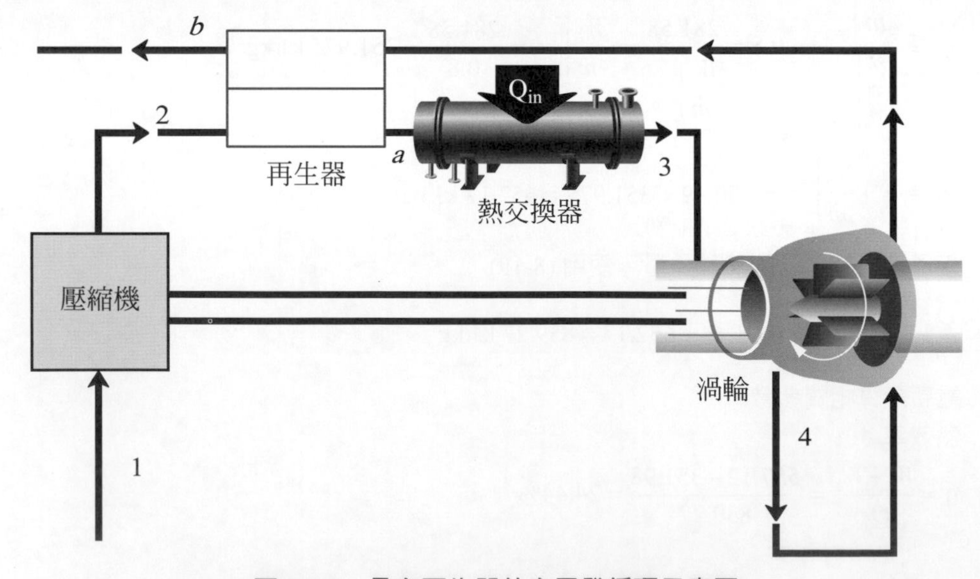

圖 8-15　具有再生器的布雷登循環示意圖

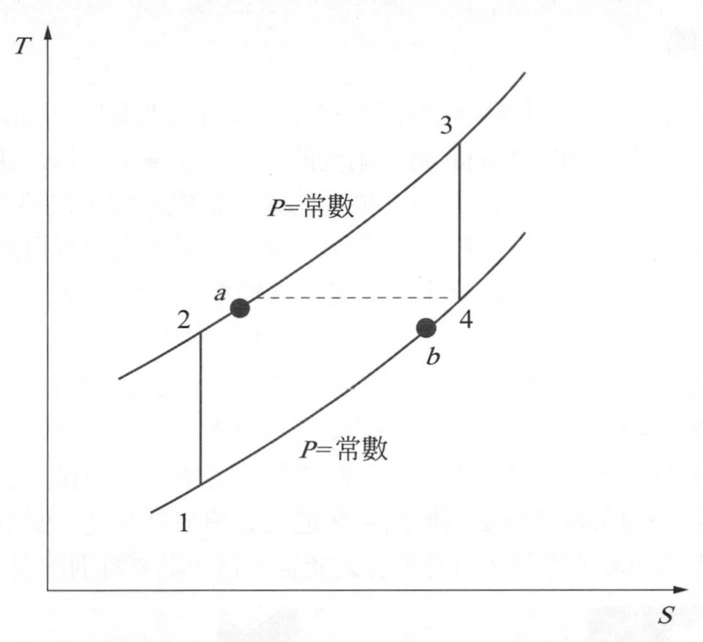

圖 8-16 具有再生器的布雷登循環溫熵圖

$$\dot{Q}_{\text{in}} = \dot{m}(h_3 - h_a) \tag{8-28}$$

$$\eta_{\text{regn}} = \frac{h_a - h_2}{h_4 - h_2} \tag{8-29}$$

範例 8-4

延續範例 8-3，系統中安裝一個具有 70% 再生效率的再生器，假設壓縮機與渦輪都是等熵過程，請問該循環的熱效率有何變化？

解 首先計算出 h_a 的值，使用 (8-29) 並且使用範例 8-3 所求得的值加以計算：

$$\eta_{\text{regn}} = \frac{h_a - h_2}{h_4 - h_2} \Rightarrow 0.7 = \frac{h_a - 579.365}{795.04 - 581.77}$$

$h_a = 728.654$ kJ/kg

因此傳入系統的熱可以使用 (8-28) 加以計算

$$\frac{\dot{Q}_{\text{in}}}{\dot{m}} = (h_3 - h_a) = 1491.44 - 728.654 = 762.786 \text{ kJ/kg}$$

所以新的效率為

$$\eta = \frac{(h_3 - h_4) - (h_2 - h_1)}{h_3 - h_a} = \frac{(1491.44 - 795.04) - (579.365 - 300.19)}{762.786} = 0.5469 = 54.70\%$$

經過再生器的使用，效率可以比原來的 45.6% 提高約 9%

8-3-2 再熱

在布雷登循環中，如果將狀態 #3 的溫度提高可以有效地增加功輸出，然而實際應用上卻會遭遇到渦輪葉片 (turbine blade) 材料耐受的問題，渦輪葉片以高速旋轉運動，不僅僅承受離心力更要耐受高溫氣體的環境，早期的氣渦輪機渦輪入口溫度大約在 850℃，現代化的氣渦輪機渦輪入口溫度已經可以達到 1400℃，某些先進軍用渦輪發動機更可以達到 1600℃左右，這都必須仰賴超合金以及先進渦輪葉片冷卻技術，如圖 8-17 所示為具有絕熱屏障的氣渦輪葉片以及渦輪葉片內部產生表面氣膜用冷卻通風孔。為了使渦輪葉片壽命可以延長並且使氣渦輪機的功輸出可以更加提升，使用再熱 (reheat) 的技術是一種可行的方法，其做法如所示，空氣經過壓縮機壓縮後先進入第一個燃燒室，排氣經過第一組渦輪後再進入第二個燃燒室再加熱，氣體會再經過第二組渦輪；進行分析時參考如所示的具備再熱裝置的布雷登循環溫熵圖。在這裡必須強調的是，使用再熱技術並不會使熱效率上升，因為再熱的過程必須得再加入能量，這一點要特別注意。

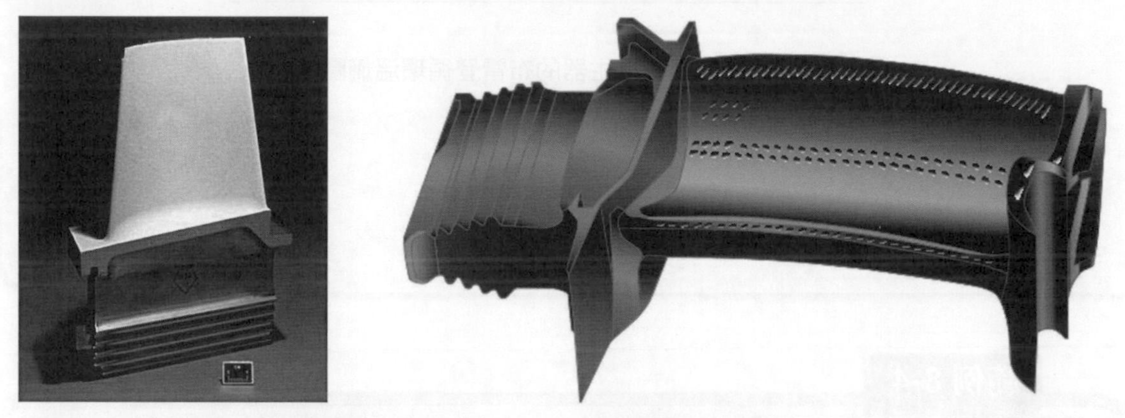

圖 8-17 (a) 具有絕熱屏障的氣渦輪葉片；(b) 渦輪葉片內部產生表面氣膜用冷卻通風孔

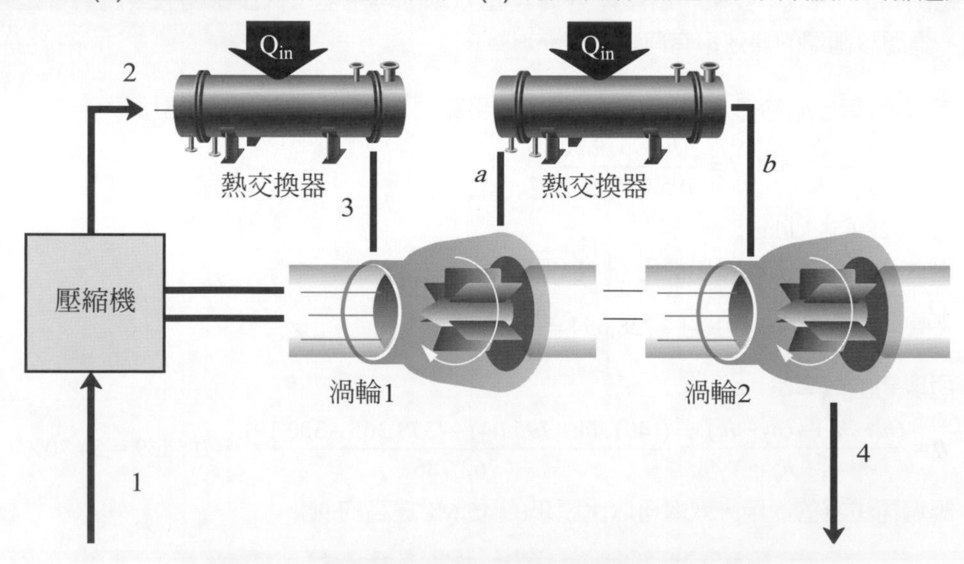

圖 8-18 具有再熱裝置的布雷登循環系統示意圖

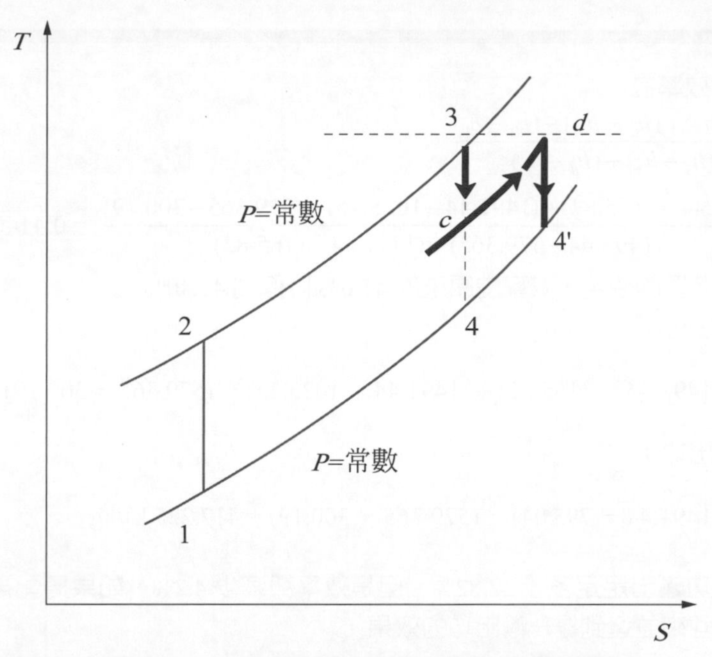

圖 8-19 具有再熱裝置的布雷登循環溫熵圖

範例 8-5

延續範例 8-3，系統中安裝一個具有再熱裝置，於再熱裝置中壓力為 4 bar，並且將空氣再度加熱到 1380 K，假設壓縮機與渦輪都是等熵過程，請問該循環的熱效率與輸出功有何變化？

解 使用範例 8-3 所計算出來的結果，$h_1 = 300.19$ kJ/kg、$h_2 = 579.365$ kJ/kg、$h_3 = 1491.44$ kJ/kg，$p_{r,3} = 424.2$，$3 \to c$ 的過程是等熵過程

$$\frac{p_3}{p_c} = \frac{p_{r,3}}{p_{r,c}} \Rightarrow \frac{10}{4} = \frac{424.2}{p_{r,c}} \Rightarrow p_{r,c} = 169.68$$

內插回附錄 C-1

$$\frac{h_c - 1161.07}{1184.28 - 1161.07} = \frac{169.68 - 167.1}{179.7 - 167.1} \Rightarrow h_c = 1165.82 \text{ kJ/kg}$$

狀態 $\#d$ 的溫度一樣是 1380 K，所以 $h_d = h_3 = 1491.44$ kJ/kg，$p_{r,d} = 424.2$

$d \to 4'$ 的過程是等熵過程

$$\frac{p_{4'}}{p_d} = \frac{p_{r,4'}}{p_{r,d}} \Rightarrow \frac{1}{4} = \frac{p_{r,4'}}{424.2} \Rightarrow p_{r,4'} = 106.05$$

內插回附錄 C-1

$$\frac{h_{4'} - 1023.25}{1046.04 - 1023.25} = \frac{106.05 - 105.2}{114 - 105.2} \Rightarrow h_{4'} = 1025.45 \text{ kJ/kg}$$

所以新的效率為

$$\eta = \frac{(h_3 - h_c) + (h_d - h_{4'}) - (h_2 - h_1)}{(h_3 - h_2) + (h_d - h_c)}$$

$$= \frac{(1491.44 - 1165.82) + (1491.44 - 1025.45) - (579.365 - 300.19)}{(1491.44 - 579.365) + (1491.44 - 1165.82)} = 0.4140 = 41.40\%$$

經過再熱裝置的使用，效率由原來的 45.6% 降低到 41.40%

輸出功的變化：

$$\frac{\dot{W}_{循環}}{\dot{m}} = (1491.44 - 1165.82) + (1491.44 - 1025.45) - (579.365 - 300.19) = 512.435 \text{ kJ/kg}$$

原來的輸出功：

$$\frac{\dot{W}_{循環}}{\dot{m}} = (1491.44 - 795.04) - (579.365 - 300.19) = 417.225 \text{ kJ/kg}$$

比原來的功輸出足足多了 22.82%，但是效率卻減少 4.2%，如果搭配再生器則可以將效率彌補回來並達到提升輸出功的效果。

8-3-3 中冷器

考慮到兩個不同的理想氣體壓縮路徑，如圖 8-20 所示，$1 \rightarrow 2$ 與 $1 \rightarrow 2'$ 過程分別爲絕熱壓縮與等溫壓縮的路徑，路徑在垂直軸的投影所包圍的面積就代表著所需要的功，從圖中可以清楚地看到等溫壓縮所需要的功比絕熱壓縮還要來得小，因此壓縮機中冷器 (intercooler) 就有存在的功能性。布雷登循環搭配中冷器的架構與溫熵圖分別如圖 8-21 與圖 8-22 所示。

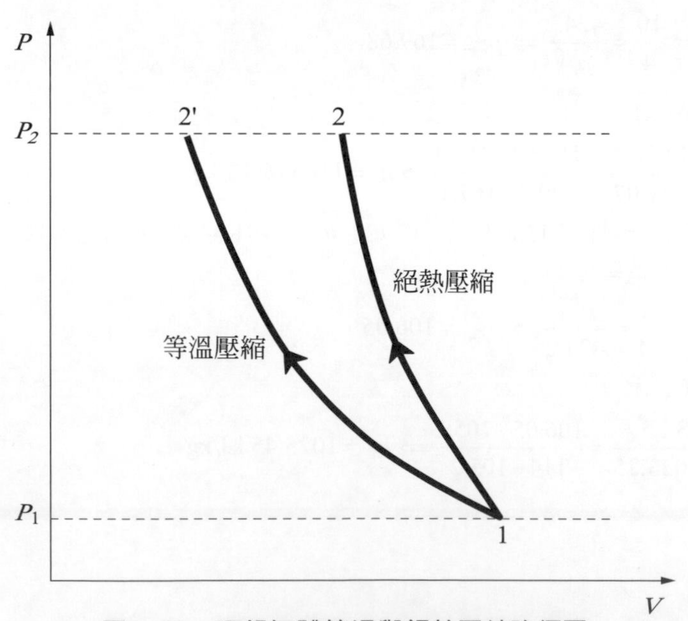

圖 8-20 理想氣體等溫與絕熱壓縮路徑圖

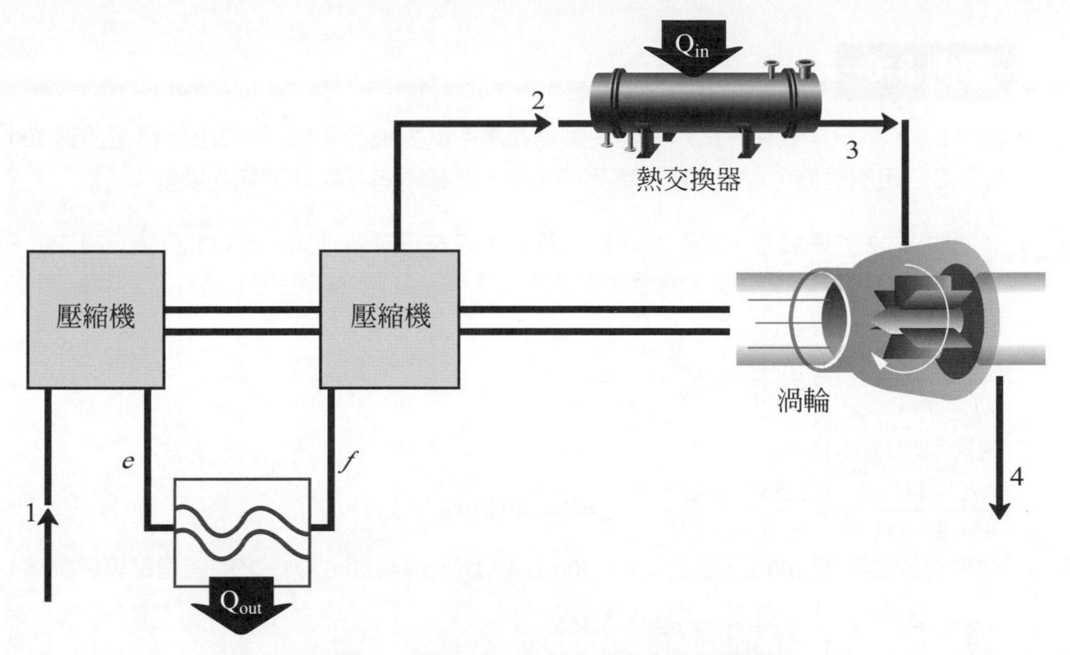

圖 8-21 搭配中冷器之布雷登循環架構圖

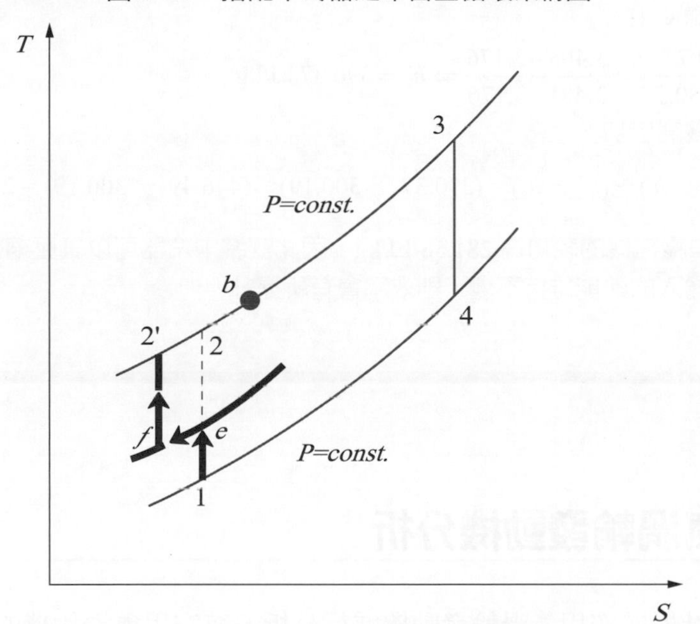

圖 8-22 搭配中冷器之布雷登循環溫熵圖

範例 8-6

延續範例 8-3，系統中安裝一個中冷器，壓縮機將空氣壓縮到 4 bar 時拉出進行冷卻到 300 K 再進入第二級壓縮機，假設壓縮機是等熵過程，比較兩者壓縮機的耗功狀況。

解 參考圖 8-22 的溫熵圖，狀態 #1，從附錄 C-1 查表可得 $h_1 = 300.19$ kJ/kg，$p_{r,1} = 1.386$。$1 \to e$ 的過程是等熵壓縮，依照理想氣體的特性，我們可以使用 (5-61) 來計算狀態 #2 的性質。

$$\frac{p_e}{p_1} = \frac{p_{r,e}}{p_{r,1}} \Rightarrow \frac{4}{1} = \frac{p_{r,e}}{1.386} \Rightarrow p_{r,e} = 5.544$$

內插回附錄 C-1

$$\frac{h_e - 441.61}{451.8 - 441.61} = \frac{5.544 - 5.332}{5.775 - 5.332} \Rightarrow h_e = 446.49 \text{ kJ/kg}$$

狀態 #f 的溫度是 300 K，因此其 $h_f = 300.19$ kJ/kg，$p_{r,f} = 1.386$。$f \to 2'$ 的過程是等熵壓縮。

$$\frac{p_{2'}}{p_f} = \frac{p_{r,2'}}{p_{r,f}} \Rightarrow \frac{10}{4} = \frac{p_{r,2'}}{1.386} \Rightarrow p_{r,2'} = 3.465$$

內插回附錄 C-1

$$\frac{h_{2'} - 380.77}{390.98 - 380.77} = \frac{3.465 - 3.176}{3.481 - 3.176} \Rightarrow h_{2'} = 390.37 \text{ kJ/kg}$$

因此壓縮機需求功

$$\frac{\dot{W}_c}{\dot{m}} = (h_2' - h_f) + (h_e - h_1) = (390.37 - 300.19) + (446.49 - 300.19) = 236.48 \text{ kJ/kg}$$

範例 8-3 中壓縮機的耗功為 281.58 kJ/kg，因此安裝中冷器可以讓壓縮機所需要的功下降，如果輸入的熱能維持不變，則效率會有所提升。

8-4 氣渦輪發動機分析

在本節中將針對航空用氣渦輪發動機進行分析，航空用氣渦輪機的主要架構有擴散段、壓縮機、燃燒室、渦輪機以及噴嘴段，如圖 8-23 所示是一個典型的氣渦輪機，圖面左側我們可以清楚地看到 8 級軸流式壓縮機而右側有 2 級渦輪，夾在壓縮機與渦輪機中間的就是燃燒室。爲了分析方便起見，我們將外面的大氣環境設定爲狀態 #a、擴散段出口爲狀態 #1、壓縮機出口爲狀態 #2、燃燒室出口狀態 #3、渦輪機出口狀態 #4 與噴嘴出口爲狀態 #5，整個氣渦輪機的溫熵圖如圖 8-25 所示。

圖 8-23 典型氣渦輪機

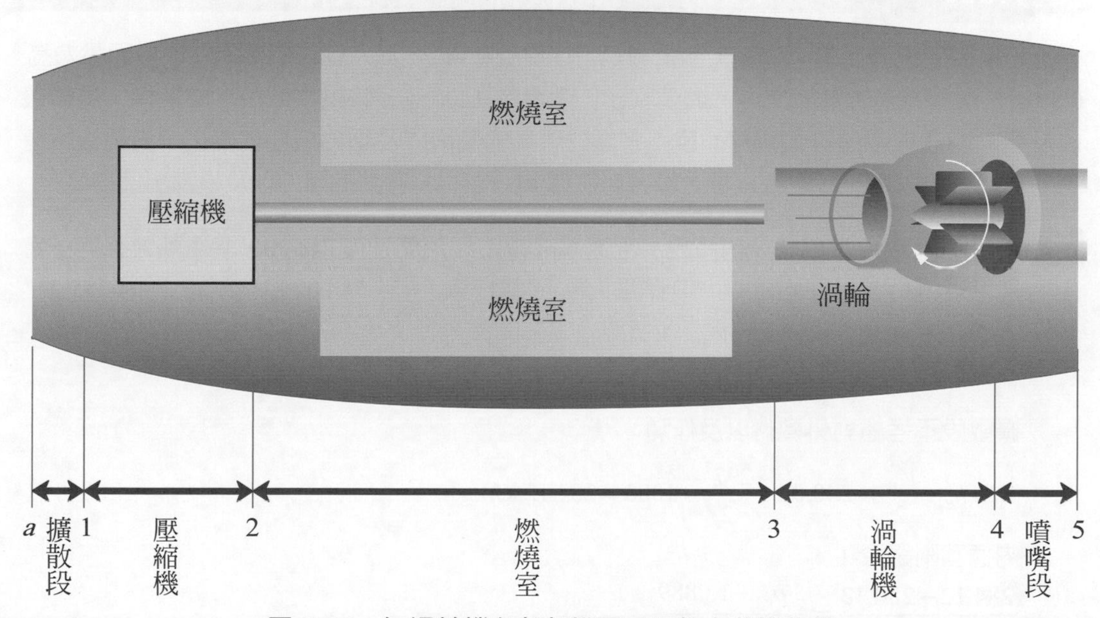

圖 8-24 氣渦輪機各部架構圖以及熱力狀態定義

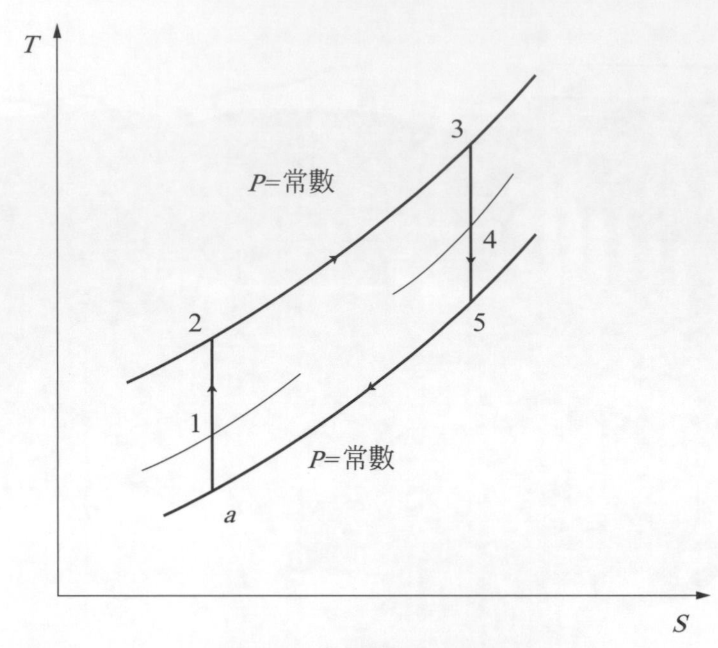

圖 8-25　氣渦輪機溫熵圖

範例 8-7

分析一掛載於飛機上的氣渦輪，該飛機飛行速度 297 m/s，其入口處溫度為 240 K 而壓力為 0.3 bar，壓縮機的壓縮比為 9，燃燒室出口溫度為 1200 K，假設擴散段、壓縮機、渦輪機以及噴嘴的過程都是等熵過程而且不考慮對環境的熱傳以及重力位能的變化，渦輪機所產生的功剛好可以用來驅動壓縮機，試分析狀態 #1、2…#5 各點的壓力以及噴嘴出口速度。

解 首先把擴散段當成是一個系統，經過擴散後工作流體速度視為 0，使用熱力學第一定律進行分析並且從附錄 C-1 中查詢狀態 #a 的性質，$h_a = 240.02$ kJ/kg、$p_{r,a} = 0.6355$

$$0 = \dot{Q} - \dot{W} + \dot{m}\left(h_{\text{in}} - h_{\text{out}} + \frac{\tilde{V}_{\text{in}}^2 - \tilde{V}_{\text{out}}^2}{2}\right)$$

擴散段不考慮對外熱傳以及作功

$$h_1 = h_a + \frac{\tilde{V}_a^2}{2} = 240.02 + \frac{297^2}{2} \div 1000 = 284.12 \text{ kJ/kg}$$

內插回附錄 C-1

$$\frac{284.12 - 280.13}{285.14 - 280.13} = \frac{p_{r,1} - 1.0889}{1.1584 - 1.0889}$$

可以得到 $p_{r,1} = 1.1443$

所以可以計算出 p_1

$$\frac{p_1}{p_a} = \frac{p_{r,1}}{p_{r,a}} \Rightarrow p_1 = p_a \frac{p_{r,1}}{p_{r,a}} = 0.3\frac{1.1443}{0.6355} = 0.5402 \text{ bar}$$

壓縮比為 9，所以 $\dfrac{p_2}{p_1} = 9$；$p_2 = 4.8617$ bar；$p_{r,2} = 1.1443 \times 9 = 10.2987$

內插回 C-1

$$\frac{h_2 - 523.63}{533.98 - 523.63} = \frac{10.2987 - 9.684}{10.37 - 9.684}$$

$h_2 = 532.90$ kJ/kg

燃燒室出口溫度為 1200 K，燃燒室為等壓，所以

$p_3 = p_2 = 4.8617$ bar；$h_3 = 1277.79$ kJ/kg，$p_{r,3} = 238.0$

由於渦輪機所發出來的功等於壓縮機所需要的功

$h_2 - h_1 = h_3 - h_4$

$532.90 - 284.12 = 1277.79 - h_4$

$h_4 = 1029.01$ kJ/kg

內插回 C-1

$$\frac{1029.01 - 1023.25}{1046.04 - 1023.25} = \frac{p_{r,4} - 105.2}{114 - 105.2}$$

$p_{r,4} = 107.42$

$$\frac{p_3}{p_4} = \frac{p_{r,3}}{p_{r,4}} \Rightarrow \frac{4.8617}{p_4} = \frac{238}{107.42} \Rightarrow p_4 = 2.1943 \text{ bar}$$

經過噴嘴也是等熵過程

$$\frac{p_5}{p_4} = \frac{p_{r,5}}{p_{r,4}} \Rightarrow \frac{0.3}{2.1943} = \frac{p_{r,5}}{107.42} \Rightarrow p_{r,5} = 14.69$$

內插回 C-1

$$\frac{h_5 - 586.04}{596.52 - 586.04} = \frac{14.69 - 14.38}{15.31 - 14.38}$$

$h_5 = 589.53$ kJ/kg

使用熱力學第一定律

$$\widetilde{V}_5 = \sqrt{2(h_4 - h_5)} = \sqrt{2 \times 1000 \times (1029.01 - 589.53)} = 937.53 \text{ m/s}$$

本章小結

本章主要介紹以空氣理想氣體的熱力循環，包含了與汽油引擎有關的奧圖循環、柴油引擎有關的迪賽爾循環、氣渦輪機有關的布雷登循環等目前應用於日常生活相當重要的熱力循環分析。在氣渦輪機方面來說，介紹了再生、再加熱與中冷器的使用對於效率的影響，並且最後舉例分析一個氣渦輪機的熱力分析。

作業

一、選擇題

(　　) 1. 下列敘述何者正確？ (A) 空氣標準分析中的加熱方式爲燃燒過程 (B) 爲了了解系統的最佳狀態，因此循環分析中都是乙等熵過程爲主要的假設 (C) 奧圖循環最佳的應用即是柴油引擎。

(　　) 2. 關於奧圖循環之敘述：甲、奧圖循環是爲封閉系統；乙、熱能傳入以熱傳爲主，不考慮燃燒過程；丙、奧圖循環的效率與壓縮比無關。何者正確？ (A) 甲乙 (B) 甲丙 (C) 甲乙丙。

(　　) 3. 使用下列何者作爲工作流體時，奧圖循環擁有最高的熱效率？ (A) 空氣 (B) 二氧化碳 (C) 氬氣。

(　　) 4. 下列敘述何者正確？ (A) 狄賽爾循環與奧圖循環最大的差異在於吸熱過程 (B) 在等壓縮比情況下，狄賽爾循環擁有較高的熱效率 (C) 停氣比是奧圖循環特有的參數。

(　　) 5. 關於狄賽爾循環之敘述：甲、體現狄賽爾循環的是柴油引擎；乙、停氣比越大，熱效率越高；丙、壓縮比越高則熱效率越高。何者正確？ (A) 甲乙 (B) 甲丙 (C) 甲乙丙。

(　　) 6. 下列敘述何者正確？ (A) 壓縮比越高，無論是奧圖循環或是狄賽爾循環，其熱效率越高 (B) 使用較高比熱比的工作流體有助於提高熱效率 (C) 以上皆正確。

(　　) 7. 關於布雷登循環之敘述：甲、工作流體假設爲理想氣體，分析時使用空氣理想氣體性質；乙、輸入的熱以熱交換器達成；丙、壓縮比越高則熱效率越高。何者正確？ (A) 甲乙 (B) 甲丙 (C) 甲乙丙。

(　　) 8. 下列敘述何者正確？ (A) 布雷登循環可以透過再生而增加熱效率 (B) 布雷登循環可以透過再熱而增加熱效率 (C) 以上皆正確。

(　　) 9. 關於布雷登循環再熱之敘述：甲、可以用來提高功輸出；乙、可以增加熱效率；丙、可以減少熱損耗。何者正確？ (A) 乙 (B) 甲 (C) 丙。

(　　)10. 關於布雷登循環中冷之敘述：甲、可以用來提高功輸出；乙、可以增加熱效率；丙、可以回收廢熱。何者正確？ (A) 甲 (B) 丙 (C) 乙。

二、問答題

1. 一個標準空氣奧圖循環引擎，假設其排氣量爲 500cc，壓縮比爲 10，從溫度 300 K 壓力 1bar 開始運作，假設該引擎的最高溫度可以達到 2200 K，求熱效率並且求平均有效壓力 MEP。

2. 一個標準空氣狄賽爾循環引擎，壓縮比為 20，從溫度 300 K 壓力 100 kPa 開始運作，停氣比 2，求輸出功、熱效率並且求平均有效壓力 MEP。
3. 使用試算表軟體 (例如：Microsoft Excel 或 OpenOffice Calc)，將方程式 (8-10) 繪製成如圖 8-4 的圖表，並說明壓縮比以及定壓比熱與定容比熱比值對效率的影響。
4. 使用試算表軟體 (例如：Microsoft Excel 或 OpenOffice Calc)，將方程式 (8-15) 繪製成如圖 8-7 的圖表，並說明壓縮比與停氣比對效率的影響。
5. 使用試算表軟體 (例如：Microsoft Excel 或 OpenOffice Calc)，將方程式 (8-25) 繪製成如圖 8-13 的圖表，並說明壓縮比對效率的影響。
6. 空氣進入布雷登循環時的壓力與溫度分別是 1 bar、290 K，壓縮機的壓縮比 11，渦輪入口處溫度 1400 K，如果壓縮機與渦輪都是等熵過程，請問該循環的熱效率、回功比與淨輸出功為何？如果壓縮機與渦輪的等熵效率都是 80%，重新計算循環的熱效率、回功比與淨輸出功。

CHAPTER 09

冷凍與熱泵系統

9-0 導讀與學習目標

在炎炎夏日中，能夠吹拂著冷氣並且從冰箱中取出冷飲來喝是一件多麼快意的事，當我們把冷氣關閉之後房間內的溫度會快速地上升而放在桌上的飲料會逐漸變得不涼；在本書前面的章節中所談到熱力學第二定律已經學習到，房間中的溫度不會自己下降，一瓶飲料放在房間中它不會自己變涼的學理。在本章中將介紹冷凍與熱泵系統種類，透過範例將使學生學習如何進行冷凍與熱泵系統的熱力分析。

學習重點

1. 學習蒸汽壓縮冷凍與熱泵系統
2. 學習如何評估冷凍與熱泵系統的效率
3. 認識氣體冷凍系統與相關分析方法

9-1 理想冷凍循環

9-1-1 卡諾冷凍循環

我們考慮到冷凍循環時必須先記得一個原則，無論是冷凍或者是熱泵，都是要把熱能從冷的地方搬運到熱的地方，根據熱力學第二定律，在沒有外加能量的情況下，我們永遠無法將熱能從冷的地方搬運到熱的地方。首先，我們先將理想的卡諾冷凍循環拿出來討論，如圖 9-1 所示是一個卡諾蒸氣冷凍循環 (Carnot vapor refrigeration cycle)，該循環要將工作流體 (working fluid) 透過壓縮機絕熱等熵 (isentropic) 壓縮成溫度 T_H 的飽和蒸汽 (saturated vapor)(1 → 2)，透過凝結器 (condenser) 維持溫度在 T_H 的情況下使工作流體凝結成飽和液 (saturated liquid) 並且將熱傳遞至熱區 (2 → 3)，接著氣體通過渦輪絕熱等熵 (isentropic) 膨脹成溫度 T_C 的液氣混合物 (3 → 4)，這些液氣混合物進入蒸發器，維持在溫度 T_C 的情況下蒸發，並且從冷區 (cold region) 吸收熱。該卡諾冷凍循環的理想性能係數可以表示成 (9-1)，其中溫度使用熱力學溫標 (K)。

$$\text{COP(refrigeration)} = \frac{\dfrac{\dot{Q}_{\text{in}}}{\dot{m}}}{\dfrac{\dot{W}_c}{\dot{m}} - \dfrac{\dot{W}_t}{\dot{m}}} = \frac{T_C(s_2 - s_1)}{(T_H - T_C)(s_2 - s_1)} = \frac{T_C}{T_H - T_C} \tag{9-1}$$

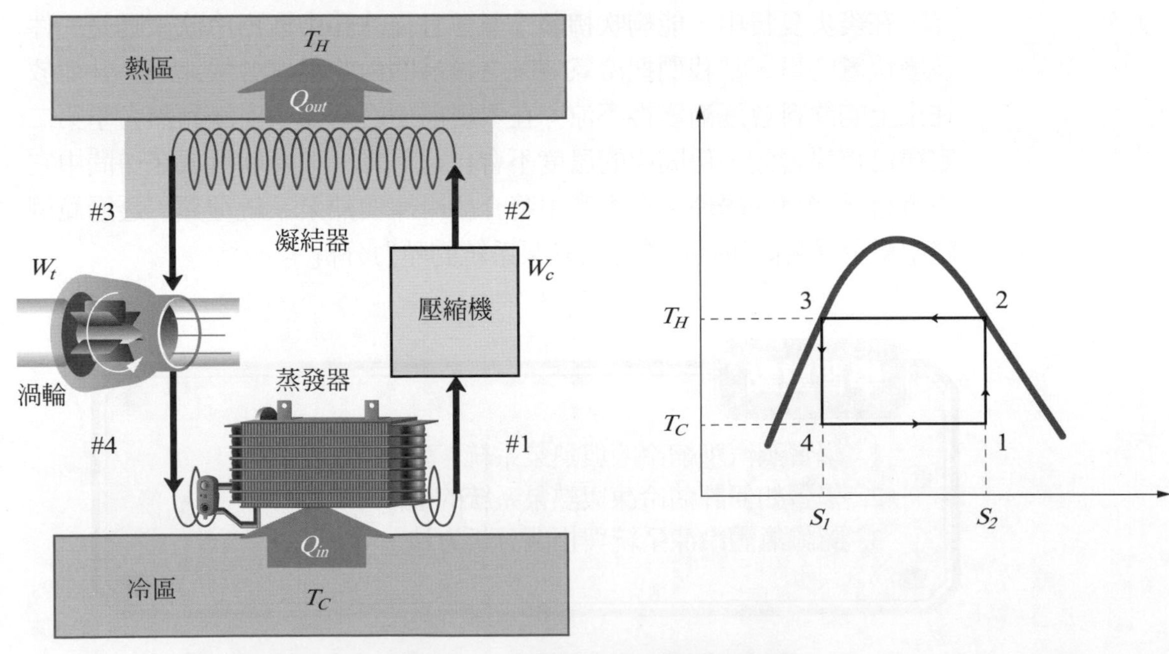

圖 9-1 卡諾蒸汽冷凍循環示意圖

卡諾蒸汽冷凍循環的學理告訴我們一台冷凍裝置的最高功率係數的界線，不過卡諾蒸汽冷凍循環裝置是無法實現的，其中有多項因素必須說明：

1. 熱交換器必須有溫差才能傳熱，因此實際上凝結器的溫度 T_H' 必須高於熱區溫度 T_H；相同的，蒸發器的溫度 T_C' 必須低於冷區溫度 T_C，如此一來，功率係數會低於最高功率係數。
2. 實際的壓縮機無法壓縮液氣混合物，就實務面而言，如果壓縮係數相當小的液體進入壓縮機時，壓縮機會造成損壞
3. 實際的渦輪機並不是用來處理將飽和液體膨脹成液氣混合物的工作。

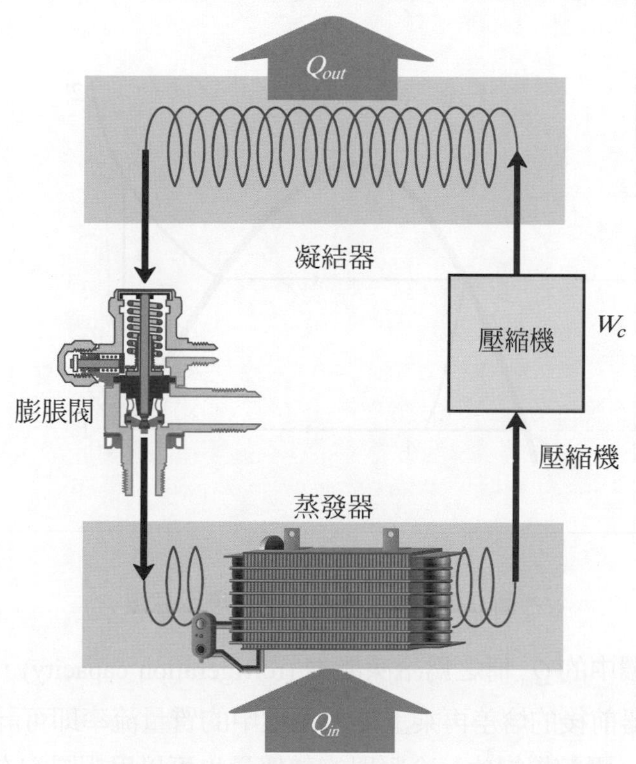

圖 9-2 卡諾蒸汽冷凍循環示意圖

9-1-2 理想蒸汽冷凍循環

為了克服上述的壓縮機與渦輪的問題，我們必須要讓工作流體在蒸發器中完全蒸發成飽和汽再進行等熵壓縮；另外一方面，渦輪的部分則是替換成膨脹閥 (expansion valve)，如此一來便可以將理想蒸汽冷凍循環改變成如圖 9-2 所示的熱力循環，其中相關熱力過程如圖 9-3 所示：

(1) 1 → 2：工作流體透過壓縮機絕熱等熵 (isentropic) 壓縮成高壓過熱蒸汽 (#2)

(2) 2 → 3：工作流體進入凝結器，延著等壓線進行將熱傳出，當工作流體來到飽和蒸氣點後溫度 T_H 後開始進行相變化，最後來到飽和液點 (#3)

(3) 3 → 4：工作流體進入膨脹閥，在膨脹閥中工作流體膨脹降壓來到 (#4)，過程中工作流體的焓不變，在 #4 的狀態為液氣共存。

(4) 4 → 1：工作流體進入蒸發器，在蒸發器中等壓蒸發並且回到 (#1)，在此過程中工作流體的溫度為 T_C 並且將熱傳入工作流體中。

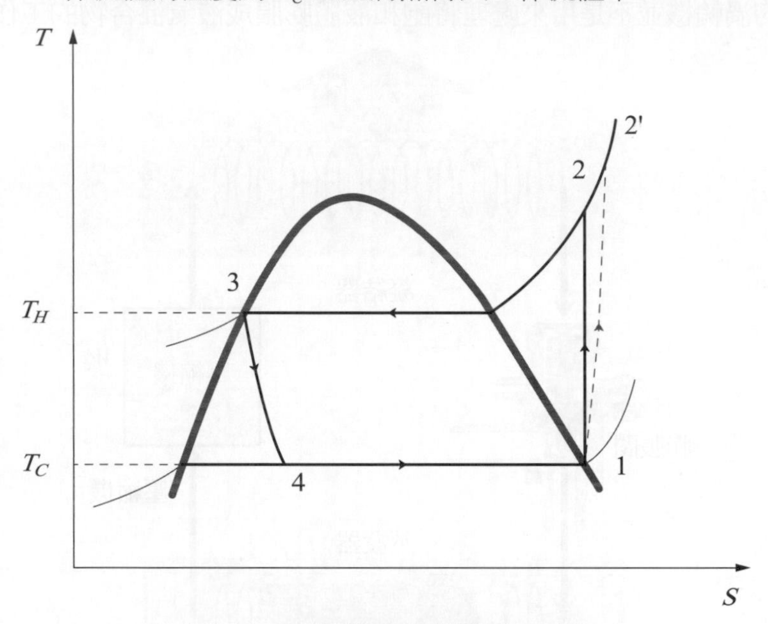

圖 9-3　理想蒸汽冷凍循環示意圖

在蒸汽冷凍循環中的 $\dot{Q}_{in}$ 稱之為冷凍能力 (refrigeration capacity)，在分析時可以查詢工作流體進入蒸發器前後的焓差再乘上熱力循環中的質量流率即可計算其值，其公式如 (9-2) 所示；相同的，壓縮機的功、冷凝器的熱傳量也可以用相同的方式計算，另外在理想膨脹閥中工作流體的焓不會改變，如 (9-5) 所示。以壓縮機輸入功為分母而冷凍能力為分子的功率係數如 (9-6) 所示。

$$\dot{Q}_{in} = \dot{m}(h_1 - h_4) \tag{9-2}$$

$$\dot{W}_c = \dot{m}(h_2 - h_1) \tag{9-3}$$

$$\dot{Q}_{out} = \dot{m}(h_2 - h_3) \tag{9-4}$$

$$h_4 = h_3 \tag{9-5}$$

$$\text{COP(reftigeration)} = \frac{\dot{Q}_{in}}{\dot{W}_c} = \frac{h_1 - h_4}{h_2 - h_1} \tag{9-6}$$

圖 9-3 所示的實際冷凍系統中，1 → 2 的等熵過程是理想化的，壓縮機總是存在不可逆性，不只壓縮機，所有的管路、閥以及熱交換器都存在摩擦力以及其壓損 (pressure drop)，不過在範例的討論中，通常會把這些管路、閥以及熱交換器的不完美性都先不予考慮。當壓縮機的不可逆性考慮進去時，1 → 2 的過程使用虛線來加以表示。爲了讓冷凍系統的性能可以更佳，3 → 4 的過程可以透過過冷器 (subcooler) 將冷媒降至過冷液的狀態並且走 3′ → 4 的過程，如圖 9-4 所示。

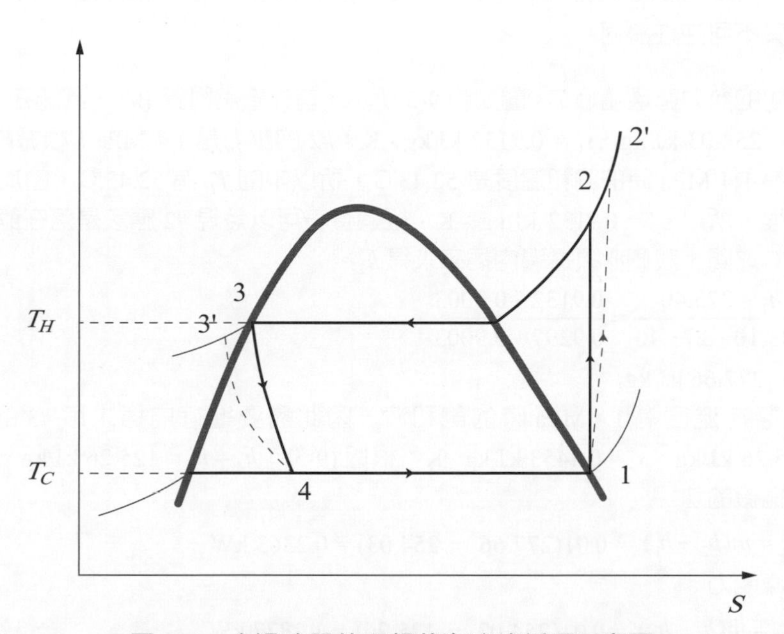

圖 9-4　含過冷器的理想蒸汽冷凍循環示意圖

就業界實務而言，冷凍系統的冷凍能力有許多的單位可以使用，例如：仟瓦 (kW)、每小時仟卡 (kcal/hr) 與每小時英制熱能單位 (BTU/hr)，過去坊間也使用所謂冷凍噸 (refrigeration ton)，冷凍噸在台灣是一個比較沒有規制化的單位，其中包含英制冷凍噸 (USRT)、公制 (日本) 冷凍噸 (JSRT) 以及台制冷凍噸等，英制冷凍噸的定義爲：使 2,000 磅 (1 英制短噸)32 ℉的冰在 24 小時溶化爲 32 ℉的水所吸收的熱量，它等同於 3.516 kW、3,024 kcal/hr、12,000 BTU/hr。如果將這些不同的冷凍噸進行比較可以知道，英制冷凍噸最大 (12,000 BTU/hr)、公制冷凍噸 (10,000 BTU/hr)，最小的是台制冷凍噸 (8,000 BTU/hr)。由於冷凍噸的定義不清，購置冷凍或者冷氣設備時宜以仟瓦 (kW)、每小時仟卡 (kcal/hr) 與每小時英制熱能單位 (BTU/hr) 作爲評量基準較爲適當。

範例 9-1

有一部 R-134a 冷氣機進行空調且達到穩定運作狀態，假設室外 36℃，室內 24℃，熱交換器在正常運作下必須保持溫差，因此假設蒸發器的溫度為 12℃，根據量測已知冷媒離開壓縮機時的壓力為 1.4 MPa，系統內的冷媒流率為 0.01 kg/s。(a) 假設壓縮過程為等熵過程，請問該系統壓縮機的功為何？冷凍能力以仟瓦、每小時仟卡、每小時英制熱能單位以及英制冷凍噸表示？功率係數為何？ (b) 假設壓縮機的效率為 80%，請問新的 #2 其焓值與熵值為何？以及其不可逆性為何？

解 (a) 本題的熱力循環溫熵 T-s 圖如圖 9-5 所示，首先查詢附錄 B-1，確認在 #1 的特性，$h_1 = 254.03$ kJ/kg、$s_1 = 0.9132$ kJ/kg · K；#2 的壓力是 1.4 MPa，根據附錄 B-3，壓力為 1.4 MPa 時的飽和溫度是 52.43℃，所以中的 T_H 為 52.43℃，由於是等熵壓縮過程，所以 $s_2' = 0.9132$ kJ/kg · K；經過查表可以發現 #2 應該是落在飽和溫度以及 60℃之間，我們必須透過內插來求得 h_2。

$$\frac{h_2 - 273.40}{283.10 - 273.40} = \frac{0.9132 - 0.9003}{0.9297 - 0.9003}$$

$h_2 = 277.66$ kJ/kg

#3 落在溫度為 1.4 MPa 時的飽和液，因此需要進行內插求取 #3 的特性，$h_3 = 125.26$ kJ/kg、$s_3 = 0.4453$ kJ/kg · K；根據 (9-5)，$h_4 = h_3 = 125.26$ kJ/kg。

壓縮機的功

$$W_c = \dot{m}(h_2 - h_1) = 0.01(277.66 - 254.03) = 0.2363 \text{ kW}$$

冷凍能力

$$\dot{Q}_{\text{in}} = \dot{m}(h_1 - h_4) = 0.01(254.03 - 125.26) = 1.2877 \text{ kW}$$

1.2877 kW = 0.366 USRT = 1107.51 kcal/hr = 4394.88 BTU/hr

功率係數

$$\text{COP(refrig eration)} = \frac{\dot{Q}_{\text{in}}}{\dot{W}_c} = \frac{h_1 - h_4}{h_2 - h_1} = \frac{254.03 - 125.26}{277.66 - 254.03} = 5.45$$

(b) 根據 (9-7)

$$h_{2'} = \frac{h_2 - h_1}{\eta_c} + h_1 = \frac{277.66 - 254.03}{0.8} + 254.03 = 283.57 \text{ kJ/kg}$$

再使用內插求取 s_2'，再次於附錄 B-3 進行內插。

$$\frac{283.57 - 283.10}{295.31 - 283.10} = \frac{s_2' - 0.9297}{0.9658 - 0.9297}$$

$s_2' = 0.9311$ kJ/kg · K

計算不可逆度時必須考慮環境溫度 $T_0 = 36℃ = 309$ K。

$$\dot{I}_c = \dot{m}T_0(s_2' - s_1) = 0.01 \times 309 \times (0.9311 - 0.9132) = 0.0553 \text{ kW}$$

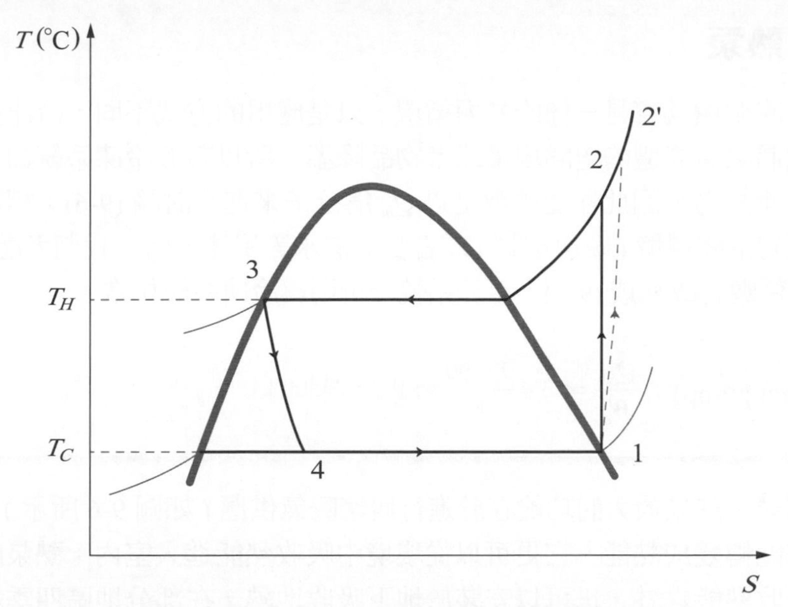

圖 9-5 範例 9-1 之 R-134a 蒸汽冷凍循環示意圖

範例 9-2

某絕熱良好儲水桶中儲有 500 公升溫度 20℃的冷水，如果要將溫度提高到 55℃，我們需要注入多少能量？在不考慮系統熱散失以及電熱器的效率下，需要多少度電？如果使用一部 COP(heat pump) = 3.0 的熱泵時，在不考慮壓縮機的效率下，需要多少度電？（水的比熱 = 4.2 kJ/kg · K）

解 500 公升的水溫度提高 35 K 所需要的熱能計有

$$H = mc\Delta T = 500L \times 1\ \frac{\text{kg}}{L} \times 4.2\ \text{kJ/kg} \cdot \text{K} \times 35\ \text{K} = 73500\ \text{kJ}$$

在不考慮電熱器的效率情況下，至少需要輸入 73500 kJ 的電能；另外一方面，關於熱泵所需要的電能需要參考 (9-8)：

$$\text{COP(heat pump)} = \frac{Q_{\text{out}}}{W_c} \Rightarrow 3 = \frac{73500}{W_c} \Rightarrow W_c = 24500\ \text{kJ}$$

商品化的熱泵通常備有電熱器，當室外環境溫度過低時，很有可能造成蒸發器結冰失效的狀況，在最壞的情況下尚有電熱器可以使用，所以一般熱泵的 COP 平均值都會大於 1，也就是說熱泵無論是加熱室內空氣或者是用來加熱熱水都會擁有優於電熱器的效果。

9-1-3 熱泵

熱泵與冷凍循環其實是一樣的熱力循環，只是應用的方式不同，冷凍循環的標的主要是用來使我們生活周遭的空間環境或者物品降溫，所以對於冷凍系統而言，我們在乎的是系統的冷凍能力，因此性能係數是以 Q_{in} 為分子來進行討論 (9-6)；相反的，熱泵是用來加熱我們的空間環境 (暖房空調) 或者製造熱水等用途，所以我們考慮的是 Q_{out}，所以熱泵的性能係數將改寫成 (9-7)，至於系統分析則與冷凍系統相當。

$$\text{COP(heat pump)} = \frac{Q_{\text{out}}}{W_c} \Rightarrow 3 = \frac{73500}{W_c} \Rightarrow W_c = 24500 \text{ kJ} \tag{9-7}$$

在溫帶國家，熱泵最大的功能在於進行居家暖氣供應 (如圖 9-6 所示)，使用熱泵不僅僅可以將電能轉變成熱能，它更可以從環境中吸收熱能進入室內；熱泵的蒸發器除了可以在空氣吸收熱能之外，也可以安裝於地下吸收地熱。在部分地區四季顯著分明：夏天較為炎熱而冬天又相當寒冷，在夏天時有冷氣空調的需求而冬天又需要暖房，因此有部分熱泵產品具備有逆轉閥，只要使冷媒流動的方向相反就可以達到暖房與冷氣兩用的功能，如圖 9-7 所示。

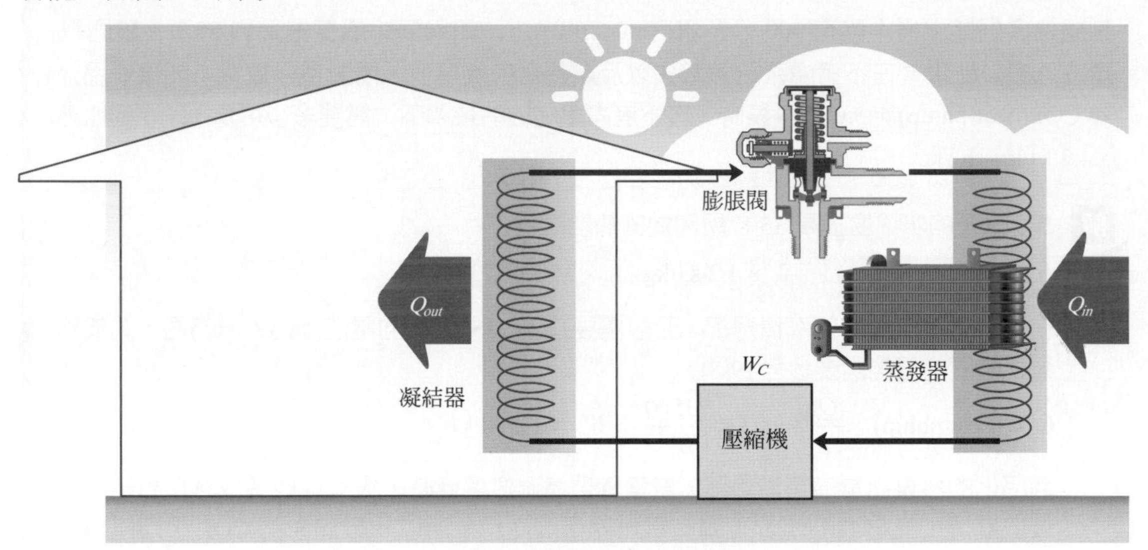

圖 9-6 熱泵暖房示意圖

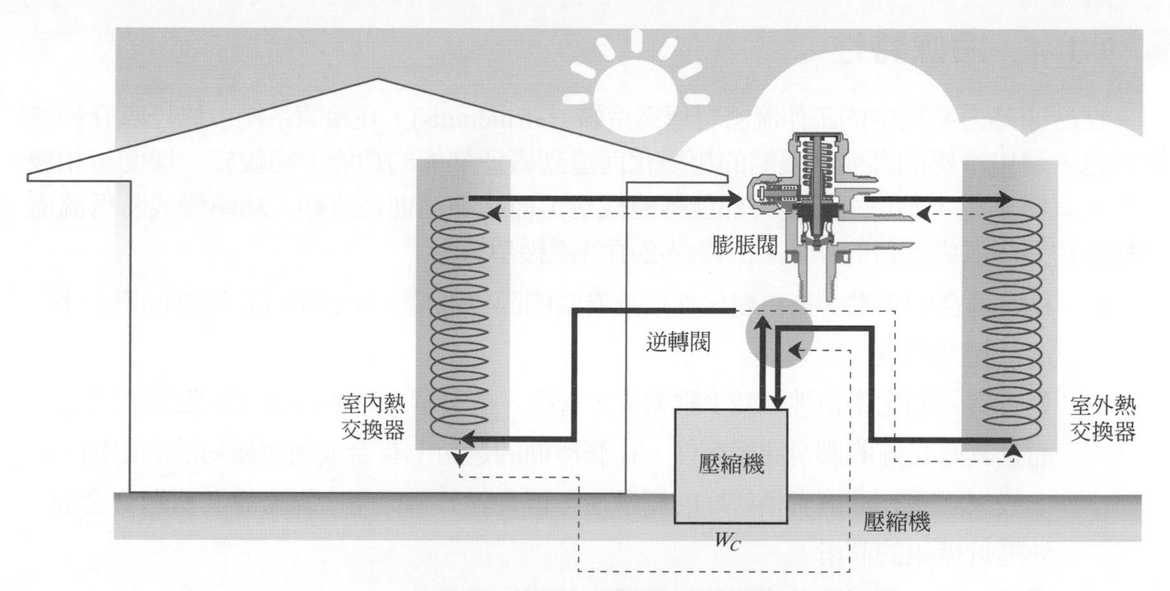

圖 9-7 熱泵 - 冷氣兩用示意圖

圖 9-8 熱泵熱水器系統

在台灣由於平常天氣溫度較高，冬天時也沒有很劇烈的寒冷天氣，因此居家暖氣的需求較爲稀少；台灣的熱泵大多是用來單純加熱熱水，例如：熱泵熱水器，如圖 9-8 所示就是一部典型的熱泵熱水器。熱泵熱水器系統也可以與冷氣空調結合使用，使系統可以產生熱水與冷氣兩用機的效果。

9-1-4 冷媒特性

在冷凍熱力系統中的工作流體習稱爲冷媒 (refrigerants)，在冷凍系統中擔任媒介物質的角色，藉由冷媒的蒸發與凝結的相變化而達到搬運熱能的功能；相較於一樣使用相變化的蒸汽機來說，蒸汽循環是將熱能轉變成功，而冷凍循則是將輸入功轉變成將低溫處的熱移動到高溫處的目的。理想的冷媒必須考慮幾項重點：

1. 具有適合的沸點、高相變化熱以及適當的臨界溫度，並且可以在適當的壓力下進行熱力循環。
2. 具有良好的化學惰性，減少壓縮機、管路、蒸發器、冷凝器以及膨脹閥的腐蝕，而且具有良好的潤滑油相容性。在潤滑油的選用上有合成油與礦物油的差別，一般來說礦物油擁有相當好的潤滑性，但是對於環保型冷媒來說必須配合合成油進行機組的潤滑。
3. 環保特性：臭氧層破壞問題以及溫室效應的考量。

1980 年代以前最優異的冷媒主要有氟氯烷類的二氟二氯甲烷 (R-12)、二氟一氯甲烷 (R-22) 以及一氟三氯甲烷 (R-11)，這些冷媒都符合前文所敘述的前兩項冷媒的重要特質。1985 年根據科學家的量測，南極上空在夏季時的臭氧層減少 70%，不只南極發生臭氧層厚度減少的問題，連北極在 1990 年代也大約有 30 ～ 40% 的減少。在平流層中有某些高度擁有較高的臭氧濃度，在這一個高度就稱之爲臭氧層，在臭氧層中含有臭氧、氧分子以及氧原子進行著光化學反應並且維持平衡，在光化學反應中，臭氧會吸收對生物有害的紫外線並且進行以下的反應而達到阻隔大部分紫外線的效果：

$$O_2 + h\nu \rightarrow 2O \tag{9-8}$$

$$O + O_2 \rightarrow O_3 \tag{9-9}$$

$$O_3 + O + h\nu \rightarrow 2O_2 \tag{9-10}$$

氟氯烷飄至平流層後，分子中的氯會因爲受到紫外線的照射而脫離 (9-10)，氯原子會直接與臭氧進行反應而造成臭氧分解 (9-11 ～ 9-12)，必須等到氯原子被吸收並降落到對流層以後才會停止反應；這種因爲氟氯烷所造成的臭氧破壞在 1973 年就已經被學者所提出，只是當時並沒有特別在意。氟氯烷不只可以用來當作冷媒，它也可以用來作爲噴霧罐的壓縮氣體、清潔劑、發泡劑以及燃料的抗固結劑等用途。只要是鹵素都會有類似的反應而破壞臭氧，所幸氟原子活性甚強，還來不及飄到平流層就已經被大部分的水氣以及有機物所吸收；至於溴的鹵素烷相對較少，否則溴原子對於臭氧的破壞更甚於氯原子。

$$Cl + O_3 \rightarrow ClO + O_2 \tag{9-11}$$

$$O + O_2 \rightarrow O_3 \tag{9-12}$$

自從 1987 年蒙特婁議定書簽署後即明確地管制鹵素烷的生產與使用，所有的冷媒都必須考慮其破壞臭氧潛勢 (Ozone depletion potential, ODP) 以及溫室效應潛勢 (Global warming potential, GWP)，以臭氧破壞潛勢來說係以一氟三氯甲烷 (R-11) 當作 1；而溫室效應潛勢則是以二氧化碳當作 1。考慮到臭氧層的破壞，冷媒的使用必須選用不會破壞臭氧層的產品，不過其溫室效應的影響仍然無法完全克服，所以在冷媒的充換填過程中都應該落實冷媒回收的工作。如表 9-1 所列爲數種冷媒的比較。爲了讓不同的冷媒可以輕易的辨識，不同冷媒的儲存桶顏色均有所規範，如圖 9-9 所示。

表 9-1　常見冷媒

冷媒種類	名稱	ODP	GWP	備註
R-11	CCl_3F	1	4750	禁用
R-22	$CHClF_2$	0.05	1810	2020 停用
R-134a	$C_2H_2F_4$	0	1430	R-12 取代品，耗能。
R-410A	50%R-32(CH_2F_2) /50%R-125(C2HF_5)	0	2087.5	比 R-22 效率高 12%，系統需全新設計
R-744	CO_2	0	1	穿臨界循環，壓力高
R-717	NH_3	0	0	有毒，可燃，適合大型機組
R-290	C_3H_8	0	3.3	可燃
R-718	H_2O	0	0.2	冰點限制
R-600A	Iso-C_4H_{10}	0	4	可燃
R-704	He	0	NA	無相變化，效率差
空氣	21%O_2/79%N_2	0	NA	無相變化，效率差

設計冷凍系統時必須參考冷媒的壓焓圖 (pressure-enthalpy diagram) 來進行評估，如圖 9-10 所示爲 R-134a 的壓焓圖，其中繪製了範例 9-1 的冷凍循環在壓焓圖中的對應位置。分析冷凍系統除了使用之前所敘述的溫熵圖之外，透過壓焓圖可以了解到機構的耐壓力設計並且評估其能力，並且可以從壓焓圖中可以清楚理解冷凍系統中的壓力與溫度的關係進而優化整個冷凍循環系統。一般來說，冷凍系統爲了達到較冷的效果會將膨脹閥後的壓力維持較低的水準；當壓力低於周圍大氣壓力時會有空氣與水氣滲透進系統的疑慮，所以通常會維持膨脹閥後的壓力略大於周圍大氣壓力。

圖 9-9　各種冷媒不同顏色的儲存桶

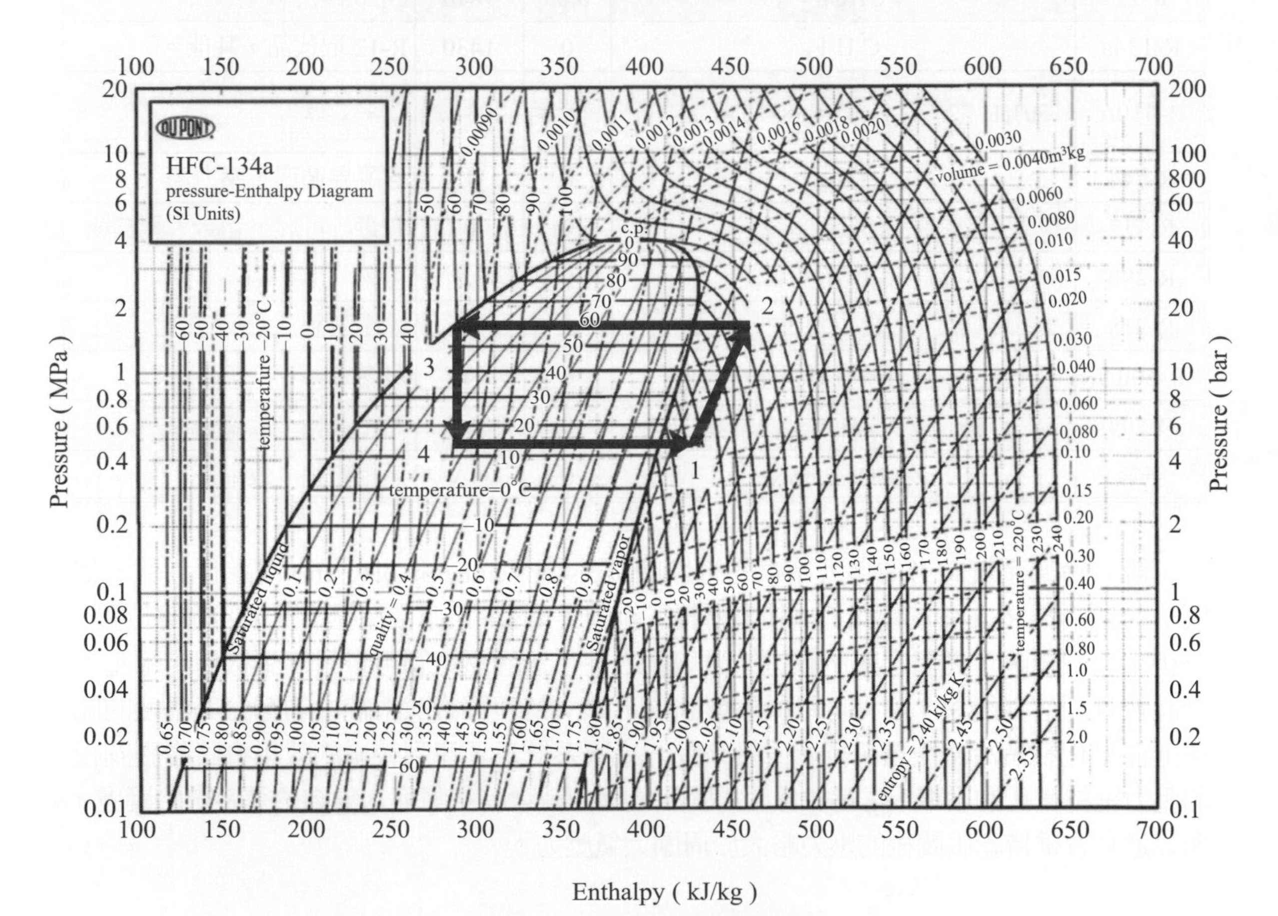

圖 9-10　R-134a 的壓焓圖

9-1-5 增加蒸汽冷凍循環性能的策略

所謂增加蒸氣冷凍系統的性能不外乎增加效率並且使冷卻溫差可以更大，如圖 9-11(a) 所示爲相同冷媒的閃蒸中間冷卻 (flash intercooling) 冷凍循環系統示意圖，其中有兩套壓縮機進行兩個溫差間的冷凍循環，兩個循環間的工作流體交集區稱之爲閃蒸罐，它的本質是一個冷媒的汽液分離裝置，透過這樣的配置可以產生如圖 9-11(b) 所示的熱力循環；我們先考慮目標溫差，從圖 9-11(b) 可以看到以粗線所標示的循環，該循環如果使用 #1 循環搭配 #2 循環來操作時，透過適當的調整可以讓 Q_c 增加進而增加效率。除此之外，當我們使用兩個循環來形成閃蒸中間冷卻冷凍循環時，各個循環的壓力變化量較小，除了增加效率之外，該系統配置也可以減少因壓力差過大所產生的機件損壞。當我們進行相同冷媒的閃蒸中間冷卻冷凍循環分析時必須要考慮到兩個系統的流量比例，以及其所對應的溫度與壓力區間進行討論。

另外一方面，在某些應用中爲了達到更低的溫度，我們可以使用相異冷媒的多級 (cascade cycle) 冷凍循環，這種系統配置與前述的系統很類似且如圖 9-12 所示，但是因爲使用不同的冷媒，所以兩個熱力循環的的交集區係使用一熱交換來達到交換熱能的效果，兩種冷媒間的熱交換可以使用同軸套管式熱交換器或者是更高效能的板式熱交換器，如圖 9-13 所示。有別於上述的系統，當我們進行相異冷媒的多級冷凍循環分析時，可以獨立地計算兩個系統的個別流量比例，以及其所對應的溫度與壓力區間進行討論。

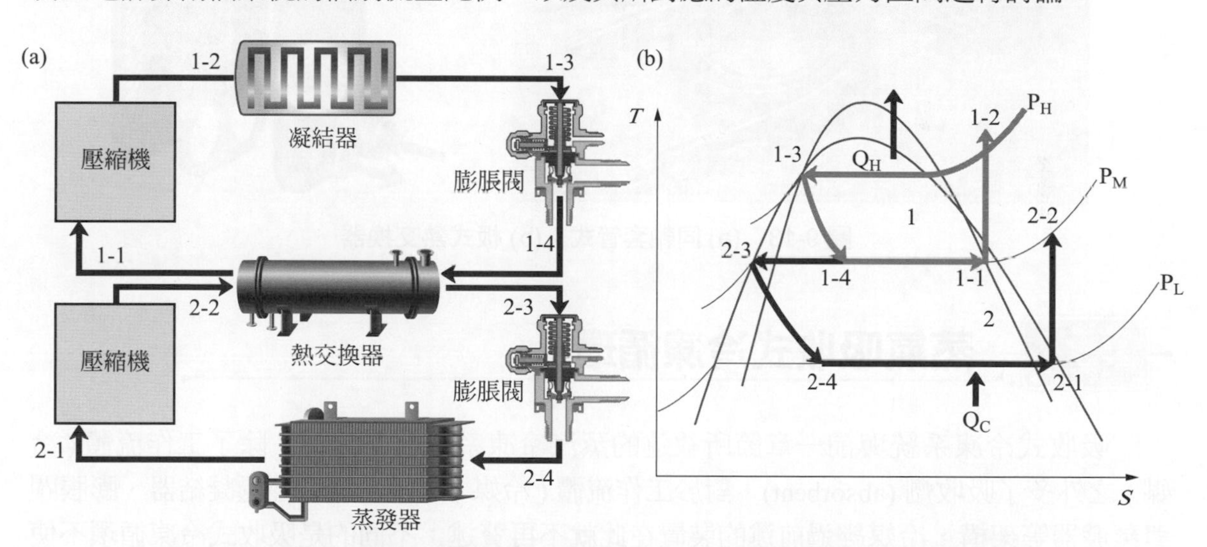

圖 9-11 相同冷媒的中間閃蒸冷凍循環：(a) 系統示意圖與 (b) 循環溫熵圖

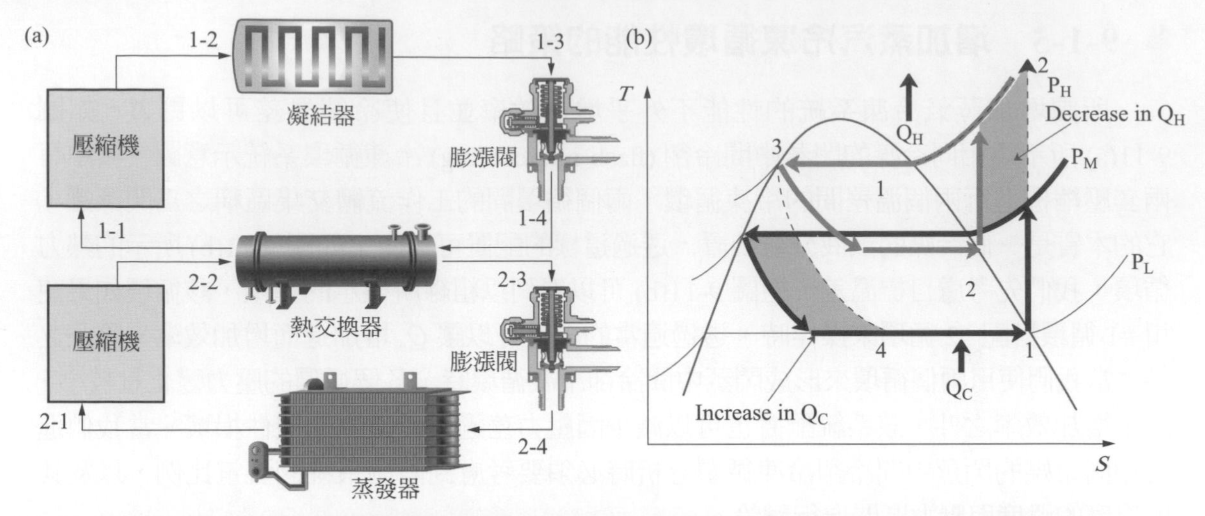

圖 9-12 相異冷媒的多級冷凍循環：(a) 系統示意圖與 (b) 循環溫熵圖

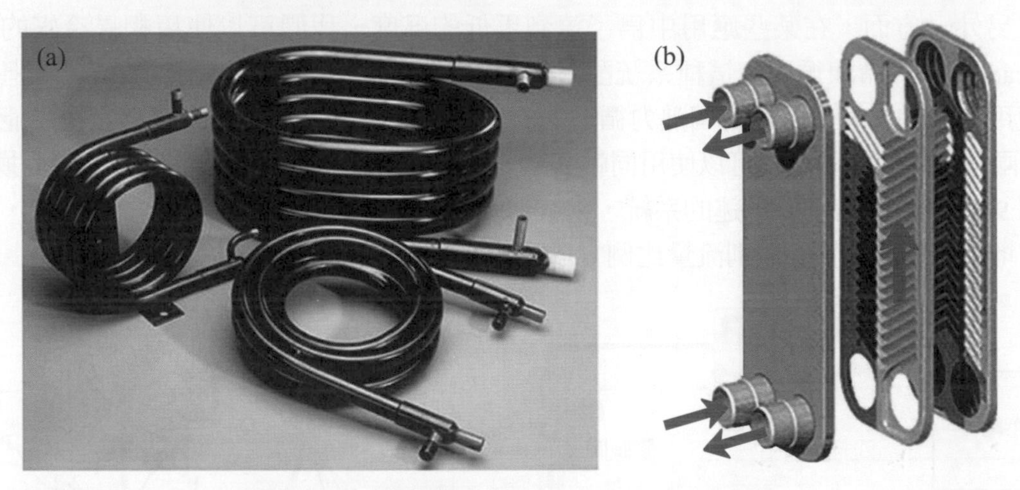

圖 9-13 (a) 同軸套管式；(b) 板式熱交換器

9-2 蒸氣吸收式冷凍循環

吸收式冷凍系統與前一章節所敘述的蒸汽冷凍系統有點類似，除了工作流體 (冷媒) 之外多了吸收劑 (absorbent)，對於工作流體 (冷媒) 來說一樣會經過凝結器、膨脹閥與蒸發器等架構，冷媒經過前述的裝置在此就不再贅述；不同的是吸收式冷凍循環不使用壓縮機來壓縮冷媒，而改由吸收器 (absorber)、液泵 (pump)、與產生器 (generator) 配合吸收劑 (absorbent) 所取代，常見的吸收劑與冷媒配合表如表 9-2 所列。如圖 9-14 所示爲一個標準的吸收式冷凍系統的示意圖，我們以比較常見的氨 - 水吸收式冷凍系統爲例進行說明，在這一種系統中氨爲冷媒而水爲吸收劑，當氨離開蒸發器之後會進入到吸收器中，在吸收器中氨會被水吸收而溶於液體中，這個過程是一個放熱反應，因此需要使用冷卻水將熱帶走並且使溶液溫度降低，這種已經被冷卻的溶液又稱之爲強溶液 (strong solution)，強溶液會被泵浦泵往產生器，在產生器中使用額外加熱源使氨氣產生進入凝結器中，氨離開溶液後的溶液又稱之為弱溶液 (weak solution)，這些弱溶液會經過閥而回到吸收器中。在實際應用中，當弱溶液回到吸收器時會與強溶液進行熱交換來增加效率，不僅如此，冷媒離開產生器要進入凝結器前會先經過精餾器以去除吸收劑。

吸收式冷凍系統比較適合於有廢熱產生的場域，例如：石化廠、鋼鐵、水泥業或是擁有鍋爐操作的場所，在沒有廢熱熱源的場所使用吸收式冷凍系統時的成本較高。吸收式冷凍系統的操作噸數可以擁有較大的設計空間，只要控制熱源供應的大小就可以控制冷凍系統的能力，由於其運作噪音小、維護簡單、故障少且壽命長的優點，大部分大型冷凍系統會考慮這種吸收式冷凍系統的型式。

表 9-2 常見吸收劑 - 冷媒組合

吸收劑	冷媒	備註
水	氨	成本低、效果優良，唯氨具有可燃性與毒性，低溫冷凍系統相當常見。
水	酒精	比較安全。
鋰鹽 (氯化鋰、溴化鋰類鹵化鹽)	水	效果較差，多用於空調。
氯化銀	氨	效果極優，唯運作成本高。

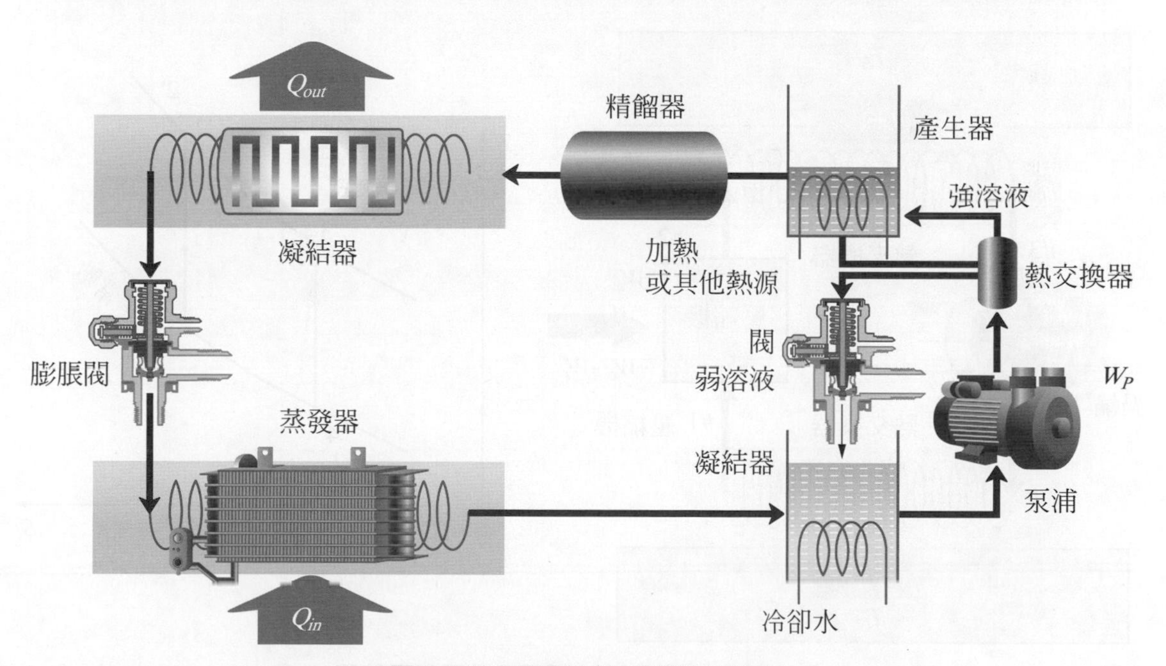

圖 9-14 吸收式冷凍系統示意圖

9-3 氣體冷凍循環

9-3-1 布雷登冷凍循環

冷凍與熱泵的應用通常會藉由物質的相變化來獲得較大的性能，在超低溫冷凍以及航空飛行器的應用中，就非得使用氣體冷凍循環了；對於超低溫冷凍來說，要使用適當的物質進行相變化相當困難，而對航空飛行器來說，渦輪發動機的壓縮氣體就可以經過冷卻調溫後拿來進行應用。在本節中將介紹前一個章節所敘述布雷登循環 (Brayton cycle) 的反向操作，也就是布雷登冷凍循環 (Brayton Refrigeration cycle)；在布雷登冷凍循環中，功由外部輸入驅動壓縮機壓縮工作流體運作，所需要的功與工作流體焓的關係如 (9-13) 所示，如圖 9-15 所示，空氣經過壓縮機壓縮後成為高溫高壓的流體，在熱交換器中等壓將熱傳送到溫度比工作流體低的熱區 (warm region)，其熱傳量可以表示成 (9-14)，工作流體經過渦輪後降壓降溫後進入熱交換器，渦輪所產生的功可以表示成 (9-15)，在熱交換器中溫度較低的工作流體將從冷區 (cold region) 吸熱再回到壓縮機入口，其熱傳量可以表示成 (9-16)，至於功的需求會等於壓縮機所需要的功扣除渦輪所產生的功，因此其冷凍係數可以表示成 (9-17)。在理想狀態下，流體經過壓縮機與渦輪都是等熵狀態，然而實際系統中的不可逆性會展現在溫熵圖中的虛線。

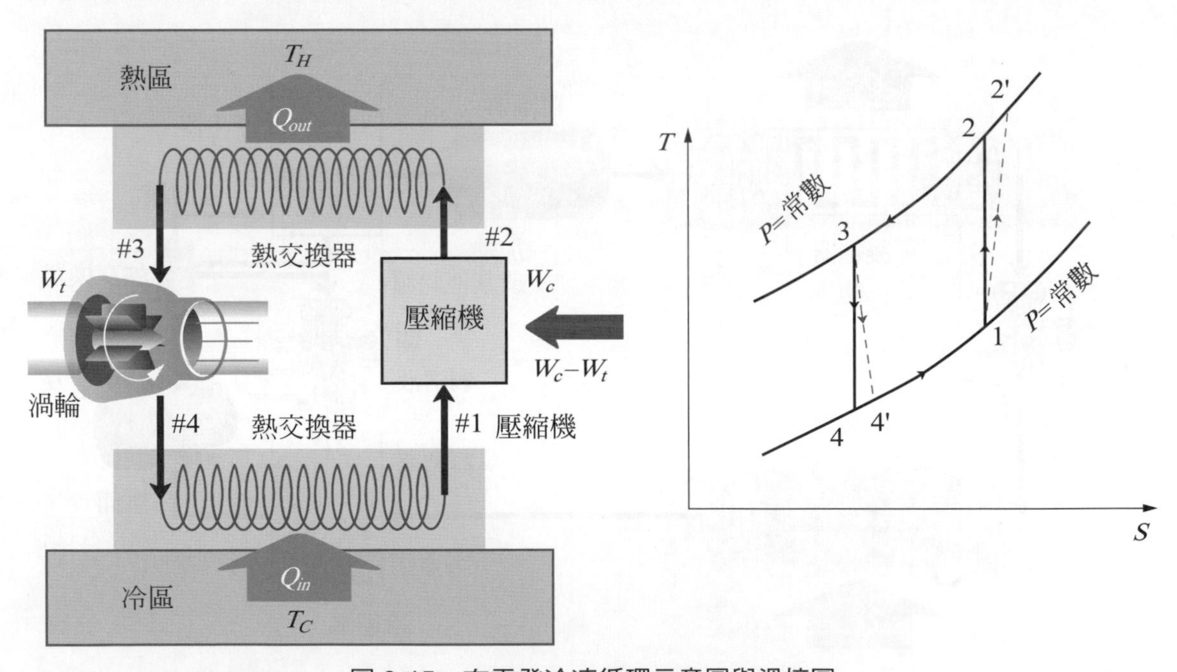

圖 9-15 布雷登冷凍循環示意圖與溫熵圖

$$\dot{W}_c = \dot{m}(h_2 - h_1) \quad (9\text{-}13)$$

$$\dot{Q}_{\text{out}} = \dot{m}(h_3 - h_2) \quad (9\text{-}14)$$

$$\dot{W}_t = \dot{m}(h_3 - h_4) \quad (9\text{-}15)$$

$$\dot{Q}_{\text{in}} = \dot{m}(h_1 - h_4) \quad (9\text{-}16)$$

$$\text{COP(refrig eration)} = \frac{\dot{Q}_{\text{out}}}{\dot{W}_c - \dot{W}_t} = \frac{h_1 - h_4}{(h_2 - h_1) - (h_3 - h_4)} \quad (9\text{-}17)$$

範例 9-3

有一部空氣布雷登循環冷凍系統，其壓縮機壓縮比為 3，其入口空氣溫度為 300 K，而渦輪的入口溫度為 330 K，空氣流量 2 kg/s，假設壓縮機與渦輪進行等熵過程，請問該冷凍系統的冷凍能力、需要輸入多少功與性能係數為何？如果壓縮機與渦輪的等熵效率 (isentropic efficiency) 都是 80% 則冷凍能力與性能係數的變化為何？

解 (a) 首先我們先將系統的溫熵圖繪製出來，如圖 9-16 所示，根據附錄 C-1 可以得知當溫度 300 K 的空氣，h_1 = 300.19 kJ/kg，p_{r1} = 1.3860，假設為理想氣體，所以可以求得 p_{r2}：

$$\frac{p_{r1}}{p_{r2}} = \frac{p_1}{p_2} \Rightarrow \frac{1.3860}{p_{r2}} = \frac{1}{3} \Rightarrow p_{r2} = 4.158$$

將 p_{r2} 放入附錄 C-1 中比較可以發現溫度應該介於 420 與 410 K 之間，所以必須藉由內插求得 h_2：

$$\frac{4.158 - 4.153}{4.522 - 4.153} = \frac{h_2 - 411.12}{421.26 - 411.12} \Rightarrow h_2 = 411.257 \text{ kJ/kg}$$

相同的步驟，我們可以先查出 h_3 = 330.34 kJ/kg，p_{r3} =1.9352

$$\frac{p_{r3}}{p_{r4}} = \frac{p_3}{p_4} \Rightarrow \frac{1.9352}{p_{r4}} = \frac{3}{1} \Rightarrow p_{r4} = 0.645$$

將 p_{r4} 放入附錄 C-1 中比較可以發現溫度應該介於 240 與 250 K 之間，所以必須藉由內插求得 h_4：

$$\frac{0.645 - 0.6355}{0.7329 - 0.6355} = \frac{h_4 - 240.02}{250.05 - 240.02} \Rightarrow h_4 = 241.00 \text{ kJ/kg}$$

冷凍能力

$$\dot{Q}_{\text{in}} = \dot{m}(h_1 - h_4) = 2\frac{\text{kg}}{\text{s}}(300.19 - 241)\frac{\text{kJ}}{\text{kg}} = 118.38 \text{ kJ/s}$$

需要輸入的功

$$\dot{W}\Big|_s = \dot{m} \ ((h_2 - h_1) - (h_3 - h_4)) = 2 \times ((411.257 - 300.19) - (330.34 - 241))$$
$$= 43.454 \text{ kW}$$

冷凍性能係數

$$\text{COP(refrig eration)} = \frac{h_1 - h_4}{(h_2 - h_1) - (h_3 - h_4)}$$

$$= \frac{300.19 - 241}{(411.257 - 300.19) - (330.34 - 241)} = 2.72$$

(b) 考慮壓縮機與渦輪的效率

$$\dot{W}_c = \frac{\dot{W}_c\big|_s}{\eta_c} = \frac{2(411.257 - 300.19)}{0.8} = 277.67\ \text{kW}$$

$$\dot{W}_t = \eta_t \dot{W}_t\big|_s = 0.8 \times 2 \times (330.34 - 241) = 142.94\ \text{kW}$$

所以需要輸入的功

$$\dot{W} = 277.67 - 142.94 = 134.73\ \text{kW}$$

$$h_4' = 330.34 = \frac{142.94}{2} = 258.87\ \text{kJ/kg}$$

冷凍能力

$$\dot{Q}_{\text{in}} = \dot{m}(h_1 - h_4') = 2\frac{\text{kg}}{\text{s}}(300.19 - 258.87)\frac{\text{kJ}}{\text{kg}} = 82.64\ \text{kW}$$

冷凍性能係數

$$\text{COP(refrig eration)} = \frac{82.64}{134.73} = 0.61$$

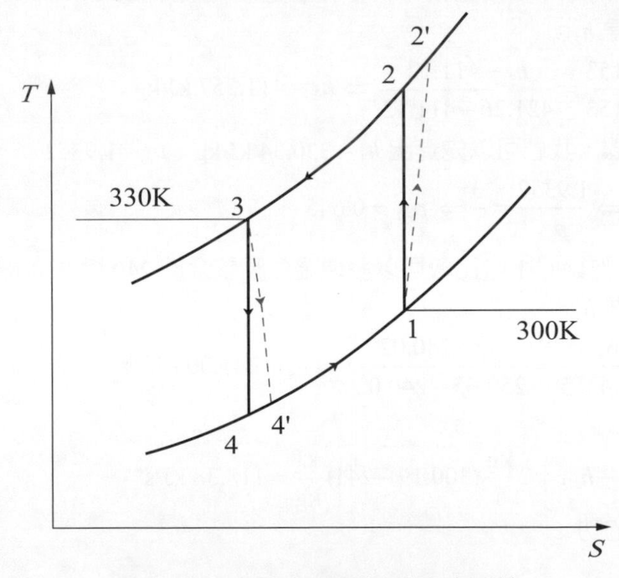

圖 9-16　空氣布雷登循環冷凍系統

9-3-2 布雷登冷凍循環的改良

布雷登冷凍循環的特點就是可以輕易地達到低溫，一般來說布雷登冷凍循環要達到－150℃是很輕而易舉的事情，但是布雷登冷凍循環的造價會比蒸汽冷凍循環還要來的高。為了使布雷登冷凍循環可以達到更好的效率，使用再生熱交換器 (regenerative heat exchanger) 可以達到前述的目的，如圖 9-17 所示；如此一來可以使循環中的氣體進入渦輪前可以比熱區的溫度還低，並且使冷區熱交換的溫度比沒有再生熱交換器的系統更低。

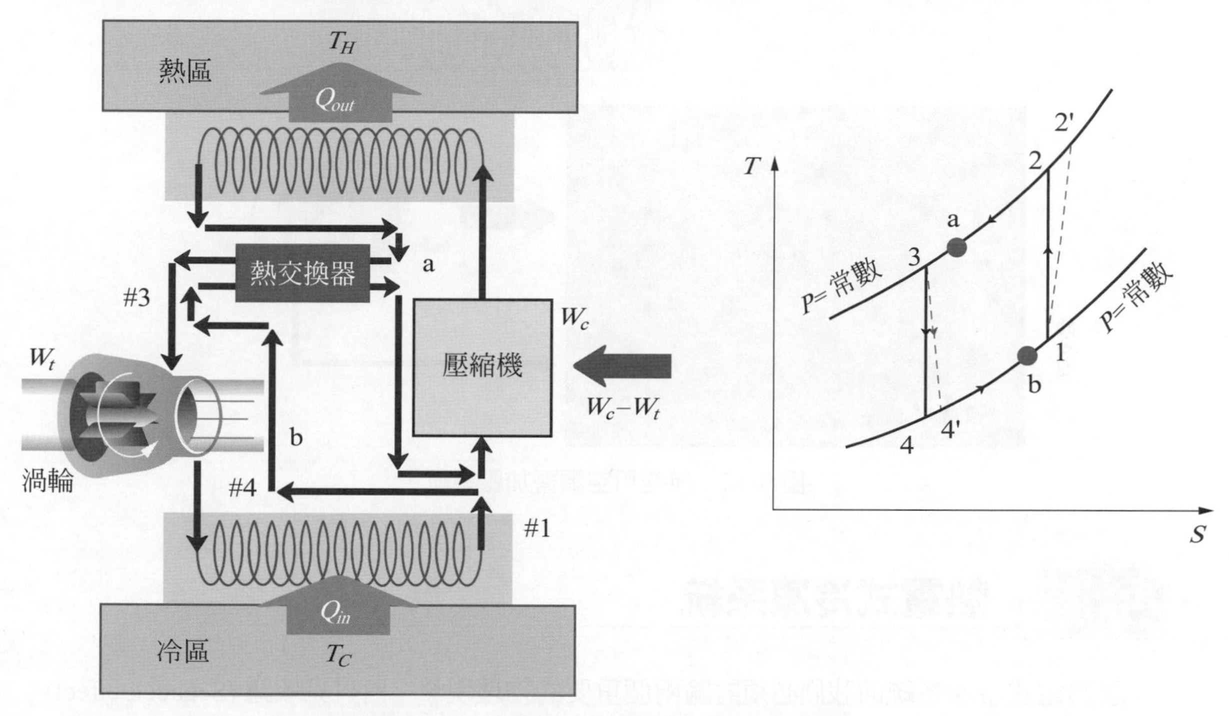

圖 9-17 布雷登冷凍循環示意圖與溫熵圖

9-3-3 航空用空調

飛機飛行巡航時的高度大多在 30,000 ～ 44,000 英呎之間，在此高度如果沒有機艙空氣加壓會因為壓力過低，導致無法提供人體足夠的氧氣量而造成昏迷；不僅如此，空氣密度除了稀薄之外，溫度也是接近－50℃。為了提供機艙內加壓並且維持適當的溫度，我們就需要一套適合航空飛行用的空調系統，航空用空調是一種開放式空氣空調系統，其架構如圖 9-18 所示。該系統從飛機的發動機壓縮段將空氣旁通出來，藉由熱交換器將溫度降低，經過獨立渦輪降低壓力與溫度後進入客艙使用。

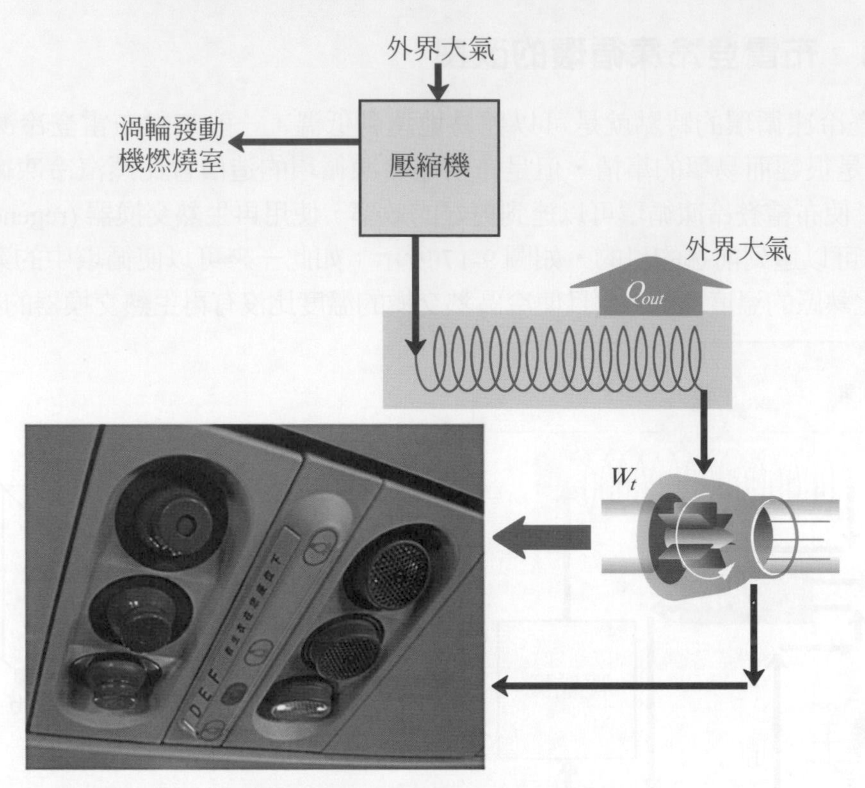

圖 9-18 航空用空調暨加壓系統

9-4 熱電式冷凍系統

談熱電式冷凍系統前我們必須討論兩個重要的物理現象：西貝克效應 (Seebeck effect) 與佩提爾效應 (Peltier effect)，所謂的西貝克效應指的是當兩種不同金屬構成迴路時，如果兩種金屬的接點處溫度不同，該迴路中就會產生一個溫差電壓，這主要是因爲不同的材料具有不同的自由電子密度，當兩種不同的金屬導體互相接觸時，接觸面上的電子就會以擴散的方式消除電子密度差異所造成的不均勻。電子擴散速率與接觸區域的溫度成正比，所以只要維持兩個金屬之間的溫度差，就能使自由電子持續擴散並且在兩塊金屬的兩個端點形成穩定的電壓。這種效應的電壓非常小，通常只有幾個微伏特，我們所用的熱電偶 (thermocouple) 就是利用西貝克原理所製成。西貝克效應具有反效應，也就是佩提爾效應，在兩種金屬材質的迴路中外加電壓時會使不同金屬之間的接觸面產生溫差。

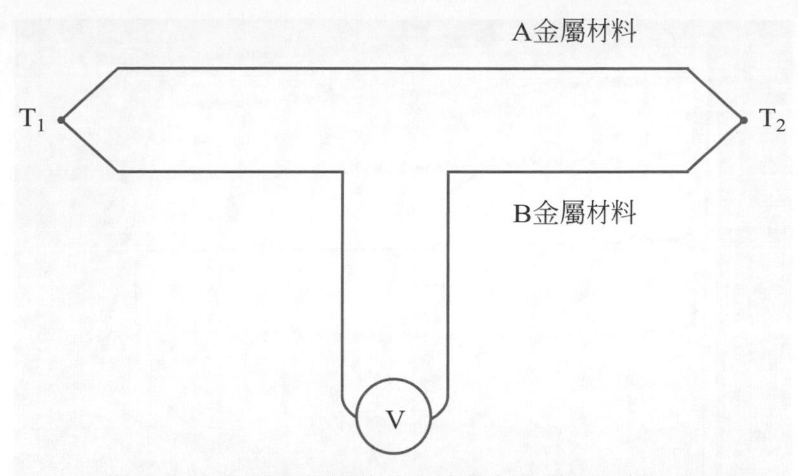

圖 9-19 兩種金屬接點溫度差異會造成西貝克效應

如果我們將不同導電材料做成如圖 9-20 所示的 P-N 對組合，這種組合放置於有溫差的地方時，如 9-20(a) 所示，它就可以產生電壓；相反的如果對這個組合通電，它就會產生溫差，如 9-20(b) 所示。當我們在發熱面持續散熱時，我們就可以一直維持冷卻面的低溫而實現冷凍的功能，要注意的是這種裝置必須要在發熱面有效的散熱，不然在冷卻面的溫度也會升高而無法維持比室溫還低的溫度。

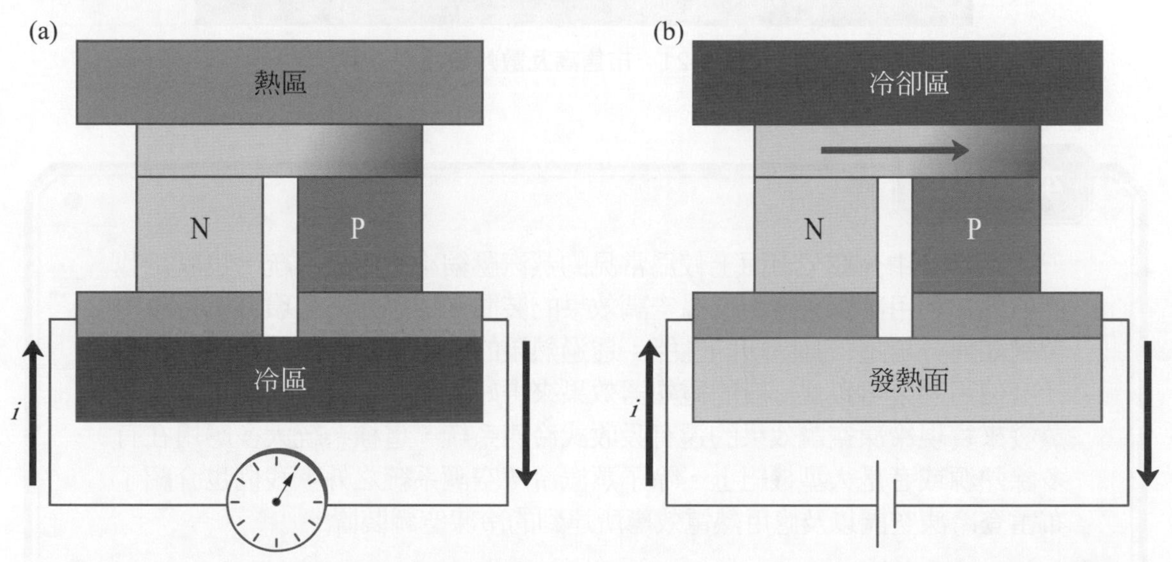

圖 9-20 使用兩種半導體金屬製作成 P-N 對，並用以展現：(a) 西貝克效應；(b) 佩提爾效應

這種 P-N 對的單體所能達到的效果非常有限，所以市售的產品通常會利用多個 P-N 對來組成一個片狀產品又稱之爲熱電片 (thermoelectric plate)，如 9-21 所示就是一種高瓦數的熱電片，它不僅僅是一個可以實現熱電冷卻的功能，更可以逆向利用溫差來進行發電。

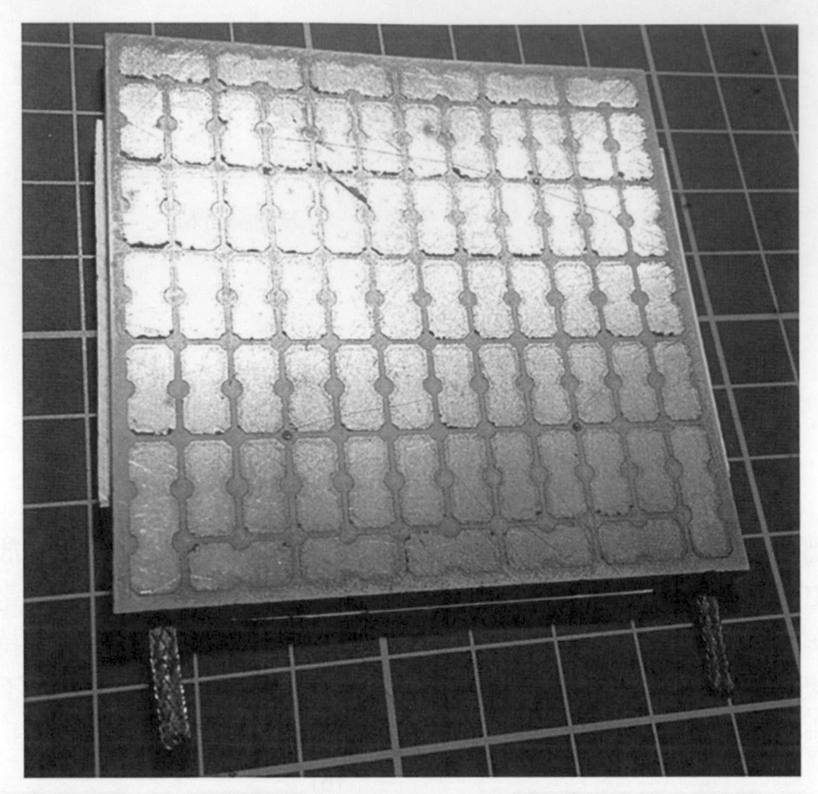

圖 9-21　市售高瓦數熱電片

本章小結

在本章中介紹了市面上較爲常見的蒸汽壓縮冷凍空調系統，也就是我們所熟知利用冷媒來達到低溫空調效果的裝置，透過熱力循環分析可以學習到如何分析這一類系統的性能；透過熱泵的介紹也可以讓讀者明瞭，爲什麼使用熱泵可以比一般的電熱器效果來得好。除此之外，利用工作流體蒸發來實現冷凍空調效果的還有吸收式冷凍系統，這種系統大多應用在有多餘熱源或者是大型機組上。除了蒸汽冷凍空調系統之外，我們也介紹了布雷登冷凍空調以及應用熱電效應所達到的冷凍空調裝置。

作業

一、選擇題

(　　) 1. 關於冷凍循環循環之敘述：甲、冷凍循環可以是蒸氣冷凍循環、空氣循環；乙、最高 COP 的冷凍循環可以使用卡諾冷凍循來表示；丙、冷凍循環的效能依照冷凍機與熱泵而有所區分。何者正確？ (A) 甲乙 (B) 甲丙 (C) 甲乙丙。

(　　) 2. 下列哪一個冷凍能力的單位較為不適當？ (A)BTU (B) 冷凍噸 (C) kcal/hr。

(　　) 3. 關於熱泵之敘述：甲、熱泵製熱時，所得到的熱是從環境中所吸取的熱加上電能；乙、熱泵的使用其效率頂多 100%；丙、熱泵可以有效地節能。何者正確？ (A) 甲乙 (B) 甲丙 (C) 甲乙丙。

(　　) 4. 關於吸收式熱泵之敘述：甲、吸收式熱泵大多系統龐大；乙、吸收式熱泵可以作為廢熱回收之目的使用；丙、吸收式熱泵擁有複雜的壓縮機系統。何者正確？ (A) 甲乙 (B) 甲丙 (C) 甲乙丙。

(　　) 5. 下列敘述何者正確？ (A) 布雷登冷凍循環大多應用在航空空調上 (B) 布雷登冷凍循環的缺點是無法達到低溫 (C) 以上皆正確。

(　　) 6. 以下何者不屬於熱泵應用的範疇？ (A) 冷氣 (B) 熱水器 (C) 以上均屬於熱泵的範疇。

(　　) 7. 關於冷媒之敘述：甲、具有適合的沸點、高相變化熱以及適當的臨界溫度，並且可以在適當的壓力下進行熱力循環；乙、具有良好的化學惰性，減少壓縮機、管路、蒸發器、冷凝器以及膨脹閥的腐蝕，而且具有良好的潤滑油相容性；丙、沒有臭氧層破壞問題以及溫室效應的考量。何者正確？ (A) 甲乙 (B) 甲丙 (C) 甲乙丙。

(　　) 8. 下列哪一個冷媒式對環境有害？ (A)$C_2H_2F_4$ (B)CCl_3F (C)$CHClF_2$。

(　　) 9. 關於增加蒸汽冷凍循環性能之敘述：甲、可以使用雙級冷凍循環來降低最低溫度的限制，雙系統可以使用同樣冷媒或者是不同冷媒；乙、當使用不同冷媒時可以使用閃蒸罐進行雙循環的連結；丙、雙用雙級循環可以降低每個循環的壓力插進而增加效率。何者正確？ (A) 甲乙 (B) 甲丙 (C) 甲乙丙。

(　　)10. 關於熱電片下列敘述何者正確？ (A) 使用熱電片時進行電腦冷卻時，散熱風扇必須排除比只有熱交換器時更多的熱 (B) 熱電片只能用來製冷而無法製熱 (C) 使用熱電片時可以擺脫熱力學第二定律的限制。

二、問答題

1. 爲什麼使用熱泵會比使用電熱水器省電？
2. 有一套蒸氣壓縮冷凍系統使用 R-134a 冷媒，假設冷媒流量 4 kg/min，冷媒進入壓縮比爲 5 的壓縮機時溫度爲－20℃、壓力 1.4 bar，冷媒離開冷凝器時達到飽和液的狀態，求性能係數與冷凍能力。如果壓縮機的等熵壓縮效率爲 70% 則前面所求的結果爲何？
3. 有一布雷登空調系統，空氣進入壓縮機時的溫度與壓力分別爲 280 K 與 1 bar，壓縮機壓縮比爲 3，空氣離開壓縮機的溫度爲 320 K，求所需要的輸入功、冷凍能力、性能係數。如果分別將壓縮機與渦輪的等熵效率 85% 與 90% 考慮進去，重新求所需要的輸入功、冷凍能力、性能係數。
4. 坊間使用熱電片夾在電腦 CPU 與風扇之間，請討論該熱電片的性能對於 CPU 冷卻效果的影響。

參考資料 BIBLIOGRAPHIES

- Washburn, E. W., International Critical Tables of Numerical Data, Physics, Chemistry and Technology, McGraw-Hill, New York and London, 1954.

Washburn, E. W., International Critical Tables of Numerical Data, Physics, Chemistry and Technology, McGraw-Hill, New York, 1926 through 1930.

附錄A

BIBLIOGRAPHIES

附表 A-1　飽和水的特性 (液體－蒸汽)；溫度表

溫度 ℃	壓力 bars	比容 m^3/kg		內能 kJ/kg		焓 kJ/kg			熵 kJ/kg×K		溫度 ℃
		飽和液體 $v_f \times 10^{-3}$	飽和蒸汽 v_g	飽和液體 u_f	飽和蒸汽 u_g	飽和液體 h_f	蒸發 h_{fg}	飽和蒸汽 h_g	飽和液體 s_f	飽和蒸汽 s_g	
.01	0.00611	1.0002	206.136	0.00	2375.3	0.01	2501.3	2501.4	0.0000	9.1562	.01
4	0.00813	1.0001	157.232	16.77	2380.9	16.78	2491.9	2508.7	0.0610	9.0514	4
5	0.00872	1.0001	147.120	20.97	2382.3	20.98	2489.6	2510.6	0.0761	9.0257	5
6	0.00935	1.0001	137.734	25.19	2383.6	25.20	2487.2	2512.4	0.0912	9.0003	6
8	0.01072	1.0002	120.917	33.59	2386.4	33.60	2482.5	2516.1	0.1212	8.9501	8
10	0.01228	1.0004	106.379	42.00	2389.2	42.01	2477.7	2519.8	0.1510	8.9008	10
11	0.01312	1.0004	99.857	46.20	2390.5	46.20	2475.4	2521.6	0.1658	8.8765	11
12	0.01402	1.0005	93.784	50.41	2391.9	50.41	2473.0	2523.4	0.1806	8.8524	12
13	0.01497	1.0007	88.124	54.60	2393.3	54.60	2470.7	2525.3	0.1953	8.8285	13
14	0.01598	1.0008	82.848	58.79	2394.7	58.80	2468.3	2527.1	0.2099	8.8048	14
15	0.01705	1.0009	77.926	62.99	2396.1	62.99	2465.9	2528.9	0.2245	8.7814	15
16	0.01818	1.0011	73.333	67.18	2397.4	67.19	2463.6	2530.8	0.2390	8.7582	16
17	0.01938	1.0012	69.044	71.38	2398.8	71.38	2461.2	2532.6	0.2535	8.7351	17
18	0.02064	1.0014	65.038	75.57	2400.2	75.58	2458.8	2534.4	0.2679	8.7123	18
19	0.02198	1.0016	61.293	79.76	2401.6	79.77	2456.5	2536.2	0.2823	8.6897	19
20	0.02339	1.0018	57.791	83.95	2402.9	83.96	2454.1	2538.1	0.2966	8.6672	20
21	0.02487	1.0020	54.514	88.14	2404.3	88.14	2451.8	2539.9	0.3109	8.6450	21
22	0.02645	1.0022	51.447	92.32	2405.7	92.33	2449.4	2541.7	0.3251	8.6229	22
23	0.02810	1.0024	48.574	96.51	2407.0	96.52	2447.0	2543.5	0.3393	8.6011	23
24	0.02985	1.0027	45.883	100.70	2408.4	100.70	2444.7	2545.4	0.3534	8.5794	24
25	0.03169	1.0029	43.360	104.88	2409.8	104.89	2442.3	2547.2	0.3674	8.5580	25
26	0.03363	1.0032	40.994	109.06	2411.1	109.07	2439.9	2549.0	0.3814	8.5367	26
27	0.03567	1.0035	38.774	113.25	2412.5	113.25	2437.6	2550.8	0.3954	8.5156	27
28	0.03782	1.0037	36.690	117.42	2413.9	117.43	2435.2	2552.6	0.4093	8.4946	28
29	0.04008	1.0040	34.733	121.60	2415.2	121.61	2432.8	2554.5	0.4231	8.4739	29
30	0.04246	1.0043	32.894	125.78	2416.6	125.79	2430.5	2556.3	0.4369	8.4533	30
31	0.04496	1.0046	31.165	129.96	2418.0	129.97	2428.1	2558.1	0.4507	8.4329	31
32	0.04759	1.0050	29.540	134.14	2419.3	134.15	2425.7	2559.9	0.4644	8.4127	32
33	0.05034	1.0053	28.011	138.32	2420.7	138.3	2423.4	2561.7	0.4781	8.3927	33
34	0.05324	1.0056	26.571	142.50	2422.0	142.50	2421.0	2563.5	0.4917	8.3728	34
35	0.05628	1.0060	25.216	146.67	2423.4	146.68	2418.6	2565.3	0.5053	8.3531	35
36	0.05947	1.0063	23.940	150.85	2424.7	150.86	2416.2	2567.1	0.5188	8.3336	36
38	0.06632	1.0071	21.602	159.20	2427.4	159.21	2411.5	2570.7	0.5458	8.2950	38
40	0.07384	1.0078	19.523	167.56	2430.1	167.57	2406.7	2574.3	0.5725	8.2570	40
45	0.09593	1.0099	5.258	188.44	2436.8	188.45	2394.8	2583.2	0.6387	8.1648	45

附表 A-1　飽和水的特性 (液體－蒸汽)；溫度表 (續)

溫度 °C	壓力 bars	比容 m^3/kg		內能 kJ/kg		焓 kJ/kg			熵 kJ/kg×K		溫度 °C
		飽和液體 $v_f \times 10^{-3}$	飽和蒸汽 v_g	飽和液體 u_f	飽和蒸汽 u_g	飽和液體 h_f	蒸發 h_{fg}	飽和蒸汽 h_g	飽和液體 s_f	飽和蒸汽 s_g	
50	.1235	1.0121	12.032	209.32	2443.5	209.33	2382.7	2592.1	.7038	8.0763	50
55	.1576	1.0146	9.568	230.21	2450.1	230.23	2370.7	2600.9	.7679	7.9913	55
60	.1994	1.0172	7.671	251.11	2456.6	251.13	2358.5	2609.6	.8312	7.9096	60
65	.2503	1.0199	6.197	272.02	2463.1	272.06	2346.2	2618.3	.8935	7.8310	65
70	.3119	1.0228	5.042	292.95	2469.6	292.98	2333.8	2626.8	.9549	7.7553	70
75	.3858	1.0259	4.131	313.90	2475.9	313.93	2321.4	2635.3	1.0155	7.6824	75
80	.4739	1.0291	3.407	334.86	2482.2	334.91	2308.8	2643.7	1.0753	7.6122	80
85	.5783	1.0325	2.828	355.84	2488.4	355.90	2296.0	2651.9	1.1343	7.5445	85
90	.7014	1.0360	2.361	376.85	2494.5	376.92	2283.2	2660.1	1.1925	7.4791	90
95	.8455	1.0397	1.982	397.88	2500.6	397.96	2270.2	2668.1	1.2500	7.4159	95
100	1.014	1.0435	1.673	418.94	2506.5	419.04	2257.0	2676.1	1.3069	7.3549	100
110	1.433	1.0516	1.210	461.14	2518.1	461.30	2230.2	2691.5	1.4185	7.2387	110
120	1.985	1.0603	0.8919	503.50	2529.3	503.71	2202.6	2706.3	1.5276	7.1296	120
130	2.701	1.0697	0.6685	546.02	2539.9	546.31	2174.2	2720.5	1.6344	7.0269	130
140	3.613	1.0797	0.5089	588.74	2550.0	589.13	2144.7	2733.9	1.7391	6.9299	140
150	4.785	1.0905	0.3928	631.68	2559.5	632.20	2114.3	2746.5	1.8418	6.8379	150
160	6.178	1.1020	0.3071	674.86	2568.4	675.55	2082.6	2758.1	1.9427	6.7502	160
170	7.917	1.1143	0.2428	718.33	2576.5	719.21	2049.5	2768.7	2.0419	6.6663	170
180	10.02	1.1274	0.1941	762.09	2583.7	763.22	2015.0	2778.2	2.1396	6.5857	180
190	12.54	1.1414	0.1565	806.19	2590.0	807.62	1978.8	2786.4	2.2359	6.5079	190
200	15.54	1.1565	0.1274	850.65	2595.3	852.45	1940.7	2793.2	2.3309	6.4323	200
210	19.06	1.1726	0.1044	895.53	2599.5	897.76	1900.7	2798.5	2.4248	6.3585	210
220	23.18	1.1900	0.08619	940.87	2602.4	943.62	1858.5	2802.1	2.5178	6.2861	220
230	27.95	1.2088	0.07158	986.74	2603.9	990.12	1813.8	2804.0	2.6099	6.2146	230
240	33.44	1.2291	0.05976	1033.2	2604.0	1037.3	1766.5	2803.8	2.7015	6.1437	240
250	39.73	1.2512	0.05013	1080.4	2602.4	1085.4	1716.2	2801.5	2.7927	6.0730	250
260	46.88	1.2755	0.04221	1128.4	2599.0	1134.4	1662.5	2796.6	2.8838	6.0019	260
270	54.99	1.3023	0.03564	1177.4	2593.7	1184.5	1605.2	2789.7	2.9751	5.9301	270
280	64.12	1.3321	0.03017	1227.5	2586.1	1236.0	1543.6	2779.6	3.0668	5.8571	280
290	74.36	1.3656	0.02557	1278.9	2576.0	1289.1	1447.1	2766.2	3.1594	5.7821	290
300	85.81	1.4036	0.02167	1322.0	2563.0	1344.0	1404.9	2749.0	3.2534	5.7045	300
320	112.7	1.4988	0.01549	1444.6	2525.5	1461.5	1238.6	2700.1	3.4480	5.5362	320
340	145.9	1.6379	0.01080	1570.3	2464.6	1594.2	1027.9	2622.0	3.6594	5.3357	340
360	186.5	1.8925	0.006945	1725.2	2351.5	1760.5	720.5	2481.0	3.9147	5.0526	360
374.14	220.9	3.155	0.003155	2029.6	2029.6	2099.3	0	2099.3	4.4298	4.4298	374.14

Source: Table A-2 through A-5 are adapted from K. Wark. Thermodynamics, 4th ed., McGraw-Hill, New York, 1983, as extracted from J. H. Keenan, F. G. Keyes, P. G. Hill, and J. G. Moore, Steam Tables, Wiley, New York, 1969

附表 A-2　飽和水的特性（液體－蒸汽）；壓力表

壓力 bars	溫度 °C	比容 m^3/kg		內能 kJ/kg		焓 kJ/kg			熵 kJ/kg×K		壓力 bars
		飽和液體 $v_f \times 10^{-3}$	飽和蒸汽 v_g	飽和液體 u_f	飽和蒸汽 u_g	飽和液體 h_f	蒸發 h_{fg}	飽和蒸汽 h_g	飽和液體 s_f	飽和蒸汽 s_g	
0.04	28.96	1.0040	34.800	121.45	2415.2	121.46	2432.9	2554.4	0.4226	8.4746	0.04
0.06	36.16	1.0064	23.739	151.53	2425.0	151.53	2415.9	2567.4	0.5210	8.3304	0.06
0.08	41.51	1.0084	18.103	173.87	2432.2	173.88	2403.1	2577.0	0.5926	8.2287	0.08
0.10	45.81	1.0102	14.674	191.82	2437.9	191.83	2392.8	2584.7	0.6493	8.1502	0.10
0.20	60.06	1.0172	7.649	251.38	2456.7	251.40	2358.3	2609.7	0.8320	7.9085	0.20
0.30	69.10	1.0223	5.229	289.20	2468.4	289.23	2336.1	2625.3	0.9439	7.7686	0.30
0.40	75.87	1.0265	3.993	317.53	2477.0	317.58	2319.2	2636.8	1.0259	7.6700	0.40
0.50	81.33	1.0300	3.240	340.44	2483.9	340.49	2305.4	2645.9	1.0910	7.5939	0.50
0.60	85.94	1.0331	2.732	359.79	2489.6	359.86	2293.6	2653.5	1.1453	7.5320	0.60
0.70	89.95	1.0360	2.365	376.63	2494.5	376.70	2283.3	2660.0	1.1919	7.4797	0.70
0.80	93.50	1.0380	2.087	391.58	2498.8	391.66	2274.1	2665.8	1.2329	7.4346	0.80
0.90	96.71	1.0410	1.869	405.06	2502.6	405.15	2265.7	2670.9	1.2695	7.3949	0.90
1.00	99.63	1.0432	1.694	417.36	2506.1	417.46	2258.0	2675.5	1.3026	7.3594	1.00
1.50	111.4	1.0528	1.159	466.94	2519.7	467.11	2226.5	2693.6	1.4336	7.2233	1.50
2.00	120.2	1.0605	0.8857	504.49	2529.5	504.70	2201.9	2706.7	1.5301	7.1271	2.00
2.50	127.4	1.0672	0.7187	535.10	2537.2	535.37	2181.5	2716.9	1.6072	7.0527	2.50
3.00	133.6	1.0732	0.6058	561.15	2543.6	561.47	2163.8	2725.3	1.6718	6.9919	3.00
3.50	138.9	1.0786	0.5243	583.95	2546.9	584.33	2148.1	2732.4	1.7275	6.9405	3.50
4.00	143.6	1.0836	0.4625	604.31	2553.6	604.74	2133.8	2738.6	1.7766	6.8959	4.00
4.50	147.9	1.0882	0.4140	622.25	2557.6	623.25	2120.7	2743.9	1.8207	6.8565	4.50
5.00	151.9	1.0926	0.3749	639.68	2561.2	640.23	2108.5	2748.7	1.8607	6.8212	5.00
6.00	158.9	1.1006	0.3157	669.90	2567.4	670.56	2086.3	2756.8	1.9312	6.7600	6.00
7.00	165.0	1.1080	0.2729	696.44	2572.5	697.22	2066.3	2763.5	1.9922	6.7080	7.00
8.00	170.4	1.1148	0.2404	720.22	2576.8	721.11	2048.0	2769.1	2.0462	6.6628	8.00
9.00	175.4	1.1212	0.2150	741.83	2580.5	742.83	2031.1	2773.9	2.0946	6.6226	9.00
10.0	179.9	1.1273	0.1944	761.68	2583.6	762.81	2015.3	2778.1	2.1387	6.5863	10.0
15.0	198.3	1.1539	0.1318	843.16	2594.5	844.84	1947.3	2792.2	2.3150	6.4448	15.0
20.0	212.4	1.1767	0.09963	906.44	2600.3	908.79	1890.7	2799.5	2.4474	6.3409	20.0
25.0	224.0	1.1973	0.07998	959.11	2603.1	962.11	1841.0	2803.1	2.5547	6.2575	25.0
30.0	233.9	1.2165	0.06668	1004.8	2604.1	1008.4	1795.7	2804.2	2.6457	6.1869	30.0
35.0	242.6	1.2347	0.05707	1045.4	2603.7	1049.8	1753.7	2803.4	2.7253	6.1253	35.0
40.0	250.4	1.2522	0.04978	1082.3	2602.3	1087.3	1714.1	2801.4	2.7964	6.0701	40.0
45.0	257.5	1.2692	0.04406	1116.2	2600.1	1121.9	1676.4	2798.3	2.8610	6.0199	45.0
50.0	264.0	1.2859	0.03944	1147.8	2597.1	1154.2	1640.1	2794.3	2.9202	5.9735	50.0
60.0	275.6	1.3187	0.03244	1205.4	2589.7	1213.4	1571.0	2784.3	3.0267	5.8892	60.0

附表 A-2　飽和水的特性(液體－蒸汽);壓力表(續)

壓力 bars	溫度 °C	比容 m^3/kg		內能 kJ/kg		焓 kJ/kg			熵 kJ/kg×K		壓力 bars
		飽和液體 $v_f \times 10^{-3}$	飽和蒸汽 v_g	飽和液體 u_f	飽和蒸汽 u_g	飽和液體 h_f	蒸發 h_{fg}	飽和蒸汽 h_g	飽和液體 s_f	飽和蒸汽 s_g	
70.0	285.9	1.3513	0.02737	1257.6	2580.5	1267.0	1505.1	2772.1	3.1211	5.8133	70.0
80.0	295.1	1.3842	0.02352	1305.6	2569.8	1316.6	1441.3	2758.0	3.2068	5.7432	80.0
90.0	303.4	1.4178	0.02048	1350.5	2557.8	1363.3	1378.9	2742.1	3.2858	5.6772	90.0
100.	311.1	1.4524	0.01803	1393.0	2544.4	1407.6	1317.1	2724.7	3.3596	5.6141	100.
110.	318.2	1.4886	0.01599	1433.7	2529.8	1450.1	1255.5	2705.6	3.4295	5.5527	110.
120.	324.8	1.5267	0.01426	1473.0	2513.7	1491.3	1193.6	2684.9	3.4962	5.4924	120.
130.	330.9	1.5671	0.01278	1511.1	2496.1	1531.5	1130.7	2662.2	3.5606	5.4323	130.
140.	336.8	1.6107	0.01149	1548.6	2476.8	1571.1	1066.5	2637.6	3.6232	5.3717	140.
150.	342.2	1.6581	0.01034	1585.6	2455.5	1610.5	1000.0	2610.5	3.6848	5.3098	150.
160.	347.4	1.7107	0.009306	1622.7	2431.7	1650.1	930.6	2580.6	3.7461	5.2455	160.
170.	352.4	1.7702	0.008364	1660.2	2405.0	1690.3	856.9	2547.2	3.8079	5.1777	170.
180.	357.1	1.8397	0.007489	1698.9	2374.3	1732.0	777.1	2509.1	3.8715	5.1044	180.
190.	361.5	1.9243	0.006657	1739.9	2338.1	1776.5	688.0	2464.5	3.9388	5.0228	190.
200.	365.8	2.036	0.005834	1785.6	2293.0	1826.3	583.4	2409.7	4.0139	4.9269	200.
220.9	374.1	3.155	0.003155	2029.6	2029.6	2099.3	0	2099.3	4.4298	4.4298	220.9

附表 A-3　過熱水蒸汽的特性

溫度 °C	v m³/kg	u kJ/kg	h kJ/kg	s kJ/kg×K	v m³/kg	u kJ/kg	h kJ/kg	s kJ/kg×K
	p = 0.06 bars = 0.006 MPa (Ts_{at} = 36.16°C)				**p = 0.35 bars = 0.035 MPa (T_{sat} = 72.69°C)**			
Sat.	23.739	2425.0	2567.4	8.3304	4.526	2473.0	2631.4	7.7158
80	27.132	2487.3	2650.1	8.5804	4.625	2483.7	2645.6	7.7564
120	30.219	2544.7	2726.0	8.7840	5.163	2542.4	2723.1	7.9644
160	33.302	2602.7	2802.5	8.9693	5.696	2601.2	2800.6	8.1519
200	36.383	2661.4	2879.7	9.1398	6.228	2660.4	2878.4	8.3237
240	39.462	2721.0	2957.8	9.2982	6.758	2720.3	2956.8	8.4828
280	42.540	2781.5	3036.8	9.4464	7.287	2780.9	3036.0	8.6314
320	45.618	2843.0	3116.7	9.5859	7.815	2842.5	3116.1	8.7712
360	48.696	2905.5	3197.7	9.7180	8.344	2905.1	3197.1	8.9034
400	51.774	2969.0	3279.6	9.8435	8.872	2968.6	3279.2	9.0291
440	54.851	3033.5	3362.6	9.9633	9.400	3033.2	3362.2	9.1490
500	59.467	3132.3	3489.1	10.1336	10.192	3132.1	3488.8	9.3194
	p = 0.70 bars = 0.07 MPa (T_{sat} = 89.95°C)				**p = 1.0 bars = 0.10 MPa (T_{sat} = 99.63°C)**			
Sat.	2.365	2494.5	2660.0	7.4797	1.694	2506.1	2675.5	7.3594
100	2.434	2509.7	2680.0	7.5341	1.696	2506.7	2676.2	7.3614
120	2.571	2539.7	2719.6	7.6375	1.793	2537.7	2716.6	7.4668
160	2.841	2599.4	2798.2	7.8279	1.984	2597.8	2796.2	7.6597
200	3.108	2659.1	2876.7	8.0012	2.172	2658.1	2875.3	7.8343
240	3.374	2719.3	2955.5	8.1611	2.359	2718.5	2954.5	7.9949
280	3.640	2780.2	3035.0	8.3162	2.546	2779.6	3034.2	8.1445
320	3.905	2842.0	3115.3	8.4504	2.732	2841.5	3114.6	8.2849
360	4.170	2904.6	3196.5	8.5828	2.917	2904.2	3195.9	8.4175
400	4.434	2968.2	3278.6	8.7086	3.103	2967.9	3278.2	8.5435
440	4.698	3032.9	3361.8	8.8286	3.288	3032.6	3361.4	8.6636
500	5.095	3131.8	3488.5	8.9991	3.565	3131.6	3488.1	8.8342
	p = 1.5 bars = 0.15 MPa (T_{sat} = 111.37°C)				**p = 3.0 bars = 0.30 MPa (T_{sat} = 133.55°C)**			
Sat.	1.159	2519.7	2693.6	7.2233	0.606	2543.6	2725.3	6.9919
120	1.188	2533.3	2711.4	7.2693				
160	1.317	2595.2	2792.8	7.4665	0.651	2587.1	2782.3	7.1276
200	1.444	2656.2	2872.9	7.6433	0.716	2650.7	2865.5	7.3115
240	1.570	2717.2	2952.7	7.8052	0.781	2713.1	2947.3	7.4774
280	1.695	2778.6	3032.8	7.9555	0.844	2775.4	3028.6	7.6299
320	1.819	2840.6	3113.5	8.0964	0.907	2838.1	3110.1	7.7722
360	1.943	2903.5	3195.0	8.2293	0.969	2901.4	3192.2	7.9061
400	2.067	2967.3	3277.4	8.3555	1.032	2965.6	3275.0	8.0330
440	2.191	3032.1	3360.7	8.4757	1.094	3030.6	3358.7	8.1538
500	2.376	3131.2	3487.6	8.6466	1.187	3130.0	3486.0	8.3251
600	2.685	3301.7	3704.3	8.9101	1.341	3300.8	3703.2	8.5892

附表 A-3　過熱水蒸汽的特性(續)

溫度 ℃	v m³/kg	u kJ/kg	h kJ/kg	s kJ/kg×K	v m³/kg	u kJ/kg	h kJ/kg	s kJ/kg×K
	p = 5.0 bars = 0.50 MPa (T_{sat} = 151.86℃)				**p = 7.0 bars = 0.70 MPa (T_{sat} = 164.97℃)**			
Sat.	0.3749	2561.2	2748.7	6.8213	0.2729	2572.5	2763.5	6.7080
180	0.4045	2609.7	2812.0	6.9656	0.2847	2599.8	2799.1	6.7880
200	0.4249	2642.9	2855.4	7.0592	0.2999	2634.8	2844.8	6.8865
240	0.4646	2707.6	2839.9	7.2307	0.3292	2701.8	2932.2	7.0641
280	0.5034	2771.2	3022.9	7.3865	0.3574	2766.9	3017.1	7.2233
320	0.5416	2834.7	3105.6	7.5308	0.3852	2831.3	3100.9	7.3697
360	0.5796	2898.7	3188.4	7.6660	0.4126	2895.8	3184.7	7.5063
400	0.6173	2963.2	3271.9	7.7938	0.4397	2960.9	3268.7	7.6350
440	0.6548	3028.6	3356.0	7.9152	0.4667	3026.6	3353.3	7.7571
500	0.7109	3128.4	3483.9	8.0873	0.5070	3126.8	3481.7	7.9299
600	0.8041	3299.6	3701.7	8.3522	0.5738	3298.5	3700.2	8.1956
700	0.8969	3477.5	3925.9	8.5952	0.6403	3476.6	3924.8	8.4391
	p = 10.0 bars = 1.0 MPa (T_{sat} = 179.91℃)				**p = 15.0 bars = 1.5 MPa (T_{sat} = 198.32℃)**			
Sat.	0.1944	2583.6	2778.1	6.5865	0.1318	2594.5	2792.2	6.4448
200	0.2060	2621.9	2827.9	6.6940	0.1325	2598.1	2796.8	6.4546
240	0.2275	2692.9	2920.4	6.8817	0.1483	2676.9	2899.3	6.6628
280	0.2480	2760.2	3008.2	7.0465	0.1627	2748.6	2992.7	6.8381
320	0.2678	2826.1	3093.9	7.1962	0.1765	2817.1	3081.9	6.9938
360	0.2873	2891.6	3178.9	7.3349	0.1899	2884.4	3169.2	7.1363
400	0.3066	2957.3	3263.9	7.4651	0.2030	2951.3	3255.8	7.2690
440	0.3257	3023.6	3349.3	7.5883	0.2160	3018.5	3342.5	7.3940
500	0.3541	3124.4	3478.5	7.7622	0.2352	3120.3	3473.1	7.5698
540	0.3729	3192.6	3565.6	7.8720	0.2478	3189.1	3560.9	7.6805
600	0.4011	3296.8	3697.9	8.0290	0.2668	3293.9	3694.0	7.8385
640	0.4198	3367.4	3787.2	8.1290	0.2793	3364.8	3783.8	7.9391
	p = 20.0 bars = 2.0 MPa (T_{sat} = 212.42℃)				**p = 30.0 bars = 3.0 MPa (T_{sat} =233.90℃)**			
Sat.	0.0996	2600.3	2799.5	6.3409	0.0667	2604.1	2804.2	6.1869
240	0.1085	2659.6	2876.5	6.4952	0.0682	2619.7	2824.3	6.2265
280	0.1200	2736.4	2976.4	6.6828	0.0771	2709.9	2941.3	6.4462
320	0.1308	2807.9	3069.5	6.8452	0.0850	2700.4	3043.4	6.6245
360	0.1411	2877.0	3159.3	6.9917	0.0923	2861.7	3138.7	6.7801
400	0.1512	2945.2	3247.6	7.1271	0.0994	2932.8	3230.9	6.9212
440	0.1611	3013.4	3335.5	7.2540	0.1062	3002.9	3321.5	7.0520
500	0.1757	3116.2	3467.6	7.4317	0.1162	3108.0	3456.5	7.2338
540	0.1853	3185.6	3556.1	7.5434	0.1227	3178.4	3546.6	7.3474
600	0.1996	3290.9	3690.1	7.7024	0.1324	3285.0	3682.3	7.5085
640	0.2091	3362.2	3780.4	7.8035	0.1388	3357.0	3773.5	7.6106
700	0.2232	3470.9	3917.4	7.9487	0.1484	3466.5	3911.7	7.7571

附表 A-3　過熱水蒸汽的特性 (續)

溫度 ℃	v m³/kg	u kJ/kg	h kJ/kg	s kJ/kg×K	v m³/kg	u kJ/kg	h kJ/kg	s kJ/kg×K
	p = 40 bars = 4.0 MPa (T_{sat} = 250.4℃)				**p = 60 bars = 6.0 MPa (T_{sat} = 275.64℃)**			
Sat.	0.04978	2602.3	2801.4	6.0701	0.03244	2589.7	2784.3	5.8892
280	0.05546	2680.0	2901.8	6.2568	0.03317	2605.2	2804.2	5.9252
320	0.06199	2767.4	3015.4	6.4553	0.03876	2720.0	2952.6	6.1846
360	0.06788	2845.7	3117.2	6.6215	0.04331	2811.2	3071.1	6.3782
400	0.07341	2919.9	3213.6	6.7690	0.04739	2892.9	3177.2	6.5408
440	0.07872	2992.2	3307.1	6.9041	0.05122	2970.0	3277.3	6.6853
500	0.08643	3099.5	3445.3	7.0901	0.05665	3082.2	3422.2	6.8803
540	0.09145	3171.1	3536.9	7.2056	0.06015	3156.1	3517.0	6.9999
600	0.09885	3279.1	3674.4	7.3688	0.06525	3266.9	3658.4	7.1677
640	0.1037	3351.8	3766.6	7.4720	0.06859	3341.0	3752.6	7.2731
700	0.1110	3462.1	3905.9	7.6198	0.07352	3453.1	3894.1	7.4234
740	0.1157	3536.6	3999.6	7.7141	0.07677	3528.3	3989.2	7.5190
	p = 80 bars = 8.0 MPa (T_{sat} = 295.06℃)				**p = 100 bars = 10.0 MPa (T_{sat} = 311.06℃)**			
Sat.	0.02352	2569.8	2758.0	5.7432	0.01803	2544.4	2724.7	5.6141
320	0.02682	2662.7	2877.2	5.9489	0.01925	2588.8	2781.3	5.7103
360	0.03089	2772.7	3019.8	6.1819	0.02331	2729.1	2962.1	6.0060
400	0.03432	2863.8	3138.3	6.3634	0.02641	2832.4	3096.5	6.2120
440	0.03742	2946.7	3246.1	6.5190	0.02911	2922.1	3213.2	6.3805
480	0.04034	3025.7	3348.4	6.6586	0.03160	3005.4	3321.4	6.5282
520	0.04313	3102.7	3447.7	6.7871	0.03394	3085.6	3425.1	6.6622
560	0.04582	3178.7	3545.3	6.9072	0.03619	3164.1	3526.0	6.7864
600	0.04845	3254.4	3642.0	7.0206	0.03837	3241.7	3625.3	6.9029
640	0.05102	3330.1	3738.3	7.1283	0.04048	3318.9	3723.7	7.0131
700	0.05481	3443.9	3882.4	7.2812	0.04358	3434.7	3870.5	7.1687
740	0.05729	3520.4	3978.7	7.3782	0.04560	3512.1	3968.1	7.2670
	p = 120 bars = 12.0 MPa (T_{sat} = 324.75℃)				**p = 140 bars = 14.0 MPa (T_{sat} = 336.75℃)**			
Sat.	0.01426	2513.7	2684.9	5.4924	0.01149	2476.8	2637.6	5.3717
360	0.01811	2678.4	2895.7	5.8361	0.01422	2617.4	2816.5	5.6602
400	0.02108	2798.3	3051.3	6.0747	0.01722	2760.9	3001.9	5.9448
440	0.02355	2896.1	3178.7	6.2586	0.01954	2868.6	3142.2	6.1474
480	0.02576	2984.4	3293.5	6.4154	0.02157	2962.5	3264.5	6.3143
520	0.02781	3068.0	3401.8	6.5555	0.02343	3049.8	3377.8	6.4610
560	0.02977	3149.0	3506.2	6.6840	0.02517	3133.6	3486.0	6.5941
600	0.03164	3228.7	3608.3	6.8037	0.02683	3215.4	3591.1	6.7172
640	0.03345	3307.5	3709.0	6.9164	0.02843	3296.0	3694.1	6.8326
700	0.03610	3425.2	3858.4	7.0749	0.03075	3415.7	3846.2	6.9939
740	0.03781	3503.7	3957.4	7.1746	0.03225	3495.2	3946.7	7.0952

附表 A-3　過熱水蒸汽的特性(續)

溫度 ℃	v m³/kg	u kJ/kg	h kJ/kg	s kJ/kg×K	v m³/kg	u kJ/kg	h kJ/kg	s kJ/kg×K
	p = 160 bars = 16.0 MPa (T_{sat} = 347.44℃)				p = 180 bars = 18.0 MPa (T_{sat} = 357.06℃)			
Sat.	0.00931	2431.7	2580.6	5.2455	0.00749	2374.3	2509.1	5.1044
360	0.01105	2539.0	2715.8	5.4614	0.00809	2418.9	2564.5	5.1922
400	0.01426	2719.4	2947.6	5.8175	0.01190	2672.8	2887.0	5.6887
440	0.01652	2839.4	3103.7	6.0429	0.01414	2808.2	3062.8	5.9428
480	0.01842	2939.7	3234.4	6.2215	0.01596	2915.9	3203.2	6.1345
520	0.02013	3031.1	3353.3	6.3752	0.01757	3011.8	3378.0	6.2960
560	0.02172	3117.8	3465.4	6.5132	0.01904	3101.7	3444.4	6.4392
600	0.02323	3201.8	3573.5	6.6399	0.02042	3188.0	3555.6	6.5696
640	0.02467	3284.2	3678.9	6.7580	0.02174	3272.3	3663.6	6.6905
700	0.02674	3406.0	3833.9	6.9224	0.02362	3396.3	3821.5	6.8580
740	0.02808	3486.7	3935.9	7.0251	0.02483	3478.0	3925.0	6.9623

溫度 ℃	v m³/kg	u kJ/kg	h kJ/kg	s kJ/kg×K	v m³/kg	u kJ/kg	h kJ/kg	s kJ/kg×K
	p = 200 bars = 20.0 MPa (T_{sat} = 179.91℃)				p = 240 bars = 24.0 MPa (T_{sat} = 198.32℃)			
Sat.	0.00583	2293.0	2409.7	4.9269				
400	0.00994	2619.3	2818.1	5.5540	0.00673	2477.8	2639.4	5.2393
440	0.01222	2774.9	3019.4	5.8450	0.00929	2700.6	2923.4	5.6506
480	0.01399	2891.2	3170.8	6.0518	0.01100	2838.3	3102.3	5.8950
520	0.01551	2992.0	3302.2	6.2218	0.01241	2950.5	3248.5	6.0842
560	0.01689	3085.2	3423.0	6.3705	0.01366	3051.1	3379.0	6.2448
600	0.01818	3174.0	3537.6	6.5048	0.01481	3145.2	3500.7	6.3875
640	0.01940	3260.2	3648.1	6.6286	0.01588	3235.5	3616.7	6.5174
700	0.02113	3386.4	3809.0	6.7993	0.01739	3366.4	3783.8	6.6947
740	0.02224	3469.3	3914.1	6.9052	0.01835	3451.7	3892.1	6.8038
800	0.02385	3592.7	4069.7	7.0544	0.01974	3578.0	4051.6	6.9567

溫度 ℃	v m³/kg	u kJ/kg	h kJ/kg	s kJ/kg×K	v m³/kg	u kJ/kg	h kJ/kg	s kJ/kg×K
	p = 280 bars = 28.0 MPa (T_{sat} = 212.42℃)				p = 320 bars = 32.0 MPa (T_{sat} =233.90℃)			
400	0.00383	2223.5	2330.7	4.7494	0.00236	1980.4	2055.9	4.3239
440	0.00712	2613.2	2812.6	5.4494	0.00544	2509.0	2683.0	5.2327
480	0.00885	2780.8	3028.5	5.7446	0.00722	2718.1	2949.2	5.5968
520	0.01020	2906.8	3192.3	5.9566	0.00853	2860.7	3133.7	5.8357
560	0.01136	3015.7	3333.7	6.1307	0.00963	2979.0	3287.2	6.0246
600	0.01241	3115.6	3463.0	6.2823	0.01061	3085.3	3424.6	6.1858
640	0.01338	3210.3	3584.8	6.4187	0.01150	3184.5	3552.5	6.3290
700	0.01473	3346.1	3758.4	6.6029	0.01273	3325.4	3732.8	6.5203
740	0.01558	3433.9	3870.0	6.7153	0.01350	3415.9	3847.8	6.6361
800	0.01680	3563.1	4033.4	6.8720	0.01460	3548.0	4015.1	6.7966
900	0.01873	3774.3	4298.8	7.1084	0.01633	3762.7	4285.1	7.0372

附表 A-4　壓縮液態水特性

溫度 °C	v m³/kg	u kJ/kg	h kJ/kg	s kJ/kg×K	v m³/kg	u kJ/kg	h kJ/kg	s kJ/kg×K
	p = 25 bars = 2.5 MPa (T_{sat} = 223.99°C)				p = 50 bars = 5.0 MPa (T_{sat} = 263.99°C)			
20	1.0006	83.80	86.30	.2961	.9995	83.65	88.65	.2956
40	1.0067	167.25	169.77	.5715	1.0056	166.95	171.97	.5705
80	1.0280	334.29	336.86	1.0737	1.0268	333.72	338.85	1.0720
100	1.0423	418.24	420.85	1.3050	1.0410	417.52	442.72	1.3030
140	1.0784	587.82	590.52	1.7369	1.0768	586.76	592.15	1.7343
180	1.1261	761.16	763.97	2.1375	1.1240	759.63	765.25	2.1341
200	1.1555	849.9	852.8	2.3294	1.1530	848.1	853.9	2.3255
220	1.1898	940.7	943.7	2.5174	1.1866	938.4	944.4	2.5128
Sat.	1.1973	959.1	962.1	2.5546	1.2859	1147.8	1154.2	2.9202
	p = 75 bars = 7.5 MPa (T_{sat} = 290.59°C)				p = 100 bars = 10.0 MPa (T_{sat} = 311.06°C)			
20	.9984	83.50	90.99	.2950	.9972	83.36	93.33	.2945
40	1.0045	166.64	174.18	.5696	1.0034	166.35	176.38	.5686
80	1.0256	333.15	340.84	1.0704	1.0245	332.59	342.83	1.0688
100	1.0397	416.81	424.62	1.3011	1.0385	416.12	426.50	1.2992
140	1.0752	585.72	593.78	1.7317	1.0737	584.68	595.42	1.7292
180	1.1219	758.13	766.55	2.1308	1.1199	756.65	767.84	2.1275
220	1.1835	936.2	945.1	2.5083	1.1805	934.1	945.9	2.5039
260	1.2696	1124.4	1134.0	2.8763	1.2645	1121.1	1133.7	2.8699
Sta.	1.3677	1282.0	1292.2	3.1649	1.4524	1393.0	1407.6	3.3596
	p = 150 bars = 15.0 MPa (T_{sat} = 342.24°C)				p = 200 bars = 20.0 MPa (T_{sat} = 365.81°C)			
20	.9950	83.06	97.99	.2934	.9928	82.77	102.62	.2923
40	1.0013	165.76	180.78	.5666	.9992	165.17	185.16	.5646
80	1.0222	331.48	346.81	1.0656	1.0199	330.40	350.80	1.0624
100	1.0361	414.74	430.28	1.2955	1.0337	413.39	434.06	1.2917
140	1.0707	582.66	598.72	1.7242	1.0678	580.69	602.04	1.7193
180	1.1159	753.76	770.50	2.1210	1.1120	750.95	773.20	2.1147
220	1.1748	929.9	947.5	2.4953	1.1693	925.9	949.3	2.4870
260	1.2550	1114.6	1133.4	2.8576	1.2462	1108.6	1133.5	2.8459
300	1.3770	1316.6	1337.3	3.2260	1.3596	1306.1	1333.3	3.2071
Sat.	1.6581	1585.6	1610.5	3.6848	2.036	1785.6	1826.3	4.0139
	π = 250 bars = 25 MPa (T_{sat} = 212.42°C)				π = 300 bars = 30 MPa (T_{sat} =233.90°C)			
20	.9907	82.47	107.24	.2911	.9886	82.17	111.84	.2899
40	.9971	164.60	189.52	.5626	.9951	164.04	193.89	.5607
100	1.0313	412.08	437.85	1.2881	1.0290	410.78	441.66	1.2844
200	1.1344	834.5	862.8	2.2961	1.1302	831.4	865.3	2.2893
300	1.3442	1296.6	1330.2	3.1900	1.3304	1287.9	1327.8	3.1741

附表 A-5　飽和水的特性（固體－蒸汽）：溫度表

溫度 °C	壓力 bars	比容 m^3/kg		內能 kJ/kg			焓 kJ/kg			熵 kJ/kg×K		
		飽和固體 $v_f \times 10^3$	飽和蒸汽 v_g	飽和固體 u_f	昇華 u_{ig}	飽和蒸汽 u_g	飽和液體 h_f	昇華 h_{ig}	飽和蒸汽 h_g	飽和液體 s_f	昇華 s_{ig}	飽和蒸汽 s_g
.01	.6113	1.0908	206.1	− 333.40	2708.7	2375.3	− 333.40	2834.8	2501.4	− 1.221	10.378	9.156
0	.6108	1.0908	206.3	− 333.43	2708.8	2375.3	− 333.43	2834.8	2501.3	− 1.221	10.378	9.157
− 2	.5176	1.0904	241.7	− 337.62	2710.2	2372.6	− 337.62	2835.3	2497.7	− 1.237	10.456	9.219
− 4	.4375	1.0901	283.8	− 341.78	2711.6	2369.8	− 341.78	2835.7	2494.0	− 1.253	10.536	9.283
− 6	.3689	1.0898	334.2	− 345.91	2712.9	2367.0	− 345.91	2836.2	2490.3	− 1.268	10.616	9.348
− 8	.3102	1.0894	394.4	− 350.02	2714.2	2364.2	− 350.02	2836.6	2486.6	− 1.284	10.698	9.414
− 10	.2602	1.0891	466.7	− 354.09	2715.5	2361.4	− 354.09	2837.0	2482.9	− 1.299	10.781	9.481
− 12	.2176	1.0888	553.7	− 358.14	2716.8	2358.7	− 358.14	2837.3	2479.2	− 1.315	10.865	9.550
− 14	.1815	1.0884	658.8	− 362.15	2718.0	2355.9	− 362.15	2837.6	2475.5	− 1.331	10.950	9.619
− 16	.1510	1.0881	786.0	− 366.14	2719.2	2353.1	− 366.14	2837.9	2471.8	− 1.346	11.036	9.690
− 18	.1252	1.0878	940.5	− 370.10	2720.4	2350.3	− 370.10	2838.2	2468.1	− 1.362	11.123	9.762
− 20	.1035	1.0874	1128.6	− 374.03	2721.6	2347.5	− 374.03	2838.4	2464.3	− 1.377	11.212	9.835
− 22	.0853	1.0871	1358.4	− 377.93	2722.7	2344.7	− 377.93	2838.6	2460.6	− 1.393	11.302	9.909
− 24	.0701	1.0868	1640.1	− 381.80	2723.7	2342.0	− 381.80	2838.7	2456.9	− 1.408	11.394	9.985
− 26	.0574	1.0864	1986.4	− 385.64	2724.8	2339.2	− 385.64	2838.9	2453.2	− 1.424	11.486	10.062
− 28	.0469	1.0861	2413.7	− 389.45	2725.8	2336.4	− 389.45	2839.0	2449.5	− 1.439	11.580	10.141
− 30	.0381	1.0858	2943.	− 393.23	2726.8	2333.6	− 393.23	2839.0	2445.8	− 1.455	11.676	10.221
− 32	.0309	1.0854	3600.	− 396.98	2727.8	2330.8	− 396.98	2839.1	2442.1	− 1.471	11.773	10.303
− 34	.0250	1.0851	4419.	− 400.71	2728.7	2328.0	− 400.71	2839.1	2438.4	− 1.486	11.872	10.386
− 36	.0201	1.0848	5444.	− 404.40	2729.6	2325.2	− 404.40	2839.1	2434.7	− 1.501	11.972	10.470
− 38	.0161	1.0844	6731.	− 408.06	2730.5	2322.4	− 408.06	2839.0	2430.9	− 1.517	12.073	10.556
− 40	.0129	1.0841	8354.	− 411.70	2731.3	2319.6	− 411.70	2838.9	2427.2	− 1.532	12.176	10.644

Source: J. H. Keenan, F. G. Keyes, P. G. Hill, and J. G. Moore, Stream Tables, Wiley, New York, 1978

附錄 B BIBLIOGRAPHIES

附表 B-1　飽和 R-134 特性表（液體－蒸汽）：溫度表

溫度 °C	壓力 bars	比容 m^3/kg		內能 kJ/kg		焓 kJ/kg			熵 kJ/kg×K		溫度 °C
		飽和液體 $v_f \times 10^3$	飽和蒸汽 v_g	飽和液體 u_f	飽和蒸汽 u_g	飽和液體 h_f	蒸發 h_{fg}	飽和蒸汽 h_g	飽和液體 s_f	飽和蒸汽 s_g	
－40	0.5164	0.7055	0.3569	0.04	204.45	0.00	222.88	222.88	0.0000	0.9560	－40
－36	0.6332	0.7113	0.2947	4.68	206.73	4.73	220.67	225.40	0.0201	0.9506	－36
－32	0.7704	0.7172	0.2451	9.47	209.01	9.52	218.37	227.90	0.0401	0.9456	－32
－28	0.9305	0.7233	0.2052	14.31	211.29	14.37	216.01	230.38	0.0600	0.9411	－28
－26	1.0199	0.7265	0.1882	16.75	212.43	16.82	214.80	231.62	0.0699	0.9390	－26
－24	1.1160	0.7296	0.1728	19.21	213.57	19.29	213.57	232.85	0.0798	0.9370	－24
－22	1.2192	0.7328	0.1590	21.68	214.70	21.77	212.32	234.08	0.0897	0.9351	－22
－20	1.3299	0.7361	0.1464	24.17	215.84	24.26	211.05	235.31	0.0996	0.9332	－20
－18	1.4483	0.7395	0.1350	26.67	216.97	26.77	209.76	236.53	0.1094	0.9315	－18
－16	1.5748	0.7428	0.1247	29.18	218.10	29.30	208.45	237.74	0.1192	0.9298	－16
－12	1.8540	0.7498	0.1068	34.25	220.36	34.39	205.77	240.15	0.1388	0.9267	－12
－8	2.1704	0.7569	0.0919	39.38	222.60	39.54	203.00	242.54	0.1583	0.9239	－8
－4	2.5274	0.7644	0.0794	44.56	224.84	44.75	200.15	244.90	0.1777	0.9213	－4
0	2.9282	0.7721	0.0689	49.79	227.06	50.02	197.21	247.23	0.1970	0.9190	0
4	3.3765	0.7801	0.0600	55.08	229.27	55.35	194.19	249.53	0.2162	0.1969	4
8	3.8756	0.7884	0.0525	60.43	231.46	60.73	191.07	251.80	0.2354	0.9150	8
12	4.4294	0.7971	0.0460	65.83	233.63	66.18	187.85	254.03	0.2545	0.9132	12
16	5.0416	0.8062	0.0405	71.29	235.78	71.69	184.52	256.22	0.2735	0.9116	16
20	5.7160	0.8157	0.0358	76.80	237.91	77.26	181.09	258.36	0.2924	0.9102	20
24	6.4566	0.8257	0.0317	82.37	240.01	82.90	177.55	260.45	0.3113	0.9089	24
26	6.8530	0.8309	0.0298	85.18	241.05	85.75	175.73	261.48	0.3208	0.9082	26
28	7.2675	0.8362	0.0281	88.00	242.08	88.61	173.89	262.50	0.3302	0.9076	28
30	7.7006	0.8417	0.0265	90.84	243.10	91.49	172.00	263.50	0.3396	0.9070	30
32	8.1528	0.8473	0.0250	93.70	244.12	94.39	170.09	264.48	0.3490	0.9064	32
34	8.6247	0.8530	0.0236	96.58	245.12	97.31	168.14	265.45	0.3584	0.9058	34
36	9.1168	0.8590	0.0223	99.47	246.11	100.25	166.15	266.40	0.3678	0.9053	36
38	9.6298	0.8651	0.0210	102.38	247.09	103.21	164.12	267.33	0.3772	0.9047	38
40	10.164	0.8714	0.0199	105.30	248.06	106.19	162.05	268.24	0.3866	0.9041	40
42	10.720	0.8780	0.0188	108.25	249.02	109.19	159.94	269.14	0.3960	0.9035	42
44	11.299	0.8847	0.0177	111.22	249.96	112.22	157.79	270.01	0.4054	0.9030	44
48	12.526	0.8989	0.0159	117.22	251.79	118.35	153.33	271.68	0.4243	0.9017	48
52	13.851	0.9142	0.0142	123.31	253.55	124.58	148.66	273.24	0.4432	0.9004	52
56	15.278	0.9308	0.0127	129.51	255.23	130.93	143.75	274.68	0.4622	0.8990	56
60	16.813	0.9488	0.0114	135.82	256.81	137.42	138.57	275.99	0.4814	0.8973	60
70	21.162	1.0027	0.0086	152.22	260.15	154.34	124.08	278.43	0.5302	0.8918	70
80	26.324	1.0766	0.0064	169.88	262.14	172.71	106.41	279.12	0.5814	0.8827	80
90	32.435	1.1949	0.0046	189.82	261.34	193.69	82.63	276.32	0.6380	0.8655	90
100	39.742	1.5443	0.0027	218.60	248.49	224.74	34.40	259.13	0.7196	0.8117	100

Source: Table A-10 through A-12 are calculated based on equations from D. P. Wilson and R. S. Basu, "Thermodynamic Properties of a New Stratospherically Safe Working Fluid – Refrigerant 134a." AHARE Trans., Vol. 94, Pt. 2, 1988. pp. 2095-2118

附表 B-2　飽和 R-134 特性表（液體－蒸汽）；壓力表

壓力 bars	溫度 °C	比容 m^3/kg		內能 kJ/kg		焓 kJ/kg			熵 kJ/kg×K		壓力 bars
		飽和液體 $v_f \times 10^3$	飽和蒸汽 v_g	飽和液體 u_f	飽和蒸汽 u_g	飽和液體 h_f	蒸發 h_{fg}	飽和蒸汽 h_g	飽和液體 s_f	飽和蒸汽 s_g	
0.6	−37.07	0.7097	0.3100	3.41	206.12	3.46	221.27	224.72	0.0147	0.9520	0.6
0.8	−31.21	0.7184	0.2366	10.41	209.46	10.47	217.92	228.39	0.0440	0.9447	0.8
1.0	−26.43	0.7258	0.1917	16.22	212.18	16.29	215.06	231.35	0.0678	0.9395	1.0
1.2	−22.36	0.7323	0.1614	21.23	214.50	21.32	212.54	233.86	0.0879	0.9354	1.2
1.4	−18.80	0.7381	0.1395	25.66	216.52	25.77	210.27	236.04	0.1055	0.9322	1.4
1.6	−15.62	0.7435	0.1229	29.66	218.32	29.78	208.19	237.97	0.1211	0.9295	1.6
1.8	−12.73	0.7485	0.1098	33.31	219.94	33.45	206.26	239.71	0.1352	0.9273	1.8
2.0	−10.09	0.7532	0.0993	36.69	221.43	36.84	204.46	241.30	0.1481	0.9253	2.0
2.4	−5.37	0.7618	0.0834	42.77	224.07	42.95	201.14	244.09	0.1710	0.9222	2.4
2.8	−1.23	0.7697	0.0719	48.18	226.38	48.39	198.13	246.52	0.1911	0.9197	2.8
3.2	2.48	0.7770	0.0632	53.06	228.43	53.31	195.35	248.66	0.2089	0.9177	3.2
3.6	5.84	0.7839	0.0564	57.54	230.28	57.82	192.76	250.58	0.2251	0.9160	3.6
4.0	8.93	0.7904	0.0509	61.69	231.97	62.00	190.32	252.32	0.2399	0.1945	4.0
5.0	15.74	0.8056	0.0409	70.93	235.64	71.33	184.74	256.07	0.2723	0.9117	5.0
6.0	21.58	0.8196	0.0341	78.99	238.74	79.48	179.71	259.19	0.2999	0.9097	6.0
7.0	26.72	0.8328	0.0292	86.19	241.42	86.78	175.07	261.85	0.3242	0.9080	7.0
8.0	31.33	0.8454	0.0255	92.75	243.78	93.42	170.73	264.15	0.3459	0.9066	8.0
9.0	35.53	0.8576	0.0226	98.79	245.88	99.56	166.62	266.18	0.3656	0.9054	9.0
10.0	39.39	0.8695	0.0202	104.42	247.77	105.29	162.68	267.97	0.3838	0.9043	10.0
12.0	46.32	0.8928	0.0166	114.69	251.03	115.76	155.23	270.99	0.4164	0.9023	12.0
14.0	52.43	0.9159	0.0140	123.98	253.74	125.26	148.14	273.40	0.4453	0.9003	14.0
16.0	57.92	0.9392	0.0121	132.52	256.00	134.02	141.31	275.33	0.4714	0.8982	16.0
18.0	62.91	0.9631	0.0105	140.49	257.88	142.22	134.60	276.83	0.4954	0.8959	18.0
20.0	67.49	0.9878	0.0093	148.02	259.41	149.99	127.95	277.94	0.5178	0.8934	20.0
25.0	77.59	1.0562	0.0069	165.48	261.84	168.12	111.06	279.17	0.5687	0.8854	25.0
30.0	86.22	1.1416	0.0053	181.88	262.16	185.30	92.71	278.01	0.6156	0.8735	30.0

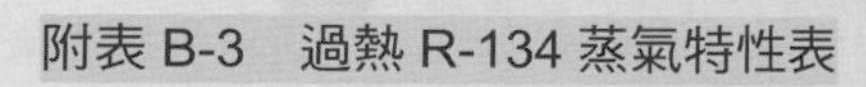

附表 B-3　過熱 R-134 蒸氣特性表

溫度 °C	v m³/kg	u kJ/kg	h kJ/kg	s kJ/kg×K	v m³/kg	u kJ/kg	h kJ/kg	s kJ/kg×K
	p = 0.6 bars = 0.06 MPa (T_{sat} = − 37.07°C)				p = 1.0 bars = 0.10 MPa (T_{sat} = − 26.43°C)			
Sat.	0.31003	206.12	224.72	0.9520	0.19170	212.18	231.35	0.9395
− 20	0.33536	217.86	237.98	1.0062	0.19770	216.77	236.54	0.9602
− 10	0.34992	224.97	245.96	1.0371	0.20686	224.01	244.70	0.9918
0	0.36433	232.24	254.10	1.0675	0.21587	231.41	252.99	1.0227
10	0.37861	239.69	262.41	1.0973	0.22473	238.96	261.43	1.0531
20	0.39279	247.32	270.89	1.1267	0.23349	246.67	270.02	1.0829
30	0.40688	255.12	279.53	1.1557	0.24216	254.54	278.76	1.1122
40	0.42091	263.10	288.35	1.1844	0.25076	262.58	287.66	1.1411
50	0.43487	271.25	297.34	1.2126	0.25930	270.79	296.72	1.1696
60	0.44879	279.58	306.51	1.2405	0.26779	279.16	305.94	1.1977
70	0.46266	288.08	315.84	1.2681	0.27623	287.70	315.32	1.2254
80	0.47650	296.75	325.34	1.2954	0.28464	296.40	324.87	1.2528
90	0.49031	305.58	335.00	1.3224	0.29302	305.27	334.57	1.2799
	p = 1.4 bars = 0.14 MPa (T_{sat} = − 18.80°C)				p = 1.8 bars = 0.18 MPa (T_{sat} = − 12.73°C)			
Sat.	0.13945	216.52	236.04	0.9322	0.10983	219.94	239.71	0.9273
− 10	0.14549	223.03	243.40	0.9606	0.11135	222.02	242.06	0.9362
0	0.15219	230.55	251.86	0.9922	0.11678	229.67	250.69	0.9684
10	0.15875	238.21	260.43	1.0230	0.12207	237.44	259.41	0.9998
20	0.16520	246.01	269.13	1.0532	0.12723	245.33	268.23	1.0304
30	0.17155	253.96	277.97	1.0828	0.13230	253.36	277.17	1.0604
40	0.17783	262.06	286.96	1.1120	0.13730	261.53	286.24	1.0898
50	0.18404	270.32	296.09	1.1407	0.14222	269.85	295.45	1.1187
60	0.19020	278.74	305.37	1.1690	0.14710	278.31	304.79	1.1472
70	0.19633	287.32	314.80	1.1969	0.15193	286.93	314.28	1.1753
80	0.20241	296.06	324.39	1.2244	0.15672	295.71	323.92	1.2030
90	0.20846	304.95	334.14	1.2516	0.16148	304.63	333.70	1.2303
100	0.21449	314.01	344.04	1.2785	0.16622	313.72	343.63	1.2573
	p = 2.0 bars = 0.20 MPa (T_{sat} = − 10.09°C)				p = 2.4 bars = 0.24 MPa (T_{sat} = − 5.37°C)			
Sat.	0.09933	221.43	241.30	0.9253	0.08343	224.07	244.09	0.9222
− 10	0.09938	221.50	241.38	0.9256				
0	0.10438	229.23	250.10	0.9582	0.08574	228.31	248.89	0.9399
10	0.10922	237.05	258.89	0.9898	0.08993	236.26	257.84	0.9721
20	0.11394	244.99	267.78	1.0206	0.09399	244.30	266.85	1.0034
30	0.11856	253.06	276.77	1.0508	0.09794	252.45	275.95	1.0339
40	0.12311	261.26	285.88	1.0804	0.10181	260.72	285.16	1.0637
50	0.12758	269.61	295.12	1.1094	0.10562	269.12	294.47	1.0930
60	0.13201	278.10	304.50	1.1380	0.10937	277.67	303.91	1.1218
70	0.13639	286.74	314.02	1.1661	0.11307	286.35	313.49	1.1501
80	0.14073	295.53	323.68	1.1939	0.11674	295.18	323.19	1.1780
90	0.14504	304.47	333.48	1.2212	0.12037	304.15	333.04	1.2055
100	0.14932	313.57	343.43	1.2483	0.12398	313.27	343.03	1.2326

附表 B-3　過熱 R-134 蒸氣特性表 (續)

溫度 °C	v m³/kg	u kJ/kg	h kJ/kg	s kJ/kg×K	v m³/kg	u kJ/kg	h kJ/kg	s kJ/kg×K
	p = 2.8 bars = 0.28 MPa (T_{sat} = − 1.23°C)				p = 3.2 bars = 0.32 MPa (T_{sat} = 2.48°C)			
Sat.	0.07193	226.38	246.52	0.9197	0.06322	228.43	248.66	0.9177
0	0.07240	227.37	247.64	0.9238				
10	0.07613	235.44	256.76	0.9566	0.06576	234.61	255.65	0.9427
20	0.07972	243.59	265.91	0.9883	0.06901	242.87	264.95	0.9749
30	0.08320	251.83	275.12	1.0192	0.07214	251.19	274.28	1.0062
40	0.08660	260.17	284.42	1.0494	0.07518	259.61	283.67	1.0367
50	0.08992	268.64	293.81	1.0789	0.07815	268.14	293.15	1.0665
60	0.09319	277.23	303.32	1.1079	0.08106	276.79	302.72	1.0957
70	0.09641	285.96	312.95	1.1364	0.08392	285.56	312.41	1.1243
80	0.09960	294.82	322.71	1.1644	0.08674	294.46	322.22	1.1525
90	0.10275	303.83	332.60	1.1920	0.08953	303.50	332.15	1.1802
100	0.10587	312.98	342.62	1.2193	0.09229	312.68	342.21	1.2076
110	0.10897	322.27	352.78	1.2461	0.09503	322.00	352.40	1.2345
120	0.11205	331.71	363.08	1.2727	0.09774	331.45	362.73	1.2611

溫度 °C	v m³/kg	u kJ/kg	h kJ/kg	s kJ/kg×K	v m³/kg	u kJ/kg	h kJ/kg	s kJ/kg×K
	p = 4.0 bars = 0.40 MPa (T_{sat} = 8.93°C)				p = 5.0 bars = 0.50 MPa (T_{sat} = 15.74°C)			
Sat.	0.05089	231.97	252.32	0.9145	0.04086	235.64	256.07	0.9117
10	0.05119	232.87	253.35	0.9182				
20	0.05397	241.37	262.96	0.9515	0.04188	239.40	260.34	0.9264
30	0.05662	249.89	272.54	0.9837	0.04416	248.20	270.28	0.9597
40	0.05917	258.47	282.14	1.0148	0.04633	256.99	280.16	0.9918
50	0.06164	267.13	291.79	1.0452	0.04842	265.83	290.04	1.0229
60	0.06405	275.89	301.51	1.0748	0.05043	274.73	299.95	1.0531
70	0.06641	284.75	311.32	1.1038	0.05240	283.72	309.92	1.0825
80	0.06873	293.73	321.23	1.1322	0.05432	292.80	319.96	1.1114
90	0.07102	302.84	331.25	1.1602	0.05620	302.00	330.10	1.1397
100	0.07327	312.07	341.38	1.1878	0.05805	311.31	340.33	1.1675
110	0.07550	321.44	351.64	1.2149	0.05988	320.74	350.68	1.1949
120	0.07771	330.94	362.03	1.2417	0.06168	330.30	361.14	1.2218
130	0.07991	340.58	372.54	1.2681	0.06347	339.98	371.72	1.2484
140	0.08208	350.35	383.18	1.2941	0.06524	349.79	382.42	1.2746

附表 B-3　過熱 R-134 蒸氣特性表 (續)

溫度 ℃	v m^3/kg	u kJ/kg	h kJ/kg	s kJ/kg×K	v m^3/kg	u kJ/kg	h kJ/kg	s kJ/kg×K
	p = 6.0 bars = 0.60 MPa (T_{sat} = 21.58℃)				p = 7.0 bars = 0.70 MPa (T_{sat} = 26.72℃)			
Sat.	0.03408	238.74	259.19	0.9097	0.02918	241.42	261.85	0.9080
30	0.03581	246.41	267.89	0.9388	0.02979	244.51	265.37	0.9197
40	0.03774	255.45	278.09	0.9719	0.03157	253.83	275.93	0.9539
50	0.03958	264.48	288.23	1.0037	0.03324	263.08	286.35	0.9867
60	0.04134	273.54	298.35	1.0346	0.03482	272.31	296.69	1.0182
70	0.04304	282.66	308.48	1.0645	0.03634	281.57	307.01	1.0487
80	0.04469	291.86	318.67	1.0938	0.03781	290.88	317.35	1.0784
90	0.04631	301.14	328.93	1.1225	0.03924	300.27	327.74	1.1074
100	0.04790	310.53	339.27	1.1505	0.04064	309.74	338.19	1.1358
110	0.04946	320.03	349.70	1.1781	0.04201	319.31	348.71	1.1637
120	0.05099	329.64	360.24	1.2053	0.04335	328.98	359.33	1.1910
130	0.05251	339.38	370.88	1.2320	0.04468	338.76	370.04	1.2179
140	0.05402	349.23	381.64	1.2584	0.04599	348.66	380.86	1.2444
150	0.05550	359.21	392.52	1.2844	0.04729	358.68	391.79	1.2706
160	0.05698	369.32	403.51	1.3100	0.04857	368.82	402.82	1.2963

溫度 ℃	v m^3/kg	u kJ/kg	h kJ/kg	s kJ/kg×K	v m^3/kg	u kJ/kg	h kJ/kg	s kJ/kg×K
	p = 8.0 bars = 0.80 MPa (T_{sat} = 31.33℃)				p = 9.0 bars = 0.90 MPa (T_{sat} = 35.53℃)			
Sat.	0.02547	243.78	264.15	0.9066	0.02255	245.88	266.18	0.9054
40	0.02691	252.13	273.66	0.9374	0.02325	250.32	271.25	0.9217
50	0.02846	261.62	284.39	0.9711	0.02472	260.09	282.34	0.9566
60	0.02992	271.04	294.98	1.0034	0.02609	269.72	293.21	0.9897
70	0.03131	280.45	305.50	1.0345	0.02738	279.30	303.94	1.0214
80	0.03264	289.89	316.00	1.0647	0.02861	288.87	314.62	1.0521
90	0.03393	299.37	326.52	1.0940	0.02980	298.46	325.28	1.0819
100	0.03519	308.93	337.08	1.1227	0.03095	308.11	335.96	1.1109
110	0.03642	318.57	347.71	1.1508	0.03207	317.82	346.68	1.1392
120	0.03762	328.31	358.40	1.1784	0.03316	327.62	357.47	1.1670
130	0.03881	338.14	369.19	1.2055	0.03423	337.52	368.33	1.1943
140	0.03997	348.09	380.07	1.2321	0.03529	347.51	379.27	1.2211
150	0.04113	358.15	391.05	1.2584	0.03633	357.61	390.31	1.2475
160	0.04227	368.32	402.14	1.2843	0.03736	367.82	401.44	1.2735
170	0.04340	378.61	413.33	1.3098	0.03838	378.14	412.68	1.2992
180	0.04452	389.02	424.63	1.3351	0.03939	388.57	424.02	1.3245

附表 B-3　過熱 R-134 蒸氣特性表 (續)

溫度 °C	v m³/kg	u kJ/kg	h kJ/kg	s kJ/kg×K	v m³/kg	u kJ/kg	h kJ/kg	s kJ/kg×K
	p = 10.0 bars = 1.00 MPa (T_{sat} = 39.39°C)				p = 12.0 bars = 1.20 MPa (T_{sat} = 46.32°C)			
Sat.	0.02020	247.77	267.97	0.9043	0.01663	251.03	270.99	0.9023
40	0.02029	248.39	268.68	0.9066				
50	0.02171	258.48	280.19	0.9428	0.01712	254.98	275.52	0.9164
60	0.02301	268.35	291.36	0.9768	0.01835	265.42	287.44	0.9527
70	0.02423	278.11	302.34	1.0093	0.01947	275.59	298.96	0.9868
80	0.02538	287.82	313.20	1.0405	0.02051	285.62	310.24	1.0192
90	0.02649	297.53	324.01	1.0707	0.02150	295.59	321.39	1.0503
100	0.02755	307.27	334.82	1.1000	0.02244	305.54	332.47	1.0804
110	0.02858	317.06	345.65	1.1286	0.02335	315.50	343.52	1.1096
120	0.02959	326.93	356.52	1.1567	0.02423	325.51	354.58	1.1381
130	0.03058	336.88	367.46	1.1841	0.02508	335.58	365.68	1.1660
140	0.03154	346.92	378.46	1.2111	0.02592	345.73	376.83	1.1933
150	0.03250	357.06	389.56	1.2376	0.02674	355.95	388.04	1.2201
160	0.03344	367.31	400.74	1.2638	0.02754	366.27	399.33	1.2465
170	0.03436	377.66	412.02	1.2895	0.02834	376.69	410.70	1.2724
180	0.03528	388.12	423.40	1.3149	0.02912	387.21	422.16	1.2980

溫度 °C	v m³/kg	u kJ/kg	h kJ/kg	s kJ/kg×K	v m³/kg	u kJ/kg	h kJ/kg	s kJ/kg×K
	p = 14.0 bars = 1.40 MPa (T_{sat} = 52.43°C)				p = 16.0 bars = 1.60 MPa (T_{sat} = 57.92°C)			
Sat.	0.01405	253.74	273.40	0.9003	0.01208	256.00	275.33	0.8982
60	0.01495	262.17	283.10	0.9297	0.01233	258.48	278.20	0.9069
70	0.01603	272.87	295.31	0.9658	0.01340	269.89	291.33	0.9457
80	0.01701	283.29	307.10	0.9997	0.01435	280.78	303.74	0.9813
90	0.01792	293.55	318.63	1.0319	0.01521	291.39	315.72	1.0148
100	0.01878	303.73	330.02	1.0628	0.01601	301.84	327.46	1.0467
110	0.01960	313.88	341.32	1.0927	0.01677	312.20	339.04	1.0773
120	0.02039	324.05	352.59	1.1218	0.01750	322.53	350.53	1.1069
130	0.02115	334.25	363.86	1.1501	0.01820	332.87	361.99	1.1357
140	0.02189	344.50	375.15	1.1777	0.01887	343.24	373.44	1.1638
150	0.02262	354.82	386.49	1.2048	0.01953	353.66	384.91	1.1912
160	0.02333	365.22	397.89	1.2315	0.02017	364.15	396.43	1.2181
170	0.02403	375.71	409.36	1.2576	0.02080	374.71	407.99	1.2445
180	0.02472	386.29	420.90	1.2834	0.02142	385.35	419.62	1.2704
190	0.02541	396.96	432.53	1.3088	0.02203	396.08	431.33	1.2960
200	0.02608	407.73	444.24	1.3338	0.02263	406.90	443.11	1.3212

附錄 C

附表 C-1　空氣理想氣體特性表

T(K), h and u (kJ/kg), s° (kJ/kg · K)											
T	h	p_r	u	v_r	s°	T	h	p_r	u	v_r	s°
200	199.97	0.3363	142.56	1707.	1.29559	450	451.80	5.775	322.62	223.6	2.11161
210	209.97	0.3987	149.69	1512.	1.34444	460	462.02	6.245	329.97	211.4	2.13407
220	219.97	0.4690	156.82	1346.	1.39105	470	472.24	6.742	337.32	200.1	2.15604
230	230.02	0.5477	164.00	1205.	1.43557	480	482.49	7.268	344.70	189.5	2.17760
240	240.02	0.6355	171.13	1084.	1.47824	490	492.74	7.824	352.08	179.7	2.19876
250	250.05	0.7329	178.28	979.	1.51917	500	503.02	8.411	359.49	170.6	2.21952
260	260.09	0.8405	185.45	887.8	1.55848	510	513.32	9.031	366.92	162.1	2.23993
270	270.11	0.9590	192.60	808.0	1.59634	520	523.63	9.684	374.36	154.1	2.25997
280	280.13	1.0889	199.75	738.0	1.63279	530	533.98	10.37	381.84	146.7	2.27967
285	285.14	1.1584	203.33	706.1	1.65055	540	544.35	11.10	389.34	139.7	2.29906
290	290.16	1.2311	206.91	676.1	1.66802	550	554.74	11.86	396.86	133.1	2.31809
295	295.17	1.3068	210.49	647.9	1.68515	560	565.17	12.66	404.42	127.0	2.33685
300	300.19	1.3860	214.07	621.2	1.70203	570	575.59	13.50	411.97	121.2	2.35531
305	305.22	1.4686	217.67	596.0	1.71865	580	586.04	14.38	419.55	115.7	2.37348
310	310.24	1.5546	221.25	572.3	1.73498	590	596.52	15.31	427.15	110.6	2.39140
315	315.27	1.6442	224.85	549.8	1.75106	600	607.02	16.28	434.78	105.8	2.40902
320	320.29	1.7375	228.42	528.6	1.76690	610	617.53	17.30	442.42	101.2	2.42644
325	325.31	1.8345	232.02	508.4	1.78249	620	628.07	18.36	450.09	96.92	2.44356
330	330.34	1.9352	235.61	489.4	1.79783	630	638.63	19.84	457.78	92.84	2.46048
340	340.42	2.149	242.82	454.1	1.82790	640	649.22	20.64	465.50	88.99	2.47716
350	350.49	2.379	250.02	422.2	1.85708	650	659.84	21.86	473.25	85.34	2.49364
360	360.58	2.626	257.24	393.4	1.88543	660	670.47	23.13	481.01	81.89	2.50985
370	370.67	2.892	264.46	367.2	1.91313	670	681.14	24.46	488.81	78.61	2.52589
380	380.77	3.176	271.69	343.4	1.94001	680	691.82	25.85	496.62	75.50	2.54175
390	390.88	3.481	278.93	321.5	1.96633	690	702.52	27.29	504.45	72.56	2.55731
400	400.98	3.806	286.16	301.6	1.99194	700	713.27	28.80	512.33	69.76	2.57277
410	411.12	4.153	293.43	283.3	2.01699	710	724.04	30.38	520.23	67.07	2.58810
420	421.26	4.522	300.69	266.6	2.04142	720	734.82	32.02	528.14	64.53	2.60319
430	431.43	4.915	307.99	251.1	2.06533	730	745.62	33.72	536.07	62.13	2.61803
440	441.61	5.332	315.30	236.8	2.08870	740	756.44	35.50	544.02	59.82	2.63280

附表 C-1　空氣理想氣體特性表 (續)

T	h	p_r	u	v_r	$s°$	T	h	p_r	u	v_r	$s°$
T(K), h and u (kJ/kg), $s°$ (kJ/kg · K)											
750	767.29	37.35	551.99	57.63	2.64737	1300	1395.97	330.9	1022.82	11.275	3.27345
760	778.18	39.27	560.01	55.54	2.66176	1320	1419.76	352.5	1040.88	10.747	3.29160
770	789.11	41.31	568.07	53.39	2.67595	1340	1443.60	375.3	1058.94	10.247	3.30959
780	800.03	43.35	576.12	51.64	2.69013	1360	1467.49	399.1	1077.10	9.780	3.32724
790	810.99	45.55	584.21	49.86	2.70400	1380	1491.44	424.2	1095.26	9.337	3.34474
800	821.95	47.75	592.30	48.08	2.71787	1400	1515.42	450.5	1113.52	8.919	3.36200
820	843.98	52.59	608.59	44.84	2.74504	1420	1539.44	478.0	1131.77	8.526	3.37901
840	866.08	57.60	624.95	41.85	2.77170	1440	1563.51	506.9	1150.13	8.153	3.39586
860	888.27	63.09	641.40	39.12	2.79783	1460	1587.63	537.1	1168.49	7.801	3.41247
880	910.56	68.98	657.95	36.61	2.82344	1480	1611.79	568.8	1186.95	7.468	3.42892
900	932.93	75.29	674.58	34.31	2.84856	1500	1635.97	601.9	1205.41	7.152	3.44516
920	955.38	82.05	691.28	32.18	2.87324	1520	1660.23	636.5	1223.87	6.854	3.46120
940	977.92	89.28	708.08	30.22	2.89748	1540	1684.51	672.8	1242.43	6.569	3.47712
960	1000.55	97.00	725.02	28.40	2.92128	1560	1708.82	710.5	1260.99	6.301	3.49276
980	1023.25	105.2	741.98	26.73	2.94468	1580	1733.17	750.0	1279.65	6.046	3.50829
1000	1046.04	114.0	758.94	25.17	2.96770	1600	1757.57	791.2	1298.30	5.804	3.52364
1020	1068.89	123.4	776.10	23.72	2.99034	1620	1782.00	834.1	1316.96	5.574	3.53879
1040	1091.85	133.3	793.36	22.39	3.01260	1640	1806.46	878.9	1335.72	5.355	3.55381
1060	1114.86	143.9	810.62	21.14	3.03449	1660	1830.96	925.6	1354.48	5.147	3.56867
1080	1137.89	155.2	827.88	19.98	3.05608	1680	1855.50	974.2	1373.24	4.949	3.58335
1100	1161.07	167.1	845.33	18.896	3.07732	1700	1880.1	1025	1392.7	4.761	3.5979
1120	1184.28	179.7	862.79	17.886	3.09825	1750	1941.6	1161	1439.8	4.328	3.6336
1140	1207.57	193.1	880.35	16.946	3.11883	1800	2003.3	1310	1487.2	3.944	3.6684
1160	1230.92	207.2	897.91	16.064	3.13916	1850	2065.3	1475	1534.9	3.601	3.7023
1180	1254.34	222.2	915.57	15.241	3.15916	1900	2127.4	1655	1582.6	3.295	3.7354
1200	1277.79	238.0	933.33	14.470	3.17888	1950	2189.7	1852	1630.6	3.022	3.7677
1220	1301.31	254.7	951.09	13.747	3.19834	2000	2252.1	2068	1678.7	2.776	3.7994
1240	1324.93	272.3	968.95	13.069	3.21751	2050	2314.6	2303	1726.8	2.555	3.8303
1260	1348.55	290.8	986.90	12.435	3.23638	2100	2377.4	2559	1775.3	2.356	3.8605
1280	1372.24	310.4	1004.76	11.835	3.25510	2150	2440.3	2837	1823.8	2.175	3.8901
						2200	2503.2	3138	1872.4	2.012	3.9191
						2250	2566.4	3464	1921.3	1.864	3.9474

Source: Adapted from K. Wark, Thermodynamics, 4th ed., McGraw-Hill, New York, 1983, as based on J. H. Keenan and J. Kaye, “Gas Tables”, Wiley, New York, 1945

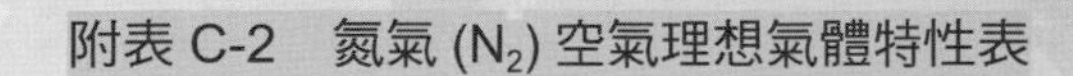

附表 C-2　氮氣 (N_2) 空氣理想氣體特性表

T(K), $\bar{h}$ 與 $\bar{u}$ (kJ/kmol), $\overline{s^0}$ (kJ/kmol · K)

[$\overline{h_f^\circ}$ = 0 kJ/kmol]

T	$\bar{h}$	$\bar{u}$	$\overline{s^0}$	T	$\bar{h}$	$\bar{u}$	$\overline{s^0}$
0	0	0	0	600	17563	12574	212.066
220	6391	4562	182.639	610	17864	12792	212.564
230	6683	4770	183.938	620	18166	13011	213.055
240	6975	4979	185.180	630	18468	13230	213.541
250	7266	5188	186.370	640	18772	13450	214.018
260	7558	5396	187.514	650	19075	13671	214.489
270	7849	5604	188.614	660	19380	13892	214.954
280	8141	5813	189.673	670	19685	14114	215.413
290	8432	6021	190.695	680	19991	14337	215.866
298	8669	6190	191.502	690	20297	14560	216.314
300	8723	6229	191.682	700	20604	14784	216.756
310	9014	6437	192.638	710	20912	15008	217.192
320	9306	6645	193.562	720	21220	15234	217.624
330	9597	6853	194.459	730	21529	15460	218.059
340	9888	7061	195.328	740	21839	15686	218.472
350	10180	7270	196.173	750	22149	15913	218.889
360	10471	7478	196.995	760	22460	16141	219.301
370	10763	7687	197.794	770	22772	16370	219.709
380	11055	7895	198.572	780	23085	16599	220.113
390	11347	8104	199.331	790	23398	16830	220.512
400	11640	8314	200.071	800	23714	17061	220.907
410	11932	8523	200.794	810	24027	17292	221.298
420	12225	8733	201.499	820	24342	17524	221.684
430	12518	8943	202.189	830	24658	17757	222.067
440	12811	9153	202.863	840	24974	17990	222.447
450	13105	9363	203.523	850	25292	18224	222.822
460	13399	9574	204.170	860	25610	18459	223.194
470	13693	9786	204.803	870	25928	18695	223.562
480	13988	9997	205.424	880	26248	18931	223.927
490	14285	10210	206.033	890	26568	19168	224.288
500	14581	10423	206.630	900	26890	19407	224.647
510	14876	10635	207.216	910	27210	19644	225.002
520	15172	10848	207.792	920	27532	19883	225.353
530	15469	11062	208.358	930	27854	20122	225.701
540	15766	11277	208.914	940	28178	20362	226.047
550	16064	11492	209.461	950	28501	20603	226.389
560	16363	11707	209.999	960	28826	20844	226.728
570	16662	11923	210.528	970	29151	21086	227.064
580	16962	12139	211.049	980	29476	21328	227.398
590	17262	12356	211.562	990	29803	21571	227.728

附表 C-2　氮氣 (N_2) 空氣理想氣體特性表 (續)

T(K), $\bar{h}$ 與 $\bar{u}$ (kJ/kmol), $\bar{s}^0$ (kJ/kmol · K)

[$\bar{h}_f^\circ$ = 0 kJ/kmol]

T	$\bar{h}$	$\bar{u}$	$\bar{s}^0$	T	$\bar{h}$	$\bar{u}$	$\bar{s}^0$
1000	30129	21815	228.057	1760	56227	41594	247.396
1020	30784	22304	228.706	1780	56938	42139	247.798
1040	31442	22795	229.344	1800	57651	42685	248.195
1060	32101	23288	229.973	1820	58363	43231	248.589
1080	32762	23782	230.591	1840	59075	43777	248.979
1100	33426	24280	231.199	1860	59790	44324	249.365
1120	34092	24780	231.799	1880	60504	44873	249.748
1140	34760	25282	232.391	1900	61220	45423	250.128
1160	35430	25786	232.973	1920	61936	45973	250.502
1180	36104	26291	233.549	1940	62654	46524	250.874
1200	36777	26799	234.115	1960	63381	47075	251.242
1220	37452	27308	234.673	1980	64090	47627	251.607
1240	38129	27819	235.223	2000	64810	48181	251.969
1260	38807	28331	235.766	2050	66612	49567	252.858
1280	39488	28845	236.302	2100	68417	50957	253.726
1300	40170	29361	236.831	2150	70226	52351	254.578
1320	40853	29878	237.353	2200	72040	53749	255.412
1340	41539	30398	237.867	2250	73856	55149	256.227
1360	42227	30919	238.376	2300	75676	56553	257.027
1380	42915	31441	238.878	2350	77496	57958	257.810
1400	43605	31964	239.375	2400	79320	59366	258.580
1420	44295	32489	239.865	2450	81149	60779	259.332
1440	44988	33014	240.350	2500	82981	62195	260.073
1460	45682	33543	240.827	2550	84814	63613	260.799
1480	46377	34071	241.301	2600	86650	65033	261.512
1500	47073	34601	241.768	2650	88488	66455	262.213
1520	47771	35133	242.228	2700	90328	67880	262.902
1540	48470	35665	242.685	2750	92171	69306	263.577
1560	49168	36197	243.137	2800	94014	70734	264.241
1580	49869	36732	243.585	2850	95859	72163	264.895
1600	50571	37268	244.028	2900	97705	73593	265.538
1620	51275	37806	244.464	2950	99556	75028	266.170
1640	51980	38344	244.896	3000	101407	76464	266.793
1660	52686	38884	245.324	3050	103260	77902	267.404
1680	53393	39424	245.747	3100	105115	79341	268.007
1700	54099	39965	246.166	3150	106972	80782	268.601
1720	54807	40507	246.580	3200	108830	82224	269.186
1740	55516	41049	246.990	3250	110690	83668	269.763

Source: Tables A-14 through A-19 are adapted from K. Wark, Thermodynamics, 4th ed., McGraw-Hill, New York, 1983, as based on the JANAF Thermochemical Tables, NSRDS-NBS-37, 1971.

附表 C-3　氧氣 (O_2) 空氣理想氣體特性表

T(K), $\bar{h}$ 與 $\bar{u}$ (kJ/kmol), $\overline{s^0}$ (kJ/kmol · K)

[$\overline{h_f^\circ}$ = 0 kJ/kmol]

T	$\bar{h}$	$\bar{u}$	$\overline{s^0}$	T	$\bar{h}$	$\bar{u}$	$\overline{s^0}$
0	0	0	0	600	17929	12940	226.346
220	6404	4575	196.171	610	18250	13178	226.877
230	6694	4782	197.461	620	18572	13417	227.400
240	6984	4989	198.696	630	18895	13657	227.918
250	7275	5197	199.885	640	19219	13898	228.429
260	7566	5405	201.027	650	19544	14140	228.932
270	7858	5613	202.128	660	19870	14383	229.430
280	8150	5822	203.191	670	20197	14626	229.920
290	8443	6032	204.218	680	20524	14871	230.405
298	8682	6203	205.033	690	20854	15116	230.885
300	8736	6242	205.213	700	21184	15364	231.358
310	9030	6453	206.177	710	21514	15611	231.827
320	9325	6664	207.112	720	21845	15859	232.291
330	9620	6877	208.020	730	22177	16107	232.748
340	9916	7090	208.904	740	22510	16357	233.201
350	10213	7303	209.765	750	22844	16607	233.649
360	10511	7518	210.604	760	23178	16859	234.091
370	10809	7733	211.423	770	23513	17111	234.528
380	11109	7949	212.222	780	23850	17364	234.960
390	11409	8166	213.002	790	24186	17618	235.387
400	11711	8384	213.765	800	24523	17872	235.810
410	12012	8603	214.510	810	24861	18126	236.230
420	12314	8822	215.241	820	25199	18382	236.644
430	12618	9043	215.955	830	25537	18637	237.055
440	12923	9264	216.656	840	25877	18893	237.462
450	13228	9487	217.342	850	26218	19150	237.864
460	13535	9710	218.016	860	26559	19408	238.264
470	13842	9935	218.676	870	26899	19666	238.660
480	14151	10160	219.326	880	27242	19925	239.051
490	14460	10386	219.963	890	27584	20185	239.439
500	14770	10614	220.589	900	27928	20445	239.823
510	15082	10842	221.206	910	28272	20706	240.203
520	15395	11071	221.812	920	28616	20967	240.580
530	15708	11301	222.409	930	28960	21228	240.953
540	16022	11533	222.997	940	29306	21491	241.323
550	16338	11765	223.576	950	29652	21754	241.689
560	16654	11998	224.146	960	29999	22017	242.052
570	16971	12232	224.708	970	30345	22280	242.411
580	17290	12467	225.262	980	30692	22544	242.768
590	17609	12703	225.808	990	31041	22809	243.120

附表 C-3　氧氣 (O_2) 空氣理想氣體特性表 (續)

T(K), $\bar{h}$ 與 $\bar{u}$ (kJ/kmol), $\overline{s^0}$ (kJ/kmol · K)

[$\overline{h_f^\circ}$ = 0 kJ/kmol]

T	$\bar{h}$	$\bar{u}$	$\overline{s^0}$	T	$\bar{h}$	$\bar{u}$	$\overline{s^0}$
1000	31389	23075	243.471	1760	58880	44247	263.861
1020	32088	23607	244.164	1780	59624	44825	264.283
1040	32789	24142	244.844	1800	60371	45405	264.701
1060	33490	24677	245.513	1820	61118	45986	265.113
1080	34194	25214	246.171	1840	61866	46568	265.521
1100	34899	25753	246.818	1860	62616	47151	265.925
1120	35606	26294	247.454	1880	63365	47734	266.266
1140	36314	26836	248.081	1900	64116	48319	266.722
1160	37023	27379	248.698	1920	64868	48904	267.115
1180	37734	27923	249.307	1940	65620	49490	267.505
1200	38447	28469	249.906	1960	66374	50078	267.891
1220	39162	29018	250.497	1980	67127	50665	268.275
1240	39877	29568	251.079	2000	67881	51253	268.655
1260	40594	30118	251.653	2050	69772	52727	269.588
1280	41312	30670	252.219	2100	71668	54208	270.504
1300	42033	31224	252.776	2150	73573	55697	271.399
1320	42753	31778	253.325	2200	75484	57192	272.278
1340	43475	32334	253.868	2250	77397	58690	273.136
1360	44198	32891	254.404	2300	79316	60193	273.981
1380	44923	33449	254.932	2350	81243	61704	274.809
1400	45648	34008	255.454	2400	83174	63219	275.625
1420	46374	34567	255.968	2450	85112	64742	276.424
1440	47102	35129	256.475	2500	87057	66271	277.207
1460	47831	35692	256.978	2550	89004	67802	277.979
1480	48561	36256	257.474	2600	90956	69339	278.738
1500	49292	36821	257.965	2650	92916	70883	279.485
1520	50024	37387	258.450	2700	94881	72433	280.219
1540	50756	37952	258.928	2750	96852	73987	280.942
1560	51490	38520	259.402	2800	98826	75546	281.654
1580	52224	39088	259.870	2850	100808	77112	282.357
1600	52961	39658	260.333	2900	102793	78682	283.048
1620	53696	40227	260.791	2950	104785	80258	283.728
1640	54434	40799	261.242	3000	106780	81837	284.399
1660	55172	41370	261.690	3050	108778	83419	285.060
1680	55912	41944	262.132	3100	110784	85009	285.713
1700	56652	42517	262.571	3150	112795	86601	286.355
1720	57394	43093	263.005	3200	114809	88203	286.989
1740	58136	43669	263.435	3250	116827	89804	287.614

附表 C-4　水蒸汽 (H_2O) 空氣理想氣體特性表

T(K), $\bar{h}$ 與 $\bar{u}$ (kJ/kmol), $\overline{s^0}$ (kJ/kmol · K)

[$\overline{h_f^\circ}$ = 0 kJ/kmol]

T	$\bar{h}$	$\bar{u}$	$\overline{s^0}$	T	$\bar{h}$	$\bar{u}$	$\overline{s^0}$
0	0	0	0	600	20402	15413	212.920
220	7295	5466	178.576	610	20765	15693	213.529
230	7628	5715	180.054	620	21130	15975	214.122
240	7961	5965	181.471	630	21495	16257	214.707
250	8294	6215	182.831	640	21862	16541	215.285
260	8627	6466	184.139	650	22230	16826	215.856
270	8961	6716	185.399	660	22600	17112	216.419
280	9296	6968	186.616	670	22970	17399	216.976
290	9631	7219	187.791	680	23342	17688	217.527
298	9904	7425	188.720	690	23714	17979	218.071
300	9966	7472	188.928	700	24088	18268	218.610
310	10302	7725	190.030	710	24464	18561	219.142
320	10639	7978	191.098	720	24840	18854	219.668
330	10976	8232	192.136	730	25218	19148	220.189
340	11314	8487	193.144	740	25597	19444	220.707
350	11652	8742	194.125	750	25977	19741	221.215
360	11992	8998	195.081	760	26358	20039	221.720
370	12331	9255	196.012	770	26741	20339	222.221
380	12672	9513	196.920	780	27125	20639	222.717
390	13014	9771	197.807	790	27510	20941	223.207
400	13356	10030	198.673	800	27896	21245	223.693
410	13699	10290	199.521	810	28284	21549	224.174
420	14043	10551	200.350	820	28672	21855	224.651
430	14388	10813	201.160	830	29062	22162	225.123
440	14734	11075	201.955	840	29454	22470	225.592
450	15080	11339	202.734	850	29846	22779	226.057
460	15428	11603	203.497	860	30240	23090	226.517
470	15777	11869	204.247	870	30635	23402	226.973
480	16126	12135	204.982	880	31032	23715	227.426
490	16477	12403	205.705	890	31429	24029	227.875
500	16828	12671	206.413	900	31828	24345	228.321
510	17181	12940	207.112	910	32228	24662	228.763
520	17534	13211	207.799	920	32629	24980	229.202
530	17889	13482	208.475	930	33032	25300	229.637
540	18245	13755	209.139	940	33436	25621	230.070
550	18601	14028	209.795	950	33841	25943	230.499
560	18959	14303	210.440	960	34247	26265	230.924
570	19318	14579	211.075	970	34653	26588	231.347
580	19678	14856	211.702	980	35061	26913	231.767
590	20039	15134	212.320	990	35472	27240	232.184

附表 C-4　水蒸汽 (H_2O) 空氣理想氣體特性表 (續)

T(K), $\bar{h}$ 與 $\bar{u}$ (kJ/kmol), $\bar{s}^0$ (kJ/kmol · K)

[$\bar{h}_f^\circ$ = 0 kJ/kmol]

T	$\bar{h}$	$\bar{u}$	$\bar{s}^0$	T	$\bar{h}$	$\bar{u}$	$\bar{s}^0$
1000	35882	27568	232.597	1760	70535	55902	258.151
1020	36709	28228	233.415	1780	71523	56723	258.708
1040	37542	28895	234.223	1800	72513	57547	259.262
1060	38380	29567	235.020	1820	73507	58375	259.811
1080	39223	30243	235.806	1840	74506	59207	260.357
1100	40071	30925	236.584	1860	75506	60042	260.898
1120	40923	31611	237.352	1880	76511	60880	261.436
1140	41780	32301	238.110	1900	77517	61720	261.969
1160	42642	32997	238.859	1920	78527	62564	262.497
1180	43509	33698	239.600	1940	79540	63411	263.022
1200	44380	34403	240.333	1960	80555	64259	263.542
1220	45256	35112	241.057	1980	81573	65111	264.059
1240	46137	35827	241.773	2000	82593	65965	264.571
1260	47022	36546	242.482	2050	85156	68111	265.838
1280	47912	37270	243.183	2100	87735	70275	267.081
1300	48807	38000	243.877	2150	90330	72454	268.301
1320	49707	38732	244.564	2200	92940	74649	269.500
1340	50612	39470	245.243	2250	95562	76855	270.679
1360	51521	40213	245.915	2300	98199	79076	271.839
1380	52434	40960	246.582	2350	100846	81308	272.978
1400	53351	41711	247.241	2400	103508	83553	274.098
1420	54273	42466	247.895	2450	106183	85811	275.201
1440	55198	43226	248.543	2500	108868	88082	276.286
1460	56128	43989	249.185	2550	111565	90364	277.354
1480	57062	44756	249.820	2600	114273	92656	278.407
1500	57999	45528	250.450	2650	116991	94958	279.441
1520	58942	46304	251.074	2700	119717	97269	280.462
1540	59888	47084	251.693	2750	122453	99588	281.464
1560	60838	47868	252.305	2800	125198	101917	282.453
1580	61792	48655	252.912	2850	127952	104256	283.429
1600	62748	49445	253513	2900	130717	106605	284.390
1620	63709	50240	254111	2950	133486	108959	285.338
1640	64675	51039	254703	3000	136264	111321	286.273
1660	65643	51841	255290	3050	139051	113692	287.194
1680	66614	52646	255873	3100	141846	116072	288.102
1700	67589	53455	256.450	3150	144648	118458	288.999
1720	68567	54267	257.022	3200	147457	120851	289.884
1740	69550	55083	257.589	3250	150272	123250	290.756

附表 C-5　二氧化碳 (CO_2) 空氣理想氣體特性表

T(K), $\bar{h}$ 與 $\bar{u}$ (kJ/kmol), $\bar{s}^0$ (kJ/kmol · K)

[$\bar{h}_f^\circ$ = 0 kJ/kmol]

T	$\bar{h}$	$\bar{u}$	$\bar{s}^0$	T	$\bar{h}$	$\bar{u}$	$\bar{s}^0$
0	0	0	0	600	22280	17291	243.199
220	6601	4772	202.966	610	22754	17683	243.983
230	6938	5026	204.464	620	23231	18076	244.758
240	7280	5285	205.920	630	23709	18471	245.524
250	7627	5548	207.337	640	24190	18869	246.282
260	7979	5817	208.717	650	24674	19270	247.032
270	8335	6091	210.062	660	25160	19672	247.773
280	8697	6369	211.376	670	25648	20078	248.507
290	9063	6651	212.660	680	26138	20484	249.233
298	9364	6885	213.685	690	26631	20894	249.952
300	9431	6939	213.915	700	27125	21305	250.663
310	9807	7230	215.146	710	27622	21719	251.368
320	10186	7526	216.351	720	28121	22134	252.065
330	10570	7826	217.534	730	28622	22552	252.755
340	10959	8131	218.694	740	29124	22972	253.439
350	11351	8439	219.831	750	29629	23393	254.117
360	11748	8752	220.948	760	30135	23817	254.787
370	12148	9068	222.044	770	30644	24242	255.452
380	12552	9392	223.122	780	31154	24669	256.110
390	12960	9718	224.182	790	31665	25097	256.762
400	13372	10046	225.225	800	32179	25527	257.408
410	13787	10378	226.250	810	32694	25959	258.048
420	14206	10714	227.258	820	33212	26394	258.682
430	14628	11053	228.252	830	33730	26829	259.311
440	15054	11393	229.230	840	34251	27267	259.934
450	15483	11742	230.194	850	34773	27706	260.551
460	15916	12091	231.144	860	35296	28125	261.164
470	16351	12444	232.080	870	35821	28588	261.770
480	16791	12800	233.004	880	36347	29031	262.371
490	17232	13158	233.916	890	36876	29476	262.968
500	17678	13521	234.814	900	37405	29922	263.559
510	18126	13885	235.700	910	37935	30369	264.146
520	18576	14253	236.575	920	38467	30818	264.728
530	19029	14622	237.439	930	39000	31268	265.304
540	19485	14996	238.292	940	39535	31719	265.877
550	19945	15372	239.135	950	40070	32171	266.444
560	20407	15751	239.962	960	40607	32625	267.007
570	20870	16131	240.789	970	41145	33081	267.566
580	21337	16515	241.602	980	41685	33537	268.119
590	21807	16902	242.405	990	42226	33995	268.670

附表 C-5　二氧化碳 (CO_2) 空氣理想氣體特性表 (續)

T(K), $\bar{h}$ 與 $\bar{u}$ (kJ/kmol), $\overline{s^0}$ (kJ/kmol · K)

[$\overline{h_f^\circ}$ = 0 kJ/kmol]

T	$\bar{h}$	$\bar{u}$	$\overline{s^0}$	T	$\bar{h}$	$\bar{u}$	$\overline{s^0}$
1000	42769	34455	269.215	1760	86420	71787	301.543
1020	43859	35378	270.293	1780	87612	72812	302.271
1040	44953	36306	271.354	1800	88806	73840	302.884
1060	46051	37238	272.400	1820	90000	74868	303.544
1080	47153	38174	273.430	1840	91196	75897	304.198
1100	48258	39112	274.445	1860	92394	76929	304.845
1120	49369	40057	275.444	1880	93593	77962	305.487
1140	50484	41006	276.430	1900	94793	78996	306.122
1160	51602	41957	277.403	1920	95995	80031	306.751
1180	52724	42913	278.362	1940	97197	81067	307.374
1200	53848	43871	279.307	1960	98401	82105	307.992
1220	54977	44834	280.238	1980	99606	83144	308.604
1240	56108	45799	281.158	2000	100804	84185	309.210
1260	57244	46768	282.066	2050	103835	86791	310.701
1280	58381	47739	282.962	2100	106864	89404	312.160
1300	59522	48713	283.847	2150	109898	92023	313.589
1320	60666	49691	284.722	2200	112939	94648	314.988
1340	61813	50672	285.586	2250	115984	97277	316.356
1360	62963	51656	286.439	2300	119035	99912	317.695
1380	64116	52643	287.283	2350	122091	102552	319.011
1400	65271	53631	288.106	2400	125152	105197	320.302
1420	66427	54621	288.934	2450	128219	107849	321.566
1440	64586	55614	289.743	2500	131290	110504	322.808
1460	68748	56609	290.542	2550	134368	113166	324.026
1480	69911	57606	291.333	2600	137449	115832	325.222
1500	71078	58606	292.114	2650	140533	118500	326.396
1520	72246	59609	292.888	2700	143620	121172	327.549
1540	73417	60613	292.654	2750	146713	123849	328.684
1560	74590	61620	294.411	2800	149808	126528	329.800
1580	76767	62630	295.161	2850	152908	129212	330.896
1600	76944	63741	295.901	2900	156009	131898	331.975
1620	78123	64653	296.632	2950	159117	134589	333.037
1640	79303	65668	297.356	3000	162226	137283	334.084
1660	80486	66592	298.072	3050	165341	139982	335.114
1680	81670	67702	298.781	3100	168456	142681	336.126
1700	82856	68721	299.482	3150	171576	145385	337.124
1720	84043	69742	300.177	3200	174695	148089	338.109
1740	85231	70764	300.863	3250	177822	150801	339.069

讀者回函卡

掃 QRcode 線上填寫 ▶▶▶

姓名：＿＿＿＿＿＿　生日：西元＿＿＿年＿＿＿月＿＿＿日　性別：□男 □女

電話：（　）＿＿＿＿＿＿　手機：＿＿＿＿＿＿

e-mail：（必填）＿＿＿＿＿＿

註：數字零，請用 Φ 表示，數字 1 與英文 L 請另註明並書寫端正，謝謝。

通訊處：□□□□□＿＿＿＿＿＿

學歷：□高中・職　□專科　□大學　□碩士　□博士

職業：□工程師　□教師　□學生　□軍・公　□其他

學校／公司：＿＿＿＿＿＿　科系／部門：＿＿＿＿＿＿

・需求書類：

□ A. 電子 □ B. 電機 □ C. 資訊 □ D. 機械 □ E. 汽車 □ F. 工管 □ G. 土木 □ H. 化工 □ I. 設計

□ J. 商管 □ K. 日文 □ L. 美容 □ M. 休閒 □ N. 餐飲 □ O. 其他

・本次購買圖書為：＿＿＿＿＿＿　書號：＿＿＿＿＿＿

・您對本書的評價：

封面設計：□非常滿意　□滿意　□尚可　□需改善，請說明＿＿＿＿＿＿

內容表達：□非常滿意　□滿意　□尚可　□需改善，請說明＿＿＿＿＿＿

版面編排：□非常滿意　□滿意　□尚可　□需改善，請說明＿＿＿＿＿＿

印刷品質：□非常滿意　□滿意　□尚可　□需改善，請說明＿＿＿＿＿＿

書籍定價：□非常滿意　□滿意　□尚可　□需改善，請說明＿＿＿＿＿＿

整體評價：請說明＿＿＿＿＿＿

・您在何處購買本書？

□書局　□網路書店　□書展　□團購　□其他＿＿＿＿＿＿

・您購買本書的原因？（可複選）

□個人需要　□公司採購　□親友推薦　□老師指定用書　□其他＿＿＿＿＿＿

・您希望全華以何種方式提供出版訊息及特惠活動？

□電子報　□ DM　□廣告（媒體名稱＿＿＿＿＿＿）

・您是否上過全華網路書店？（www.opentech.com.tw）

□是　□否　您的建議＿＿＿＿＿＿

・您希望全華出版哪方面書籍？＿＿＿＿＿＿

・您希望全華加強哪些服務？＿＿＿＿＿＿

感謝您提供寶貴意見，全華將秉持服務的熱忱，出版更多好書，以饗讀者。

填寫日期：　　/　　/

2020.09 修訂

親愛的讀者：

感謝您對全華圖書的支持與愛護，雖然我們很慎重的處理每一本書，但恐仍有疏漏之處，若您發現本書有任何錯誤，請填寫於勘誤表內寄回，我們將於再版時修正，您的批評與指教是我們進步的原動力，謝謝！

全華圖書　敬上

勘　誤　表

書號		書名		作者	
頁數	行數	錯誤或不當之詞句		建議修改之詞句	

我有話要說：（其它之批評與建議，如封面、編排、內容、印刷品質等・・・）